河南省"十四五"普通高等教育规划教材

机械工程材料

主　编　李占君

副主编　孙红英　赵亚东　张珊珊

　　　　孟文霞　莫玉梅　高　伟

参　编　李　帅　朱政通　周小东

　　　　张阳明　闫成旗　梁玉龙

机械工业出版社

本教材以让读者知材、会选材为目的，重点介绍了机械行业中常用材料的性能指标、金属材料的基础知识、常用机械工程材料，以及零件的失效及选材原则和方法，并注重工程背景与工程应用。本书主要内容包括：绪论、金属材料的性能、金属材料的晶体结构和结晶、合金的结构和相图、金属材料的塑性变形与再结晶、钢的热处理、工业用钢与铸铁、有色金属及其合金、非金属材料及新材料、材料的选用。

本教材配套有《机械工程材料实验指导书》，做成单独的小册子，便于教师和学生使用。

本教材为中国大学慕课在线课程"工程材料及其成型基础"的配套教材。

本教材可作为普通高等院校机械类、近机械类本科各专业"机械工程材料"课程的教材，也可作为高职高专院校相关专业的教材以及有关工程技术人员的参考用书。

图书在版编目（CIP）数据

机械工程材料/李占君主编. —北京：机械工业出版社，2022.11
（2025.1重印）
河南省"十四五"普通高等教育规划教材
ISBN 978-7-111-71898-7

Ⅰ.①机…　Ⅱ.①李…　Ⅲ.①机械制造材料-高等学校-教材　Ⅳ.
①TH14

中国版本图书馆 CIP 数据核字（2022）第 199896 号

机械工业出版社（北京市百万庄大街 22 号　邮政编码 100037）
策划编辑：赵亚敏　　　　责任编辑：赵亚敏　杜丽君
责任校对：郑　婕　王明欣　封面设计：张　静
责任印制：单爱军
三河市骏杰印刷有限公司印刷
2025 年 1 月第 1 版第 5 次印刷
184mm×260mm · 16.75 印张 · 412 千字
标准书号：ISBN 978-7-111-71898-7
定价：49.00 元

电话服务　　　　　　　　　　网络服务
客服电话：010-88361066　　机 工 官 网：www.cmpbook.com
　　　　　010-88379833　　机 工 官 博：weibo.com/cmp1952
　　　　　010-68326294　　金 书 网：www.golden-book.com
封底无防伪标均为盗版　机工教育服务网：www.cmpedu.com

前　言

机械制造业是国民经济的支柱和基础行业，普通高等院校机械类专业是为我国机械制造行业培养各类专业技术人才和管理人才的重要保障，"机械工程材料"作为普通高等院校机械类专业必修的技术基础课，是一门以培养学生综合能力为宗旨的特色课程。其目的是：使学生获得有关金属学、热处理的基本理论及工程材料的一般知识，用以了解常用金属材料的成分、组织、性能、热处理工艺之间的关系及用途；使学生了解常用非金属材料的分类、性能及用途，以便在学习该课程之后，具备合理选用机械工程材料，妥善安排工艺路线等方面的初步能力。该课程的学习，可为读者学习后续课程，将来从事机械设计与制造、机械产品质量控制等工作奠定必要的基础。

作为机械工程材料课程的教材，本书从以下五个方面进行了介绍：材料性能——材料主要力学性能指标的测试原理和生产实际意义；金属学基础——合金的结晶过程、相图基本理论、塑性变形与再结晶；热处理——钢铁材料热处理的基本原理和常见的热处理方法；机械工程材料——常用钢铁材料、有色金属及其合金，常用工程塑料、橡胶、陶瓷、复合材料、新材料的相关知识；零件的失效及选材原则和方法——影响机械零件失效的因素及进行失效分析的方法，常用机械零件的选材原则和步骤。

本教材是在充分领会党的二十大报告中"育人的根本在于立德"的重要论述，深入理解教育部关于"课程思政"和"新形态教材"要求的基础上，编写而成的。

本教材特色主要有以下几点：

1. 内容丰富、详略得当，理论表达言简意赅、深入浅出。

2. 按照"线下课堂学习+线上慕课学习"混合式教学模式的理念编写，适应新时代大学生网络在线、自主学习的方式。（本教材为中国大学慕课在线课堂"工程材料及其成型基础"的配套教材。）

3. 教学资源丰富，通过二维码、空中课堂等多种形式补充与教学内容相关的教学视频、动画等，另外还有与教材配套的电子课件、教案、练习题及答案方便授课教师根据实际教学需要选用。

4. 配有趣味盎然的拓展知识，在注重学生分析问题与解决工程技术问题能力的培养及工程素质与创新思维能力提高的同时，自然融入课程思政教育元素，通过适当的素材帮助教师将专业教育与思政育人紧密结合，把家国情怀、人格修养、唯物辩证的科学思维自然渗入课程的方方面面，实现润物无声的效果，培养学生严谨细致、求真求实、科学思辨和社会责任感等职业素养。

5. 配套《机械工程材料实验指导书》，单独成册，便于教师和学生使用。

本书由李占君任主编，孙红英、赵亚东、张珊珊、孟文霞、莫玉梅、高伟任副主编，李帅、朱政通、周小东、张阳明、闫成旗、梁玉龙参与编写。各章具体编写分工如下：安阳工学院李占君负责全书统稿并编写第6章，安阳工学院孙红英编写第4、8章，安阳工学院赵亚东编写绪论，安阳工学院张珊珊编写第9章，华北水利水电大学李帅编写第1、5章，许昌学院朱政通编写第3、7章，周口师范学院周小东编写第2章和实验部分，安阳工学院张阳明、闫成旗、梁玉龙，烟台南山学院孟文霞、广东理工学院莫玉梅、青岛滨海学院高伟参与本教材资料整理工作。本书在出版过程中得到了各位编者及所在院校的大力支持，在这里一并表示诚挚的谢意。

由于编者水平有限，书中难免存在疏漏之处，恳请各位读者批评指正。

编　者

目　　录

绪　论

1. 材料与材料科学

材料是指那些能够用于制造结构、器件或其他有用产品的物质，是人类生产和生活所必需的物质基础。从日常生活用的器具到高技术产品，从简单的手工工具到复杂的航天器、机器人，都是用各种材料制作或由其加工的零件组装而成的。

扫码看视频

材料还是人类技术与文明进步的基石和先导。历史学家按照人类所使用材料的种类将人类历史划分为石器时代、青铜器时代和铁器时代。现代工业技术与人类文明的发展同样与材料（特别是新型材料）紧密相关。20 世纪 70 年代以来，人们把材料、能源和信息技术列为发展现代科学技术的三大支柱，而材料又是另外两者的基础。例如，没有半导体材料的工业化生产，就不可能有目前的计算机技术；没有高温、高强度的结构材料，就不可能有今天的航空航天工业；没有光导纤维，也就没有现代的光纤通信。进入 21 世纪后，新型材料技术、信息技术和生物技术并列为现代文明的三大支柱。由此可见材料对于人类发展的重要性。

中华民族在人类历史上为材料的发展和应用做出过重大贡献。早在公元前 6000 年到公元前 5000 年的新石器时代，中华民族的先人就能用黏土烧制陶器，到东汉时期又出现了瓷器，并流传海外。公元前 2000 多年的夏朝，我国就掌握了青铜冶炼技术，到距今 3000 多年前的殷商、西周时期，这项技术已为当时之最，用青铜制造的生产工具、生活用具、兵器和马饰得到普遍应用。河南安阳武官村发掘出来的重达 875kg 的祭器商后母戊鼎，不仅体积庞大，而且花纹精巧、造型美观。湖北荆州楚墓群中发现的埋藏 2000 多年的越王勾践剑至今仍锋利异常，是我国青铜器的杰作。春秋战国时期，我国开始大量使用铁器。公元 1368年，明代科学家宋应星编著的《天工开物》中，详细记载了冶铁、铸造、锻铁、淬火等各种金属加工制造方法，是最早涉及工程材料及成形技术的著作之一。在陶瓷及天然高分子材料（如丝绸）方面，我国也为世界文明做出过巨大贡献。

中华人民共和国成立以后，特别是改革开放以来，材料工业发展迅速，能够基本满足国民经济各行业对多种材料的需求。尤其是进入新世纪以后，我国钢铁产量连年保持世界第一，并且在一些高端钢铁研发方面也取得了突破，如"超级钢""手撕钢"等；其他非金属材料如塑料、橡胶、复合材料等的产量以高于金属材料的速度增长，可满足对材料多元化的需求；同时一些高性能非金属材料的研究也取得了巨大成就。

— 1 —

材料的发展离不开科学技术的进步，在材料不断更新迭代的过程中逐步形成了材料科学。材料科学是以材料为研究对象，探讨材料的成分、组织结构、性能及应用之间的关系和规律的科学。它以凝聚态物理、物理化学和晶体学为理论基础，是多种学科交织在一起的科学，也是研究材料共同规律的学科。它使在此前已经形成的金属材料、高分子材料、陶瓷材料等各自的学科体系交叉融合、相互借鉴，加速了材料和材料科学的发展，克服了相互分割、自成体系的障碍，也促进了复合材料的发展。

材料科学的形成也经历了漫长的过程。最早人们对材料的认识仅是表面的、非理性的，它一直停留在工匠经验技术的水平上。后来，随着经验的积累，出现了材料工艺学，这比工匠的经验又向前迈出了一大步，但它只记录了一些制造过程和规律。直到 1863 年光学显微镜第一次被用于研究金属，出现了金相学后，才使人们步入了材料的微观世界，能够将材料的宏观性能与微观组织联系起来，这标志着材料研究从经验走向科学。

1912 年开始采用 X 射线衍射技术研究材料的晶体微观结构，使人们对固体材料微观结构的认识从最初的假想升华到了科学的现实。19 世纪末期，晶体的 230 种空间群被确定，至此人们已经可以完全用数学的方法来描述晶体的几何特征。1932 年随着电子显微镜的问世以及后来各种先进分析工具的出现，人类对材料微观世界已有的认识进入了更深的层次。1934 年位错理论的提出，解决了晶体理论计算强度与实验测得的实际强度之间存在巨大差别的问题，对于人们认识材料的力学性能及设计高强度材料具有划时代的意义。此外，一些与材料有关的基础学科（如化学、物理化学、高分子化学、量子力学、固体物理等）的发展，也有力地推动了材料研究的深化。在此基础上，逐步形成了跨越多学科的材料科学。

2. 工程材料的分类

现代材料的种类繁多，据粗略统计，目前世界上的材料种类已达 40 余万种，并且每年还以约 5% 的速率增加。

工程材料是指在机械、船舶、建筑、车辆、仪表、航空航天等工程领域中用于制造工程构件和机械零件的材料。按照材料的组成和结合键的特点，可将工程材料分为金属材料、陶瓷材料、高分子材料和复合材料四大类。

（1）金属材料　金属材料是以金属键结合为主的材料，具有良好的导电性、导热性、延展性和金属光泽，是目前用量最大、应用最广泛的工程材料。金属材料分为黑色金属和有色金属两类，铁、铬、锰及其合金为黑色金属，机械行业中应用最多的钢铁材料即是黑色金属。有色金属的种类很多，根据其特性的不同又可分为轻金属、重金属、贵金属和稀有金属等。

（2）陶瓷材料　陶瓷材料是以共价键和离子键结合为主的材料，其性能特点是熔点高、硬度高、耐蚀性好、脆性大。陶瓷材料分为传统陶瓷、特种陶瓷和金属陶瓷三类。传统陶瓷又称普通陶瓷，是以天然材料（如黏土、石英、长石等）为原料的陶瓷，主要用作建筑材料；特种陶瓷又称精细陶瓷，是以人工合成材料为原料的陶瓷，常用作工程上的耐热、耐腐蚀、耐磨零件；金属陶瓷是金属与陶瓷粉末的烧结材料，主要用作工具和模具。

（3）高分子材料　高分子材料是以分子键和共价键结合为主的材料，具有塑性、耐蚀性、电绝缘性、减振性好及密度小等特点。工程上使用的高分子材料主要包括塑料、橡胶及合成纤维等，在机械、电气、纺织、汽车、轮船等制造工业和化学、航空航天等工业中均有广泛应用。

（4）复合材料　复合材料是把两种或两种以上不同性质或不同结构的材料以微观或宏观的形式组合在一起而形成的材料，通过这种组合可达到进一步提高材料性能的目的。复合材料分为金属基复合材料、陶瓷基复合材料和聚合物基复合材料。例如，现代航空发动机燃烧室中耐热温度最高的材料就是通过粉末冶金法制备的氧化物粒子弥散强化的镍基合金复合材料；很多高级游艇、赛艇及体育器械等是由碳纤维复合材料制成的，具有密度低、弹性好、强度高等优点。

3. 机械工程材料课程的目的、任务和方法

机械工业是基础工业，它为各行各业提供机械装置，而几乎所有机器都由许多性能各异的材料加工或由各种零件组装而成。对于机械产品，人们总是力求其功能优异、结构紧凑、质量稳定、安全可靠、价格低廉。绝大多数先进的机械产品或成套设备的优劣（除设计先进外），在很大程度上取决于所选用的材料的质量。材料质量不好，会使产品粗笨，更重要的是零部件使用寿命不高，其结果是整机质量难以保证。只有采用性能优良的材料，才能保证在先进的设计参数、先进的加工制造技术下，获得质量优异的机械产品和机械设备。这就要求从事机械设计、制造、使用、维护、管理工作的工程技术人员掌握必要的材料科学与材料工程知识，具备正确选择材料和加工方法、合理安排加工工艺路线的能力。机械工程材料课程正是为实现这一目标而设置的。

本课程的具体任务是：①熟悉常用机械工程材料的成分、组织结构和性能之间的关系，以及有关的加工工艺对其影响；②初步掌握常用机械工程材料的性能和应用，并初步具备选用常用材料的能力；③初步具有正确选定一般机械零件的热处理方法及确定其工序位置的能力。

本课程在专业培养方案中一般设置在基础课与专业课的过渡学期，课程内容以定性描述为主，主要特点是"一少三多"。所谓"一少"指的是理论计算少，而"三多"则分别指的是：①讲授内容中概念定义多，因此会比较乏味；②定性描述、经验总结多，这门课程不像数理化等课程有着严谨的逻辑性和绝对性，而是广泛存在着合理与不合理、可行与不可行、先进与不先进等需要因时、因地适当选择的问题，不是绝对的非此即彼，存在一定难度，但正因如此，对学生思维方法的逐渐成熟起到促进作用，使学生克服绝对化、片面性，认识到事物的复杂性，对学生的成长、成才颇有益处；③记忆内容多，常用材料的牌号、成分特点、性能特点、应用场合，热处理的基本原理、目的、方法，零件的失效形式、原因、选材的原则与方法等都需要记忆，会使学生在学习时感到无从下手、抓不住重点。

在学习本课程前，学生应先学完材料力学，参加过金工实习，对机械工程材料的加工过程及其应用有一定的感性认识。本课程理论性和实践性都很强，基本概念多、与实际联系密切，在学习时应注意联系物理、化学、工程力学及金属工艺学等课程的相关内容，并结合生产实际，注重分析、理解前后知识的整体联系及综合应用，如在学习工业用钢部分时，可按照"典型牌号→主要用途→性能要求→化学成分特点→热处理工艺及相应组织"这一主线，运用归纳、小结、绘制思维导图的方法去梳理、概括各部分内容，将分散的内容集中、繁杂的内容高度概括，以达到条理、系统、精炼且便于记忆的目的，还要注意把握重点，以点带面，提高学习效率。同时，在学习过程中要注意理论联系实际，主动将课堂上学习的基本理论与金工实习、专业认知实习中的具体实际建立联系，要重视综合实验与生产实践。

拓 展 阅 读

飞机用材料的发展

世界上第一架飞机所用原料有木材和帆布，飞行速度为 16km/h，铝合金研制成功后很快就取代了木材和帆布，并使飞机的性能和速度获得了一个飞跃性的提升。1939 年螺旋桨飞机创造的最高时速已达 755km。为了突破"音障"，需要用到喷气式飞机，但喷气发动机的出口温度很高，耐高温合金材料起到了关键作用。飞机以超音速飞行时，其表面因受到空气强烈摩擦而发热，使温度急剧升高，要制造表面耐温超过 180℃，即飞行速度为 2.5 倍音速的飞机，需要用钛合金（可承受 550℃ 高温）代替铝合金。高超音速的航天飞机，其表面温度可达到 1000℃ 以上，这时任何合金都无法达到要求了，只有采用特种复合陶瓷材料才行。从飞机用材料的发展史可以看出材料在科技发展中有着举足轻重的地位。

第1章

金属材料的性能

【学习要点】

1. 学习重点

1）了解金属材料的密度、熔点、导热性、热膨胀性、导电性、磁性等物理性能。

2）了解金属材料的耐蚀性和抗氧化性等化学性能。

3）熟悉金属材料的铸造性、可锻性、焊接性、可加工性等工艺性能。

4）掌握金属材料的强度、塑性、硬度、冲击韧性、疲劳强度等力学性能。

2. 学习难点

力学性能中塑性与冲击韧性的异同、硬度测试的原理及特点。

3. 知识框架图

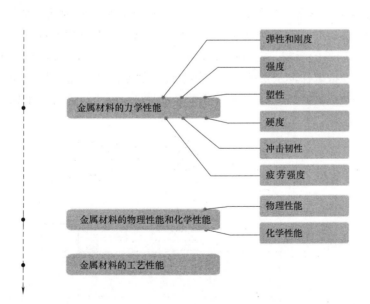

1.1　金属材料的力学性能

　　金属材料的性能通常可分为两类：使用性能和工艺性能。其中，使用性能是指机械零件在正常工作情况下应具备的性能，包括力学性能和物理、化学性能等；工艺性能是指机械零件在冷、热加工的制造过程中应具备的性能，它包括铸造性、可锻性、焊接性和可加工性等。

　　材料的力学性能是指材料在一定环境（温度、介质）下，承受各种外加载荷（拉伸、压缩、弯曲、扭转与剪切等）时所表现出的抵抗产生塑性变形或断裂的能力。通过不同的标准试验测定的相关参量的临界值或规定值，即可作为力学性能指标。

　　衡量材料力学性能的主要指标有弹性和刚度、强度、塑性、硬度、疲劳强度、冲击韧性、断裂韧性和耐磨性等。材料的力学性能是零件设计、材料选择及工艺评定的主要依据。

1.1.1　弹性和刚度

　　金属材料受外力作用时产生变形，当外力去掉后能恢复其原来形状的性能称为弹性。这种随外力消除而消除的变形，称为弹性变形。

　　评价材料力学性能的指标是通过拉伸试验测定的。将被测材料按 GB/T 228.1—2021 要求制成标准拉伸试样，如图 1-1 所示，在拉伸试验机上夹紧试样两端，缓慢施加轴向载荷，使之发生变形直至断裂。通过试验可以得到拉伸力与试样伸长量之间的关系曲线。为消除试样几何尺寸对实验结果的影响，将拉伸过程中试样所受的拉伸力转化为试样单位截面积上所受的力（即应力），将试样伸长量转化为试样单位长度上的伸长量（即应变），得到应力-应变曲线。图 1-2 为低碳钢拉伸的应力-应变曲线，由图 1-2 可见，在低碳钢拉伸过程中，试样表现出以下几个阶段：

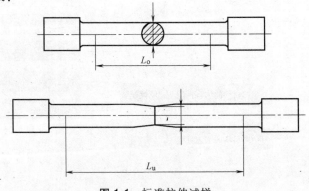

图 1-1　标准拉伸试样

L_o—原始标距长度　L_u—拉断后对接的标距长度

（1）弹性变形阶段（OA 段）此阶段试样的应力与应变成正比，载荷去掉后试样可恢复到原来的尺寸。图 1-2 中 A 点对应的应力 σ_e 为不产生永久变形的最大应力，称为弹性极限。OA′ 段为直线，这部分应力与应变成比例，所以 A′ 所对应的应力 σ_p 称为比例极限。由于 A 点和 A′ 点很接近，一般不做区分。

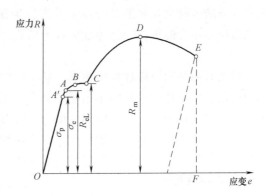

图 1-2 低碳钢拉伸的应力-应变曲线

（2）屈服阶段（AC 段）此阶段试样不仅有弹性变形，还发生了塑性变形，表明在载荷不增加或略有减小的情况下，试样却继续伸长。卸掉载荷后一部分变形恢复（弹性变形）还有一部分变形被遗留下来（塑性变形）。

（3）强化阶段（CD 段）此阶段发生在屈服阶段以后，随着应力增大应变增加，即随着载荷增加，试样伸长。随着试样塑性变形量的增加，材料的变形抗力也逐渐增加，这种现象称为形变强化。

（4）缩颈阶段（DE 段）当载荷增加到最大值时，试样直径发生局部收缩，称为缩颈。此时变形所需载荷逐渐降低，伸长部位主要集中于缩颈部位。

材料在弹性范围内，应力与应变成正比，其比值称为弹性模量 E，即 $E = R/e$，单位为 MPa。弹性模量 E 标志着材料抵抗弹性变形的能力，用来表示材料的刚度。其值越大，材料产生一定量的弹性变形所需的应力越大，表明材料不易产生弹性变形，即材料的刚度大。如果材料的刚度不足，则易发生过大的弹性变形而产生失效。E 的大小主要取决于各种材料的属性，一些处理方法（如热处理、合金化、冷热加工等）对它影响很小。常见金属的弹性模量见表 1-1。

> **小提示**：材料的刚度不等于零件的刚度。零件的刚度除取决于材料的弹性模量外，还与零件的形状和尺寸有关，可以通过增加横截面积或改变截面形状来提高其刚度。

表 1-1 常见金属的弹性模量

金属	弹性模量 E/MPa	金属	弹性模量 E/MPa
铁（Fe）	214000	铝（Al）	72000
镍（Ni）	210000	铜（Cu）	132400
钛（Ti）	118010	镁（Mg）	45000

1.1.2 强度

材料在外力作用下抵抗变形和破坏的能力称为强度。根据外力加载方式不同，强度指标有许多种，如屈服强度、抗拉强度、抗压强度、抗弯强度、抗剪强度、抗扭强度等。其中以拉伸试验测得的屈服强度和抗拉强度两个指标应用最多。

扫码看视频

1. 屈服强度

图 1-2 中，当曲线超过 A 点后，若卸去外加载荷，则试样会留下不能恢复的残余变形，

这种不能随载荷去除而消失的残余变形称为塑性变形。当曲线达到 B 点时，曲线出现应变增加而应力不变的现象，这种现象称为屈服。屈服时的应力称为屈服强度，记为 R_{eL}，单位为 MPa。

对没有明显的屈服现象的材料，GB/T 228.1—2021 规定，当试样卸除载荷后，其标距部分的残余伸长达到规定的原始标距百分比时对应的应力，即作为条件屈服强度 R_r，并附角标说明规定残余伸长率。例如，$R_{r0.2}$ 表示规定残余伸长率为 0.2% 时的应力。

机械零件在使用时，一般不允许发生塑性变形，所以屈服强度是大多数机械零件设计时选材的主要依据，也是评定金属材料承载能力的重要力学性能指标。

2. 抗拉强度

材料在断裂前所承受的最大应力值称为抗拉强度或强度极限，用 R_m 表示，单位为 MPa。图 1-2 中的 D 点所对应的应力值即为 R_m。屈服强度与抗拉强度的比值称为屈强比。其值越大，越能发挥材料的潜力，减小结构的自重；其值越小，零件工作时的可靠性越高；其值过小，材料强度的有效利用率降低。因此，屈强比一般取值为 0.65~0.75。

1.1.3 塑性

塑性是指材料在断裂前发生不可逆永久变形的能力，其常用的性能指标有断后伸长率和断面收缩率，可在拉伸试验中，把试样拉断后将其对接起来进行测量。

1. 断后伸长率

断后伸长率是指试样拉断后标距长度的伸长量与原始标距长度的百分比。用符号 A 表示，即

$$A = \frac{L_u - L_o}{L_o} \times 100\%$$

式中　L_o——试样原始标距长度（mm）；

　　　L_u——试样断后标距长度（mm）。

> **小提示**：断后伸长率的数值和试样原始标距长度有关。长试样的断后伸长率用符号 A_{10} 表示，短试样的断后伸长率用符号 A_5 表示。同一种材料的 $A_5 > A_{10}$，所以相同符号的断后伸长率才能进行比较。

2. 断面收缩率

断面收缩率是指断后试样横截面积最大缩减量与原始横截面积的百分比，用符号 Z 表示，即

$$Z = \frac{S_o - S_u}{S_o} \times 100\%$$

式中　S_o——试样原始横截面面积（mm^2）；

　　　S_u——试样断后最小横截面面积（mm^2）。

用断面收缩率表示塑性比伸长率更接近真实变形。断后伸长率 A 和断面收缩率 Z 越大，材料的塑性越好。塑性好的金属（如铜、铝、铁）可以发生大量塑性变形而不被破坏，可通过各种压力加工获得形状复杂的零件。例如：工业纯铁的伸长率可达 50%，可以拉成细丝，轧制成薄板，进行深冲成形等；铸铁的塑性很差，伸长率和断面收缩率几乎为零，不能

进行塑性变形加工。材料具有一定塑性，可以提高零件的使用可靠性，防止零件突然断裂破坏。

材料从变形到断裂的整个过程所吸收的能量称为材料的韧性，即图 1-2 中 *OCEFO* 所围成的面积。

扫码看视频

1.1.4 硬度

硬度表示材料表面局部区域内抵抗其他物体压入的能力。测定硬度的试验方法有多种，但基本上均可分为压入法和刻划法两大类，其中压入法较为常用。常用的压入法测量硬度的指标有布氏硬度、洛氏硬度和维氏硬度等。

> **小提示：** 用各种方法所测得的硬度值不能直接比较，可通过硬度对照表换算。

硬度实验设备简单，操作快捷方便，一般不需要破坏零件或构件，而且对于大多数金属材料，硬度与其他的力学性能（如强度、耐磨性）以及工艺性能（如可加工性、焊接性等）之间存在着一定的对应关系。因此，在工程上硬度被广泛地用于检验原材料和热处理件的质量、鉴定热处理工艺的合理性以及作为评定工艺性能的参考。

1. 布氏硬度

布氏硬度的测量示意图如图 1-3 所示。用一定载荷 F，将直径为 D 的球体，压入被测材料的表面，保持一定时间后卸载，测量被测试样表面上所形成的压痕直径 d，由此计算压痕的表面积，其单位面积所受载荷称为布氏硬度，即

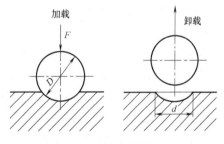

图 1-3 布氏硬度的测量示意图

$$布氏硬度 = 0.102 \frac{F}{\pi Dh} = \frac{2F}{\pi D(D - \sqrt{D^2 - d^2})}$$

目前，布氏硬度的试验方法按《金属材料布氏硬度试验　第 1 部分：试验方法》（GB/T 231.1—2018）执行，用符号 HBW 表示，最高可测 650HBW。标注时，习惯上把硬度值写在符号 HBW 之前，后面按以下顺序注明试验条件：球直径、施加载荷（kgf）、保持载荷的时间（10 ~ 15s 时可以不标）。例如，220HBW10/1000/30，表示用直径为 10mm 的硬质合金球在 1000kgf（1kgf = 9.80665N）的载荷下，保持 30s 时测得的硬度值为 220MPa。

材料的抗拉强度与布氏硬度之间的经验关系为：低碳钢，R_m（MPa）≈ 3.6HBW；高碳钢，R_m（MPa）≈ 3.4HBW；灰铸铁，R_m（MPa）≈ 1HBW 或 R_m（MPa）≈ 0.6（HBW - 40）。

2. 洛氏硬度

洛氏硬度的测量示意图如图 1-4 所示。将一定规格的压头（金刚石圆锥体或钢球），在一定载荷作用下压入试样表面，保持一定时间后卸除载荷，然后测定压痕的深度 h。利用压痕深度反应材料硬度高低，材料越软，压痕越深，洛氏硬度值越小。

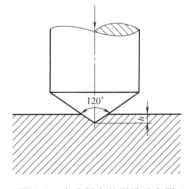

图 1-4 洛氏硬度的测量示意图

机械工程材料

为了能用同一台硬度计测定不同材料的硬度，常采用不同的压头类型和载荷以获得不同的洛氏硬度标尺。常用洛氏硬度标尺见表 1-2。HRA 用于测量高硬度材料，如硬质合金、表面淬火层和渗碳层。HRBW 用于测量低硬度材料，如有色金属和退火、正火钢等。HRC 用于测量中等硬度材料，如调质钢、淬火钢等。

表 1-2 常用洛氏硬度标尺（摘自 GB/T 230.1—2018）

洛氏硬度标尺	硬度符号	压头类型	初试验力 F_0/N	总试验力 F/N	适用范围	典型应用
A	HRA	金刚石圆锥	98.07	588.4	20~95HRA	硬质合金、渗碳层、表面淬火层
B	HRBW	直径 1.5875mm 球	98.07	980.7	10~100HRBW	铜合金、铝合金、低碳钢、可锻铸铁
C	HRC	金刚石圆锥	98.07	1471	20~70HRC	淬火低温回火钢、钛合金

洛氏硬度的表示方法为：数值 + 洛氏硬度标尺。例如，59HRC 表示用 C 标尺测得的洛氏硬度值为 59。

3. 维氏硬度

维氏硬度的测量原理与布氏硬度相同，不同之处是压头为一相对面夹角为 136°的金刚石正四方棱锥体，所加负荷为 5~120kgf（49.03~1176.80N）。图 1-5 为维氏硬度测量示意图。在用规定的压力 F 将金刚石压头压入被测试件表面并保持一定时间后卸去载荷，测量压痕投影的两对角线的平均长度 d，据此计算出压痕的表面积 S，最后求出压痕表面积上的平均压力（F/S），以此作为被测材料的维氏硬度值。

维氏硬度标注方法与布氏硬度类似，硬度值写在符号前面，试验条件写在后面，对于钢及铸铁保持载荷时间为 10~15s 时，可以不标。例如，600HV30/20，表示用 30kgf 试验载荷，保持 20s 测得的维氏硬度值为 640MPa。

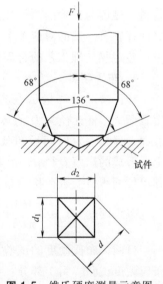

图 1-5 维氏硬度测量示意图

课堂讨论：根据以上三种硬度测量方法的原理，想一想它们各有什么特点及应用的场合。

1）布氏硬度的优点是测量误差小、数据稳定，与强度之间有较好的对应关系；缺点是压痕大，不能用于太薄的工件（试样厚度至少应为压痕深度的 8 倍）、成品件及硬度大于 650HBW 的材料。布氏硬度可用于硬度较低的退火钢、正火钢、调质钢、铸铁及有色金属的原料和半成品的硬度测量。

2）洛氏硬度试验操作简便、迅速，测量硬度值范围大、压痕小，可直接测量成品件和较薄工件。但由于试验载荷较大，不宜用来测定极薄工件及氮化层、金属镀层等的硬度。而且由于压痕小，对内部组织和硬度不均匀的材料，其测定结果波动较大，故需在不同位置测试多点的硬度值，取其算术平均值。洛氏硬度无单位，各标尺之间没有直接的对应关系。

3）维氏硬度试验对试样表面质量要求较高，测试方法较为麻烦，但因所施加的试验载荷小，压入深度较浅，故可测定较薄或表面硬度值较大的材料的硬度，还可测定很软到很硬的各种金属材料的硬度（0~1000HV），且连续性好、准确性高，弥补了布氏硬度因压头变形不能测量高硬度材料及洛氏硬度受试验载荷与压头直径比的约束而硬度值不能换算的不足。

小提示：以上几个力学性能指标都是在静载荷作用下测得的，而实际上，零件服役的环境是多种多样的，工程上的大多数零部件是承受动载荷的，如汽车发动机上的连杆、曲轴等。因此，研究材料的动载荷力学性能才能更接近实际情况，以便为解决实际工程问题提供适合的评价方法。

1.1.5 冲击韧性

扫码看视频

上述强度、塑性、硬度都是在静载荷作用下测量的静态力学性能指标，而许多零部件和工具在服役时要受到冲击载荷的作用，如锻压机的锤杆、压力机的冲头、汽车变速齿轮、飞机的起落架等。冲击载荷是以很大的速度作用于工件上的载荷，瞬时冲击引起的应力和应变要比静载荷引起的应力和应变大得多，因此在选择制造该类机件的材料时，必须考虑材料抗冲击载荷的能力。

材料抵抗冲击载荷而不被破坏的能力称为冲击韧性。为了讨论材料的冲击韧性 a_K 值[○]，常采用一次冲击弯曲试验法。由于在冲击载荷作用下材料的塑性变形得不到充分发展，为了能灵敏地反映出材料的冲击韧性，通常采用带缺口的试样进行试验。标准冲击试样有两种，一种是 U 型缺口试样，另一种是 V 型缺口试样。同一条件下同一材料制作的两种试样，其 U 型缺口试样的 a_K 值明显大于 V 型缺口试样的 a_K 值，所以这两种试样的 a_K 值不能相互比较。图 1-6 和图 1-7 为 GB/T 229—2007 中规定的 V 型、U 型缺口试样的尺寸及加工要求。

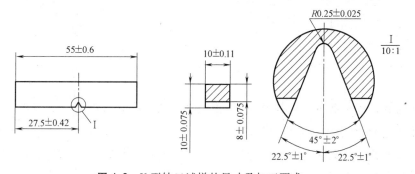

图 1-6　V 型缺口试样的尺寸及加工要求

试验时，将试样放在试验机两支座上，如图 1-8 所示。将一重量为 G 的摆锤升至一定高度 H_1，如图 1-9 所示，使它获得位能为 GH_1；再将摆锤释放，使其刀口冲向试样缺口的背面（图 1-8 箭头位置）；冲断试样后摆锤在另一边的高度为 H_2，相应位能为 GH_2。冲断试样前后的能量差即为摆锤冲断试样所消耗的功，或是试样变形和断裂所吸收的能量，称为冲击吸收能量 A_K，即 $A_K = GH_1 - GH_2$，单位为 J。试验时，冲击吸收能量的数值可从冲击试验机的刻度标盘上直接读出。冲击吸收能量除以试样缺口底部处横截面面积 S 获得冲击韧性值 a_K，

○ 冲击韧性 a_K 已废止，此处作为参考值予以保留。

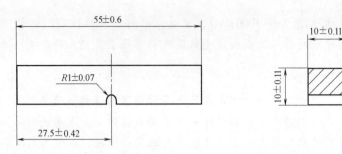

图 1-7　U 型缺口试样的尺寸及加工要求

即 $a_K = A_K / S$，单位为 J/cm^2。

实践表明，冲击韧性对材料的一些缺陷很敏感，能够灵敏地反映出材料品质、宏观缺陷和显微组织方面的微小变化，因而是生产上用来检验冶炼、热加工得到的半成品和成品质量的有效方法之一。

材料的 a_K 值越大，韧性就越好；材料的 a_K 值越小，材料的脆性越大。

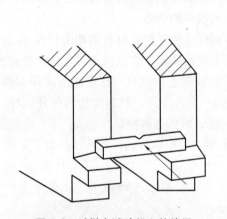

图 1-8　试样在试验机上的放置

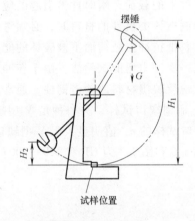

图 1-9　冲击试验原理图

知识链接： 研究表明，材料的 a_K 值随试验温度的降低而降低。当温度降至某一数值或范围时，a_K 值会急剧下降，材料则由韧性状态转变为脆性状态，这种转变称为冷脆转变，相应温度称为冷脆转变温度。材料的冷脆转变温度越低，说明其低温冲击性能越好，允许使用的温度范围越大。因此对于寒冷地区的桥梁、车辆等机件用材料，必须做低温（一般为 -40℃）冲击弯曲试验，以防止低温脆性断裂。

1.1.6　疲劳强度

1. 疲劳的概念

许多机械零件（齿轮、轴、弹簧）是在重复或交变载荷作用下工作的。所谓交变载荷，是指大小或方向随时间而变化的载荷。在交变载荷作用下，即使零件所承受的应力远低于其屈服强度，也会在长时间工作后产生裂纹或突然断裂，这种现象称为材料的疲劳。80%以上的机械零件失效属于疲劳破坏。

疲劳断裂具有突然性，危害很大。经研究发现，疲劳断裂是一种低应力脆断，断裂时的应力远低于材料的抗拉强度，甚至低于材料的屈服强度。无论是塑性材料还是脆性材料，疲劳断裂前均无明显的塑性变形。疲劳断裂的过程是一个损伤积累的过程。起初，在零件的表面（有时在零件的内部）存在一些薄弱环节（如微裂纹），随着循环次数的增加，裂纹沿零件的某一截面向深处扩展，直至某一时刻剩余截面承受不了所受的应力，便会发生突然断裂。即零件的疲劳断裂过程可分为裂纹产生、裂纹扩展和瞬间断裂三个阶段。图 1-10 为疲劳断口示意图。

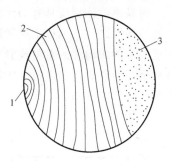

图 1-10　疲劳断口示意图
1—疲劳源　2—疲劳扩展区　3—瞬时断裂区

疲劳断裂对材料的表面和内部缺陷非常敏感，疲劳裂纹常在表面缺口（如螺纹、刀痕、油孔等）、脱碳层、夹渣物、碳化物及孔洞等处形成。

2. 疲劳强度的测定

在测定材料的疲劳强度时要用较多的试样，在不同循环应力作用下进行实验，然后画出疲劳曲线，即材料所受交变应力与其断裂前的应力循环次数的关系曲线，如图 1-11 所示。

由图 1-11 可见，应力值越低，断裂前的循环次数越多；当应力降低到某一值后，曲线近乎水平直线，这表示当应力低于此值时，材料可经受无数次应力循环而不发生断裂。可将试样承受无数次应力循环或达到规定的循环次数才断裂的最大应力作为材料的疲劳强度。在疲劳强度的实验中，循环次数不可能无穷大，而是规定一定的循环次数作为基数，超过这个基数就认为试样不再发生疲劳破坏。常用钢

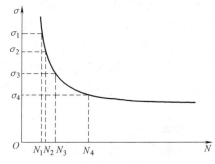

图 1-11　疲劳曲线示意图

材的循环基数为 10^7，有色金属和某些超高强度钢的循环基数为 10^8。影响疲劳强度的因素很多，除设计时应在结构上注意减小零件应力集中外，改善零件表面粗糙度和进行热处理（如高频淬火、表面形变强化、化学热处理以及各种表面复合强化等）也是提高疲劳强度的方法。钢的疲劳强度为抗拉强度的 40%～50%，有色金属的疲劳强度为抗拉强度的 25%～50%。

> **小提示：** 零件的服役条件是多种多样的，有时候零件会在高温下工作，此时前面提到的几个室温下测得的力学性能指标就不能作为选材的依据了。高温下主要考察的力学性能指标为蠕变强度和持久强度极限，相关内容可查阅其他资料。

1.2　金属材料的物理性能和化学性能

1.2.1　物理性能

工程材料的物理性能包括密度、熔点、导热性、热膨胀性、导电性和磁性等，各种机械零件由于用途不同，对材料的物理性能要求也有所不同。

1. 密度

材料单位体积所具有的质量称为密度。材料的强度与密度之比称为比强度。密度是工程材料的特性之一，工程上通常用密度来计算零件毛坯的质量。材料的密度直接关系到由它所制成的零件或构件的重量或紧凑程度，这对于要求减轻机件自重的航空和宇航工业制件具有特别重要的意义，如飞机、火箭等。用密度小的铝合金制造同样的零件，比钢材制造的零件重量可减轻 1/4~1/3。

2. 熔点

材料由固态转变为液态时的熔化温度称为熔点。金属都有固定的熔点，而合金的熔点取决于成分，例如，钢是铁和碳组成的合金，碳含量不同，熔点也不同。根据熔点的不同，金属材料又分为高熔点金属和低熔点金属。高熔点金属又称为难熔金属（W、Mo、V 等），可用来制造耐高温零件，如喷气发动机的燃烧室需用高熔点合金来制造。低熔点金属（Sn、Pb 等）可用来制造印刷铅字和电路上的熔体丝等。对于热加工材料，熔点是制定热加工工艺的重要依据之一，例如，铸铁和铸铝熔点不同，它们的熔炼工艺有较大区别。

3. 导热性

导热性是材料传导热量的能力。导热性是工程上选择保温或热交换材料的重要依据之一，也是确定机件热处理保温时间的一个参数，如果热处理件所用材料的导热性差，则在加热或冷却时，机件表面与心部会产生较大的温差，造成不同程度的膨胀或收缩，导致机件破裂。一般来说，金属材料的导热性远高于非金属材料，合金的导热性比纯金属差。例如，合金钢的导热性较差，当其进行锻造或热处理时，加热速度应慢一些，否则会形成较大的内应力而产生裂纹。

4. 热膨胀性

热膨胀性是材料随温度变化体积发生膨胀或收缩的特性。一般材料都具有热胀冷缩的特点。在工程实际中，许多场合要考虑热膨胀性，例如：相互配合的柴油机活塞和缸套之间间隙很小，既要允许活塞在缸套内往复运动又要保证气密性，这就要求活塞与缸套材料的热膨胀性要相近，才能避免二者卡住或漏气；铺设钢轨时，两根钢轨衔接处应留有一定的空隙，让钢轨在长度方向有伸缩的余地；制定热加工工艺时，应考虑材料的热膨胀影响，尽量减小工件的变形和开裂等。

5. 导电性

材料的导电性常用电阻率表示，电阻率表示单位长度、单位面积导体的电阻，其单位为 $\Omega \cdot m$。电阻率越低，材料的导电性越好。金属通常具有较好的导电性，其中最好的是银，铜和铝次之。金属具有正的电阻温度系数，即随温度升高，电阻增大。含有杂质或受到冷变形会导致金属的电阻增大。

6. 磁性

材料在磁场中能被磁化或导磁的能力称为导磁性或磁性，按磁性分类，金属材料可分为铁磁性材料、抗磁性材料和顺磁性材料。铁磁性材料（Fe、Co 等）在外磁场中能强烈地被磁化，可用于制造变压器、电动机、测量仪表等。抗磁性材料（Cu、Zn 等）能抗拒或削弱外磁场对材料本身的磁化作用，可用于制造要求避免电磁场干扰的零件和结构材料，如航海罗盘等。顺磁性材料（如 Mn、Cr 等）在外磁场中只能微弱地被磁化，多用于磁量子放大器和光量子放大器，在工业上应用极少。

1.2.2 化学性能

金属及合金的化学性能主要指它们在室温或高温时抵抗各种介质的化学侵蚀能力，主要有耐蚀性和抗氧化性。

1. 耐蚀性

腐蚀是材料在外部介质作用下发生失效现象的主要原因。材料抵抗各种介质蚀破坏的能力称为耐蚀性。一般来说，非金属材料的耐蚀性要高于金属材料。在金属材料中，碳钢、铸铁的耐蚀性较差，而不锈钢、铝合金、铜合金、钛及钛合金的耐蚀性较好。

2. 抗氧化性

材料抵抗高温氧化的能力称为抗氧化性。抗氧化的金属材料常在表面形成一层致密的保护性氧化膜，阻碍氧的进一步扩散，这类材料的氧化随时间的变化一般遵循抛物线规律。而形成多孔疏松或挥发性氧化物材料的氧化则遵循直线规律。

耐蚀性和抗氧化性统称为材料的化学稳定性。高温下的化学稳定性称为热化学稳定性。在高温下工作的热能设备（锅炉、汽轮机、喷气发动机等）上的零件应选择热稳定性好的材料制造；在海水、酸、碱等腐蚀环境中工作的零件，必须采用化学稳定性良好的材料，如化工设备通常采用不锈钢来制造。

> **小提示**：物理、化学性能虽然不是结构件设计的主要参数，但在某些特定情况下却是必须加以考虑的因素。

1.3 金属材料的工艺性能

工艺性能是指材料适应加工工艺要求的能力。按加工方法的不同，可分为铸造性、可锻性、焊接性、可加工性及热处理工艺性能等。在设计零件和选择工艺方法时，都要考虑材料的工艺性能，以降低成本，获得优质的零件。

1. 铸造性

铸造性是指浇注铸件时，材料能充满比较复杂的铸型并获得优质铸件的能力。对金属材料而言，评价铸造性能好坏的主要指标有流动性、断面收缩率、偏析倾向等。流动性好、断面收缩率小、偏析倾向小的材料，其铸造性也好。一般来说，共晶成分的合金铸造性好。

2. 可锻性

可锻性是指材料是否易于进行压力加工的性能。可锻性的好坏主要以材料的塑性和变形抗力来衡量。

3. 焊接性

焊接性是指材料是否易于焊接在一起并能保证焊缝质量的性能，一般用焊接处出现各种缺陷的倾向来衡量。低碳钢具有优良的焊接性，而铸铁和铝合金的焊接性就很差。

4. 可加工性

可加工性是指材料是否易于切削加工的性能。它与材料的种类、成分、硬度、韧性、导热性及内部组织状态等许多因素有关。有利于切削的材料硬度为 160~230HBW。可加工性好的材料切削容易，刀具磨损小，加工表面光洁。

本章小结

本章主要介绍了金属材料的性能，包括力学性能、物理性能、化学性能和工艺性能。力学性能指标主要包括静载荷作用下的强度（屈服强度、抗拉强度），塑性（伸长率、断面收缩率），硬度（布氏硬度、洛氏硬度、维氏硬度）；冲击载荷作用下的冲击韧度；交变载荷作用下的疲劳强度。物理性能主要包括密度、熔点、导热性、热膨胀性、导电性和磁性；化学性能主要包括耐蚀性和抗氧化性。工艺性能包括铸造性、可锻性、焊接性和可加工性。

学习案例

某小区供暖锅炉是以燃煤为主，背靠背排列，采用固态排渣、钢结构、室内布置。投入使用后，水冷壁中同一根炉管的同一部位发生过两起爆破事故。

分析：经过对锅炉损坏情况进行全面检查发现，除了局部过热、结垢、燃料等方面的原因，所用钢材本身存在缺陷以及焊接质量差也是造成事故发生的重要因素。

课 后 测 试

一、名词解释

强度　刚度　塑性　硬度　疲劳

二、填空题

1. 工程材料按其组成和结合键的特点可分为：＿＿＿＿＿、＿＿＿＿＿、＿＿＿＿＿、＿＿＿＿＿。

2. 评判金属材料塑性的指标有：＿＿＿＿＿和＿＿＿＿＿。

3. 压入法测定硬度常用的方法有：＿＿＿＿＿、＿＿＿＿＿和＿＿＿＿＿。

4. 金属材料的工艺性能包括：＿＿＿＿＿、＿＿＿＿＿、＿＿＿＿＿和＿＿＿＿＿。

三、选择题

1. 在设计拖拉机缸盖螺钉时应考虑（　　）强度指标。

A. 抗拉强度　　　　B. 屈服强度　　　　C. 规定非比例延伸强度

2. 在做疲劳试验时，试样承受的载荷类型为（　　）。

A. 静载荷　　　　　B. 冲击载荷　　　　C. 交变载荷

3. 洛氏硬度标尺 HRC 使用的压头是（　　）。

A. 淬火钢球　　　　B. 硬质合金球　　　　C. 金刚石圆锥体

四、简答题

1. 什么是材料的力学性能？力学性能主要包括哪些指标？

2. 衡量金属材料强度和塑性的指标有哪些？各用什么符号表示？

3. HBW、HRC 各代表用什么方法测出的硬度？各种硬度测试方法的特点有何不同？

4. 什么是疲劳现象？什么是疲劳强度？

5. 什么是材料的工艺性能？它包括哪几种？

6. 某钢材的抗拉强度为 538MPa，用其制成直径为 10mm 的钢棒，在拉伸断裂时直径变为 8mm，请问此钢棒能承受的最大载荷是多少？断面收缩率是多少？

第2章

金属材料的晶体结构和结晶

【学习要点】

1. 学习重点
1）了解铸锭组织及各部分特点，铸锭缺陷。
2）熟悉纯金属结晶的基本过程，掌握结晶过程对晶粒大小的影响。
3）熟悉同素异构转变的概念和铁的同素异构转变。
4）掌握金属晶体结构的基本概念和三种常见的晶格类型。
5）掌握多晶体的概念、金属的晶体缺陷及其对金属性能的影响。

2. 学习难点
1）金属的晶体结构：金属的结构与结晶，晶格类型。
2）实际金属的晶体结构：金属的晶体缺陷及其对金属性能的影响。
3）纯金属的结晶：结晶过程对晶粒大小的影响。
4）金属的同素异构转变：铁的同素异构转变。

3. 知识框架图

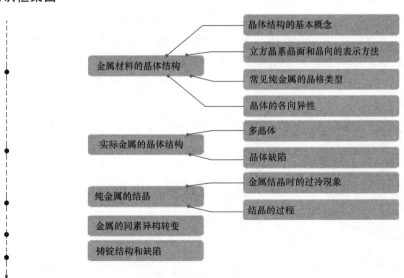

晶体结构的基本概念

立方晶系晶面和晶向的表示方法

金属材料的晶体结构 —— 常见纯金属的晶格类型

晶体的各向异性

实际金属的晶体结构 —— 多晶体

晶体缺陷

纯金属的结晶 —— 金属结晶时的过冷现象

结晶的过程

金属的同素异构转变

铸锭结构和缺陷

4. 学习引导

以色列科学家达尼埃尔·谢赫特曼，在电子显微镜中观察到一种"反常理"的现象，从而发现了准晶体，并因此获得了诺贝尔化学奖。这一发现违背当时科学界关于固体只有晶体和非晶体的分类理论。那么晶体和非晶体中原子是如何排列的，又分别具有什么特征呢？

2.1　金属材料的晶体结构

扫码看视频

在自然界中，一切物质都是由原子（分子或离子）组成的，根据原子在物质内部排列的特征，固态物质可分为晶体与非晶体两类。晶体内部原子在空间呈一定的规则排列，具有固定熔点和各向异性的特征。非晶体内部原子是无规则堆积在一起的，没有固定熔点，具有各向同性。金属材料及绝大多数的固态物质都属于晶体。

课堂讨论：根据晶体与非晶体的性能上的特点，判断自然界中哪些是晶体，哪些是非晶体。

在自然界中，除少数物质（如普通玻璃、松香、石蜡等）是非晶体外，绝大多数固态无机物都是晶体。

2.1.1　晶体结构的基本概念

晶体结构就是晶体内部原子排列的方式及特征。只有研究金属的晶体结构，才能从本质上说明金属性能的差异及变化的实质。

1. 晶格

如果把组成晶体的原子（或离子、分子）看作刚性球体，那么晶体就是由这些刚性球体按一定规律周期性地堆垛而成的，如图 2-1a 所示。不同晶体的堆垛规律不同。为研究方便，假设将刚性球体视为处于球心的点称为结点，由结点所形成的空间点的阵列称为空间点阵，用假想的直线将这些结点连接起来所形成的三维空间格架称为晶格，如图 2-1b 所示。晶格直观地表示了晶体中原子（或离子、分子）的排列规律。

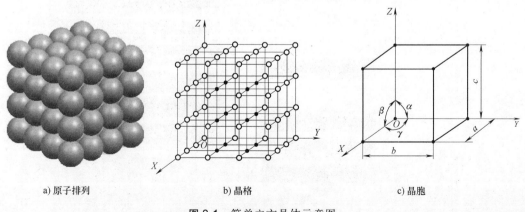

a）原子排列　　　　　　　b）晶格　　　　　　　c）晶胞

图 2-1　简单立方晶体示意图

2. 晶胞

从微观上看，晶体是无限大的。为便于研究，常从晶格中选取一个能代表晶体原子排列规律的最小几何单元来进行分析，这个最小的几何单元称为晶胞，如图 2-1c 所示。晶胞在三维空间中重复排列便可构成晶格和晶体。

晶胞的棱边长度 a、b、c 称为晶格尺寸，又称晶格常数。晶胞的大小和形状以晶格常数 a、b、c 及棱边夹角 α、β、γ 来描述。根据晶胞的三个晶格常数和棱边夹角的相互关系，可将晶体结构分为七种晶系。工程上应用的金属材料通常为立方晶系和六方晶系，常见结构有体心立方结构、面心立方结构和密排六方结构。

各种晶体由于其晶格类型与晶格常数不同，故呈现出不同的物理、化学及力学性能。

3. 致密度与配位数

晶胞中原子最密排方向上相邻原子间距的一半称为原子半径，处于不同晶体结构中的同种原子的半径是不相同的。一个晶胞内所包含的原子数目称为晶胞原子数。晶胞中原子本身所占有的体积与晶胞体积之比称为致密度，晶体结构中与任一原子最近邻、等距离的原子数目称为配位数。致密度和配位数反映了原子排列的紧密程度。不同晶体结构晶胞的原子数、配位数和致密度均不相同，配位数越大的晶体，其致密度越高。

2.1.2 立方晶系晶面和晶向的表示方法

晶体中各种方位上的原子面称为晶面，各种方向上的原子列称为晶向。在研究金属晶体结构的细节及其性能时，往往需要分析它们的各种晶面和晶向中原子分布的特点，晶面指数和晶向指数，可以表示出它们在晶体中的方位或方向。下面对立方晶系中的晶面指数和晶向指数进行讨论。

1. 晶面指数

晶面指数的确定方法如下：

1）以任一原子为原点（注意：原点不要放在待确定晶面上，以免出现零截距），以过原点的三条相互垂直的棱边为坐标轴 X、Y、Z，以晶格常数为测量单位建立坐标系。

2）求出待定晶面在三个坐标轴上的截距。

3）取各截距值的倒数，并按比例化为最小整数，放在圆括号内，即为所求晶面的指数。

晶面指数的表示形式为 (hkl)。(hkl) 代表的是一组互相平行的晶面。原子排列完全相同，只是空间位向不同的各组晶面称为晶面族，用 $\{hkl\}$ 表示。如果所求晶面在坐标轴上的截距为负值，则在相应的指数上加上划线。

在某些情况下，晶面可能只与两个或一个坐标轴相交，而与其他坐标轴平行。当晶面与坐标轴平行时，认为在该坐标轴上的截距为无穷大，其倒数为 0。例如，求截距为 1、∞、∞ 的晶面指数时，取三个截距值的倒数为 1、0、0，放在圆括号内，即是所求晶面的指数，表示为（100）。

图 2-2 为立方晶系常见的晶面及晶面指数。

2. 晶向指数

晶向指数的确定方法如下：

1）以晶格中某一原子为原点，通过该点平行于晶胞的三棱边作 X、Y、Z 三个坐标轴，

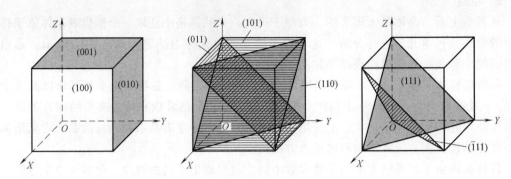

图 2-2 立方晶系常见的晶面及晶面指数

通过坐标原点引一直线，使其平行于所求的晶向。

2）求出该直线上任意一点的 3 个坐标值。

3）将三个坐标值按比例化为最小整数，放在方括号内，即为所求的晶向指数。

晶向指数的表示形式为 [uvw]。与晶面指数类似，[uvw] 代表的是一组互相平行、方向一致的晶向。那些原子排列完全相同，只是空间位向不同的各组晶向称为晶向族，用 <uvw> 表示。

例如，过原点某晶向上一点的坐标为 (1, 1.5, 2)，将这 3 个坐标值按比例化为最小整数并加方括号即为该晶向的指数，表示为 [234]。又如，要画出 [110] 晶向，可找出 (1, 1, 0) 坐标点，连接原点与该坐标点的直线即为所求晶向。

图 2-3 为立方晶系常见的晶向及晶向指数。

注意，在立方晶系中，指数相同的晶面和晶向是互相垂直的，例如：[100] ⊥ (100)，[111] ⊥ (111)。

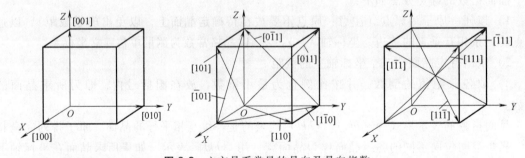

图 2-3 立方晶系常见的晶向及晶向指数

2.1.3 常见纯金属的晶格类型

在工业上使用的金属元素中，除了少数具有复杂的晶格结构外，绝大多数都具有比较简单的晶格结构。最常见的典型晶格类型有体心立方晶格、面心立方晶格和密排六方晶格三种。

1. 体心立方晶格

体心立方晶格的晶胞如图 2-4 所示，该晶胞的 3 个棱边长度相等，3 个轴间夹角均为 90°。在立方体的 8 个顶角上各有 1 个与相邻晶胞共有的原子，立方体中心还有 1 个原子。

由于立方体顶角上的原子为 8 个晶胞所共有，而立方体中心的原子为该晶胞所独有，因此晶胞原子数为 $8 \times 1/8 + 1 = 2$。由于体心立方晶胞中的任一原子与 8 个原子接触且距离相等，因此体心立方晶格的配位数为 8。其致密度为 0.68，即在体心立方晶格中，有 68% 的体积为原子所占据，其余 32% 为间隙体积。具有体心立方晶格的金属有 α-Fe、Cr、V、W、Mo、Nb 等。

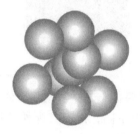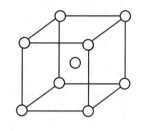

图 2-4　体心立方晶胞示意图

2. 面心立方晶格

面心立方晶格的晶胞如图 2-5 所示，在该晶胞的 8 个角上各有 1 个原子，在立方体 6 个面的中心各有 1 个原子。由于立方体顶角上的原子为 8 个晶胞所共有，每个晶胞实际占有该原子的 1/8，而位于 6 个面中心的原子为相邻的 2 个晶胞所共有，每个晶胞只分到面心原子的 1/2，因此晶胞原子数为 $8 \times 1/8 + 6 \times 1/2 = 4$。与面心立方晶胞中原子相邻的是它周围顶角上的 4 个原子，这 5 个原子构成了一个平面，这样的平面共有 3 个，所以与该原子相邻等距离的原子共有 $3 \times 4 = 12$ 个，因此面心立方晶格的配位数为 12。其致密度为 0.74。属于面心立方晶格的金属有 γ-Fe、Al、Cu、Ni、Au、Ag、Pb 等。

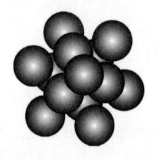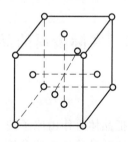

图 2-5　面心立方晶胞示意图

3. 密排六方晶格

密排六方晶格的晶胞如图 2-6 所示。该晶胞是一个正六棱柱体，在晶胞的 12 个角上各有 1 个原子，上底面和下底面中心各有 1 个原子，晶胞内还有 3 个原子，故晶胞中的原子数为 $1/6 \times 12 + 1/2 \times 2 + 3 = 6$。密排六方晶格中每个原子（以底面中心的原子为例）与 12 个原子（同底面上周围有 6 个，上下各有 3 个原子）接触且距离相等，因此配位数为 12。其致密度与面心立方晶格相同，为 0.74。属于密排六方晶格的金属有 Mg、Zn、Be、Cd 等。

2.1.4　晶体的各向异性

由于晶体中不同晶面和晶向上的原子密度不同，造成了它在不同方向上的性能差异，将

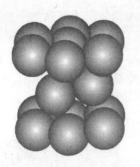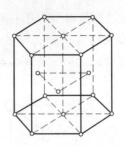

图 2-6　密排六方晶格的晶胞示意图

晶体的这种性能差异称为各向异性，它是区别于非晶体的重要标志之一。例如，体心立方的 Fe 晶体，由于它在不同晶向上的原子密度不同，原子结合力不同，因而其弹性模量 E 便不同。在 [111] 方向 $E = 290000\mathrm{MN/m^2}$，在 [100] 方向 $E = 135000\mathrm{MN/m^2}$。又如，许多晶体物质如石膏、云母、方解石等常沿一定的晶面易于破裂，具有一定的解理面，也都是这个道理。

晶体的各向异性在其物理、化学和力学性能方面都有所体现，如弹性模量、破断抗力、屈服强度，电阻、磁导率、线胀系数，以及在酸中的溶解速度等许多方面。各向异性在工业上应用，可指导生产，获得优异性能的产品。例如，制作变压器的硅钢片，因它在不同晶向的磁化能力不同，可通过特殊的轧制工艺，使其易磁化的 [100] 晶向平行于轧制方向从而得到优异的磁导率等。

> **小提示**：本部分内容涉及晶体的微观结构，概念多、内容抽象、不易理解，故需要读者多用些时间去学习。

2.2　实际金属的晶体结构

2.2.1　多晶体

在研究金属的晶体结构时，把晶体看作由原子按一定几何规律周期性排列而成，即晶体内部的晶格位向是完全一致的，这种晶体称为单晶体。在工业生产中，只有经过特殊制作才能获得，如半导体工业中的单晶硅。

实际的金属都是由很多小晶体组成的，这些外形不规则的颗粒状小晶体称为晶粒。晶粒内部的晶格位向是均匀一致的，而晶粒与晶粒之间的晶格位向却彼此不同。每一个晶粒相当于一个单晶体，晶粒与晶粒之间的界面称为晶界。这种由许多晶粒组成的晶体称为多晶体，其结构如图 2-7 所示。

多晶体的性能在各个方向基本是一致的，这是由于多晶体中，虽然每个晶粒都是各向异性的，但它们的晶格位向彼此不同，晶体的性能在各个方向相互补充和抵消，再加上晶界的作用，因而表现出各向同性。这种各向同性被称伪各向

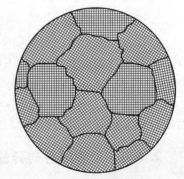

图 2-7　多晶体结构示意图

同性。

晶粒的尺寸很小，如钢铁材料的晶粒尺寸一般为 0.001~0.1mm，必须在显微镜下才能观察到。在显微镜下才能观察到的金属中晶粒的种类、大小、形态和分布称为显微组织，简称组织。金属的组织对金属的力学性能有很大的影响。

每个晶粒内部，实际上也并不像理想单晶体那样位向完全一致，而是存在着许多尺寸更小、位向差也很小（一般是 $10'~20'$，最大到 $2°$）的小晶块。它们相互镶嵌成一颗晶粒，这些在晶格位向上彼此有微小差别的晶内小区域称为亚结构或亚晶粒。其组织尺寸较小，需在高倍显微镜或电子显微镜下才能观察到。

2.2.2 晶体缺陷

实际金属的晶体结构不像理想晶体那样规则和完整。由于各种因素的作用，晶体中不可避免地存在着许多不完整的部位，这些部位称为晶体缺陷。根据几何特征，可将晶体缺陷分为点缺陷、线缺陷和面缺陷三种类型。

在金属中偏离规则排列位置的原子数目很少，最多占原子总数的千分之一，所以实际金属材料的结构还是接近完整的。但是尽管数量少，这些晶体缺陷却对金属的塑性变形、强度、断裂等起着决定性的作用，并且还在金属的固态相变、扩散等过程中起重要作用。

因此，晶体缺陷的分析研究具有重要的理论和实际意义。

1. 点缺陷

点缺陷是指在三个维度上尺寸都很小的不超过几个原子直径的缺陷，也称零维缺陷。晶体中的点缺陷主要有晶格空位、间隙原子和置换原子三种，如图 2-8 所示。

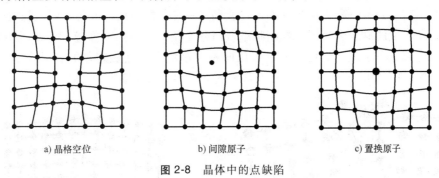

a) 晶格空位　　　　　　　　b) 间隙原子　　　　　　　　c) 置换原子

图 2-8　晶体中的点缺陷

（1）空位　晶格中某个原子脱离了平衡位置，形成空结点，称为空位。当晶格中的某些原子由于某种原因（如热振动等）脱离其晶格节点将产生空位，从而使其周围的晶格产生畸变。

（2）间隙原子　在晶格节点以外存在的原子称为间隙原子。在金属的晶体结构中都存在间隙，一些尺寸较少的原子容易进入晶格的间隙形成间隙原子。

（3）置换原子　占据金属晶格结点位置的杂质原子称为置换原子。当杂质原子的直径与金属原子的半径相当或较大时，容易形成置换原子。

点缺陷破坏了原子的平衡状态，使晶格发生扭曲（称为晶格畸变），从而引起性能变化，使金属的电阻率增加，强度、硬度升高，塑性、韧性下降。

2. 线缺陷

线缺陷是指晶体内沿某一条线附近原子的排列偏离了完整晶格所形成的线形缺陷区，其特征是：两个维度尺寸很小，而第三个维度尺寸很大。线缺陷也称一维缺陷。位错就是一种最重要的线缺陷，它在晶体的塑性变形、断裂、强度等一系列结构敏感性的问题中均起着主要的作用，位错理论是材料强化的重要理论。

位错是在晶体中某处有一列或若干列原子发生了有规律的错排现象。这种错排现象是晶体内部局部滑移造成的，根据局部滑移的方式不同，可形成不同类型的位错，图 2-9 所示为常见的刃型位错。由于该晶体的右上部分相对于右下部分局部滑移，导致在晶格的上半部分中挤出了一层多余的原子面 EFGH，像在晶格中额外插入了半层原子面一样，该多余原子面的边缘 EF 便是位错线。沿位错线的周围，晶格发生了畸变。

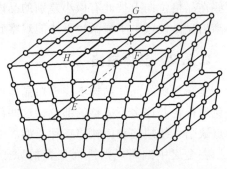

图 2-9　刃型位错

金属晶体中的位错很多，相互连接成网状分布。位错线的密度可用单位体积内位错线的总长度表示，通常为 $10^4 \sim 10^{12} \, \text{cm/cm}^3$ 之间。位错密度越大，塑性变形抗力越大，因此，目前通过塑性变形提高位错密度是强化金属的有效途径之一。

3. 面缺陷

面缺陷是指两个维度尺寸很大而第三个维度尺寸很小的缺陷，也称二维缺陷，包括晶界和亚晶界。如前所述，晶界是晶粒与晶粒之间的界面，由于晶界原子需要同时适应相邻两个晶粒的位向，就必须从一种晶粒位向逐步过渡到另一种晶粒位向，成为不同晶粒之间的过渡层，因此在晶界上的原子多处于无规则状态或两种晶粒位向的折中位置上，如图 2-10 所示。另外，晶粒内部也不是理想晶体，而是由位向差很小的小块（嵌镶块）组成的，称为亚晶粒，其尺寸为 $10^{-4} \sim 10^{-6} \text{cm}$。亚晶粒的交界称为亚晶界，如图 2-11 所示。

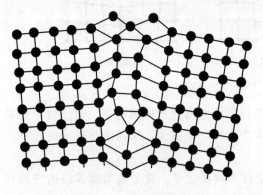

图 2-10　晶界示意图

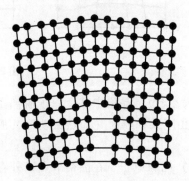

图 2-11　亚晶界示意图

面缺陷是晶体中的不稳定区域，原子处于较高能量状态，它能提高材料的强度和塑性。细化晶粒、增大晶界总面积是强化晶体材料力学性能的有效手段之一。同时，它对晶体的性能及许多变形过程均起到极为重要的作用。

> **小提示：** 晶体缺陷在晶体的塑性、强度、扩散以及其他的结构敏感性问题中起着主要的作用。近年来对晶体缺陷的理论和实验的研究进展非常快。还需指出，上述缺陷都存在于晶体的周期性结构之中，它们都不能取消晶体的点阵结构。在学习过程中，既要注意晶体点阵结构的特点，又要注意到其非完整性的一面，才能对晶体结构有一个比较全面的认识。

2.3　纯金属的结晶

扫码看视频

金属自液态经冷却转变为固态的过程是原子从不规则排列的液态转变为规则排列的固态的过程，此过程称为金属的结晶过程。研究金属结晶过程的基本规律，对改善金属材料的组织和性能都具有重要的意义。

2.3.1　金属结晶时的过冷现象

金属的结晶过程可用热分析实验测绘的冷却曲线来描述，以纯金属为例，首先将坩埚中的纯金属熔化成液体，然后缓慢冷却，观察并记录温度随时间变化的数据，将其绘制在温度-时间坐标系中，便得到如图 2-12 所示的纯金属冷却曲线。由图 2-12a 可见，金属液缓慢冷却时，随着热量向外散失，温度不断下降，当温度降到 T_0 时开始结晶。由于结晶时放出的结晶潜热补偿了冷却时向外散失的热量，故冷却过程中温度不变，则冷却曲线上出现了一条水平线段，水平线段所对应的温度称为理论结晶温度（T_0）。在理论结晶温度 T_0 时，液体中的原子结晶为晶体的速度与晶体中的原子溶入液体中的速度相等。从宏观上看，这时的金属既不结晶也不熔化，晶体与液体处于平衡状态。因此，只有温度低于理论结晶温度 T_0 的某一温度时，金属才能有效地进行结晶。

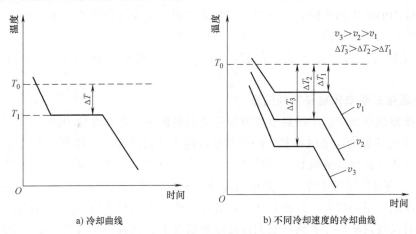

a) 冷却曲线　　　　　b) 不同冷却速度的冷却曲线

图 2-12　纯金属的冷却曲线

在实际生产中，金属结晶的冷却速度都很快。因此，金属液的实际结晶温度 T_1 总是低于理论结晶温度 T_0，如图 2-12b 所示。金属结晶时的这种现象称为过冷现象，两者温度之差称为过冷度，以 ΔT 表示，即 $\Delta T = T_0 - T_1$。

实验研究证明，金属结晶时的过冷度并不是一个恒定值，而是与其冷却速度 v 有关。冷却速度越大，过冷度就越大，金属的实际结晶温度就越低。在实际生产中，金属都是在过冷情况下结晶的，过冷是金属结晶的必要条件。

2.3.2 结晶的过程

金属的结晶都要经历晶核的形成和晶核的长大两个过程，如图 2-13 所示。

1. 晶核的形成

液态金属中原子做不规则运动，随着温度的降低，原子活动能力减弱，原子的活动范围也缩小，相互之间逐渐接近。当液态金属的温度下降到接近理论结晶温度时，某些原子按一定规律排列聚集，形成极细微的小集团。这些小集团很不稳定，遇到热流和振动就会消失。当低于理论结晶温度时，这些小集团的一部分就成为稳定的结晶核心，称为晶核，这种形核是自发形核。在实际金属熔液中总是存在某些未熔的杂质粒子，以这些粒子为核心形成晶核称为非自发形核。

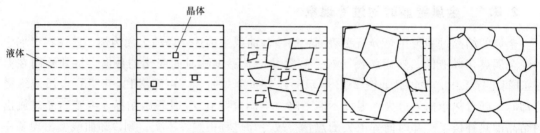

图 2-13 金属结晶过程示意图

2. 晶核的长大

晶核向液体中温度较低的方向发展、长大，如同树枝的生长，先生长出主干再形成分枝。晶核在长大的同时又有新晶核出现、长大，当相邻晶体彼此接触时，被迫停止长大，而只能向尚未凝固的液体部分伸展，直到全部结晶完毕，成为树枝状的晶体。金属结晶时先形成晶核，晶核长大后成为晶体的颗粒，称为晶粒。

冷却速度越快，过冷度越大，晶核的数量越多，晶粒就越细小，金属的力学性能越好。

3. 影响晶核形成率和成长率的因素

影响晶核形成率和成长率的最重要因素是结晶时的过冷度和液体中的未熔杂质。

（1）过冷度的影响　金属结晶时的冷却速度越大，其过冷度便越大，不同过冷度 ΔT 对晶核的形成率 N（晶核形成数目，单位为 $s \cdot mm^3$）和成长率 G（单位为 mm/s）的影响如图 2-14 所示。当过冷度等于零时，晶核的形成率和成长率均为零。随着过冷度的增加，晶核的形成率和成长率都增大，并各自在一定的过冷度时达到最大值。然后当过冷度再进一步增大时，它们又逐渐减小，直到在很大过冷度的情况下，两者都先后趋于零。过冷度对晶核的形成率和成长率的这些影响，主要是因为在结晶过程中有两个因素同时在起作用。其中一个因素是晶体与液体的自由能差（ΔG），它是晶核的形成和成长的推动力。另一因素便是液体中原子迁移能力或扩散系数（D），这是形成晶核及其成长的必需条件，若原子的扩散系数太小，则晶核的形成和成长难以进行。如图 2-15 所示，随着过冷度的增加，晶体与液体的自由能差变大，液体中的原子扩散系数却迅速减小。由于这两种随过冷度不同而呈相反变化的因素的综合作用，使晶核的形成率和成长率与过冷度的关系在数值上出现一个极大值。在过冷度较小时，虽然原子的扩散系数较大，但因作为结晶推动力的自由能差较小，以致晶核的形成率和成长率都较小；在过冷度较大时，虽然作为结晶推动力的自由能差很大，但由于原子的扩散在此情况下相当困难，故也难使晶核形成和成长；而只有两种因素在中等过冷情况下都不存在明显不利的影响时，晶核的形成率和成长率才会达到最大值。

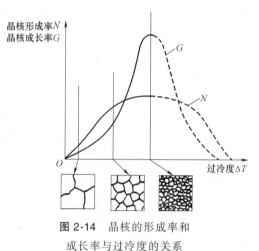

图 2-14　晶核的形成率和
成长率与过冷度的关系

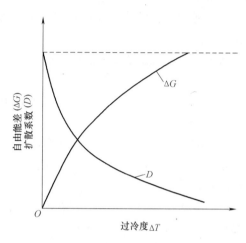

图 2-15　液体与晶体的自由能差（ΔG）
和扩散系数（D）与过冷度（ΔT）的关系

由图 2-14 可见，根据图中曲线的实线部分，在不同过冷度下所得到的晶粒度的对比可知，结晶时的冷却速度越大或过冷度越大时，金属的晶粒度便越小。

课堂讨论：图 2-14 中曲线的后半部分为什么是虚线？

因为在工业生产实际中金属的结晶一般达不到这样的过冷度，故用虚线表示。但近年来通过对金属液滴施以每秒上万摄氏度的高速冷却后发现，在高度过冷的情况下，其晶核的形成率和成长率的确能再度减小为零，此时金属将不再通过结晶的方式发生凝固，而是形成非晶质的固态金属。

（2）未熔杂质的影响　任何金属中都不免含有或多或少的杂质，有的可与金属一起熔化，有的则是呈未熔的固体质点悬浮于金属液体中。当这些未熔杂质的晶体结构在某种程度上与金属相近时，常可显著地加速晶核的形成，使金属的晶粒细化。因为当金属液体中有这种未熔杂质存在时，金属可以沿着这些固体质点表面产生晶核，减小其暴露于金属液体中的表面积，使表面能降低，其作用甚至会远大于加速冷却增大过冷度的影响。

在金属结晶时，向液态金属中加入某种难熔杂质来有效地细化金属的晶粒，以达到提高其力学性能的目的，这种细化晶粒的方法称为变质处理，所加入的难熔杂质称为变质剂或人工晶核。

4. 铸态金属晶粒细化的方法

由于晶粒的细化对提高金属材料的性能有重要影响，因此工程上常采用以下几种方法控制晶粒的大小。

（1）增大过冷度　由以上讨论可知，过冷度越大晶粒越细小，所以在铸造生产中，可用金属型或石墨型代替砂型，以提高冷却速度，也可采用降低浇注温度、慢浇注等方法增大过冷度。

（2）变质处理 增加过冷度的方法只适用于小型或薄壁铸件，对于较大壁厚的铸件，铸件断面较大，只是表层冷得快，而心部冷得慢，因此无法使整个铸件体积内都获得细小而均匀的晶粒。为此，工业上常采用变质处理的方法，即向液态金属中加入大量变质剂，促进形成大量非自发晶核来细化晶粒。

（3）振动、搅拌 对即将凝固的金属液体进行振动或搅拌，一方面是依靠从外界输入能量促使晶核提前形成，另一方面是使成长中的枝晶破碎，增加晶核数目，常用的振动方法有机械振动、超声振动、电磁搅拌等。

2.4 金属的同素异构转变

多数固态纯金属的晶格类型不会改变，但有些金属的晶格会随温度的改变而发生变化，如通常所说的"锡疫"，即四方结构的白锡在13℃下转变为金刚石立方结构的灰锡时碎成粉末的现象。

固态金属在不同温度区间具有不同晶格类型的性质，称为同素异构性。材料在固态下改变晶格类型的过程称为同素异构转变。同素异构转变也遵循形核、长大的规律，但它是一个在固态下的相变过程，即固态相变。在金属中，除锡之外，铁、锰、钴、钛等也都存在同素异构转变。下面以铁为例介绍金属同素异构转变的过程及特点。

1. 同素异构转变的过程

铁在结晶后继续冷却至室温的过程中将发生两次晶格转变，其转变过程如图2-16所示。铁在1394℃以上时具有体心立方晶格，称为δ-Fe；在冷却至1394~912℃之间时转变为面心立方晶格，称为γ-Fe；继续冷却至912℃以下时又转变为体心立方晶格，称为α-Fe。

由于面心立方晶格比体心立方晶格排列紧密，所以由γ-Fe转变为同质量的α-Fe时，体积要膨胀而引起内应力，这是钢在淬火时变形开裂的原因之一。

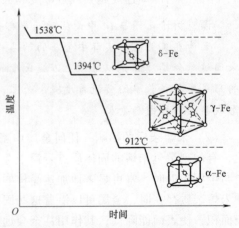

图 2-16 铁的同素异构转变过程

2. 同素异构转变的特点

同素异构转变又称二次结晶或重结晶，它与结晶不同，具体如下：

1）发生同素异构转变时，形核一般在某些特定部位发生，如晶界、晶内缺陷、特定晶面等。因为这些部位或与新相结构相近，或原子扩散容易。

2）由于固态下扩散困难，因此同素异构转变的过冷倾向大。固态相变组织通常要比结晶组织细。

3）同素异构转变往往伴随着体积变化，因而易产生很大的内应力，使材料发生变形或开裂。

2.5　铸锭结构和缺陷

扫码看视频

铸锭的结晶是大体积液态金属的结晶，虽然其结晶还是遵循了上述的基本规律，但其结晶过程还将受到其他因素（如金属纯度、熔化温度、浇注温度、冷却条件等）的影响。图 2-17 为钢锭剖面组织示意图，包括表层细晶区、柱状晶区和中心等轴晶区组成。

1. 表层细晶区

表层细晶区的形成主要是因为钢液刚浇入铸型后，模壁温度较低，表层金属剧烈冷却，造成较大的过冷所致。此外，模壁的人工晶核作用也是这层晶粒细化的原因之一。

2. 柱状晶区

柱状晶区的形成主要是受铸型壁散热的影响。在表层细晶粒形成后，随着型壁温度的升高，使剩余液态金属的冷却速度逐渐减慢，并且由于结晶潜热的释放，使细晶区前沿液体的过冷度减小，晶核

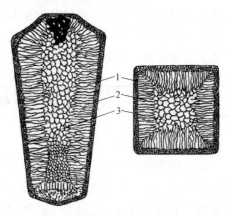

图 2-17　钢锭剖面组织示意图

1—表层细晶区　2—柱状晶区　3—中心等轴晶区

的形成率不如成长率大，各晶粒便可得到较快的生长。而此时凡是枝干垂直于模壁的晶粒，不仅因其沿着枝干向模壁传热比较有利，而且它们的成长也不会因相互抵触而受限制，所以只有这些晶粒才能优先得到成长，从而形成柱状晶区。

3. 中心等轴晶区

随着柱状晶粒成长到一定程度，通过已结晶的柱状晶区和模壁向外散热的速度越来越慢，在铸锭中心部的剩余液体温差也越来越小，散热方向性已不明显，趋于均匀冷却的状态；同时由于种种原因，如液体金属的流动可能将一些未熔杂质推至铸锭中心，或将柱状晶的枝晶分枝冲断，飘移到铸锭中心，它们都可以成为剩余液体金属的晶核，这些晶核由于在不同方向上的成长速度相同，便形成了较粗大的中心等轴晶区。

由上述内容可知，铸锭组织是不均匀的。从表层到心部依次由细小的表层细晶、柱状晶区和粗大的中心等轴晶区所组成。改变凝固条件可以改变这三个晶区的相对大小和晶粒的粗细，甚至获得只有两个或一个晶区所组成的铸锭。

在铸锭中一般不希望得到柱状晶组织，因为其塑性较差，而且柱状晶粒平行排列，呈现各向异性，在锻造或轧制时容易发生开裂，尤其在柱状晶区的前沿及柱状晶粒彼此交接处，当存在低熔点杂质而形成一个明显的脆弱界面时，铸锭更容易发生开裂，所以生产上经常采用振动浇注或变质处理等方法来抑制结晶时柱状晶区的扩展。但对于某些铸件如涡轮叶片，则常采用定向凝固法，使整个叶片由同一方向、平行排列的柱状晶所构成。而对于塑性极好的有色金属，则希望得到柱状晶组织。因为这种组织较为致密，对力学性能有利，且在压力加工时，由于这些金属本身具有良好的塑性，不容易发生开裂。

在金属铸锭中，除组织不均匀外，还经常存在各种铸造缺陷，如缩孔、疏松、气孔及偏析等。

本 章 小 结

本章主要介绍了金属材料的晶体结构和结晶。晶体结构部分包括一些非常抽象的概念，如晶格、晶胞、致密度、配位数，晶面指数、晶向指数的表示方法，三种常见的晶格类型。实际金属的晶体缺陷包括点缺陷（空位、间隙原子、置换原子），线缺陷（位错）和面缺陷（晶界、亚晶界）。此外还介绍了金属结晶的过冷现象，影响晶粒大小的因素及细化晶粒的方法，以及金属的同素异构转变及铸锭结构和缺陷。

扩 展 阅 读

位错的发现历程

缺陷的三种类型中，点缺陷很容易被想象出，面缺陷早已得到确认，但位错这种线缺陷的发展却经历了一个非常艰难的历程。1934 年，Taylor 、Orowan 和 Polanyi 几乎同时分别独立地提出了位错模型，但是关于晶体中是否存在位错当时尚未获得证明，并且对晶体位错分布情况更是一无所知，因此被广泛质疑。直到 1956 年，Hirsch 利用透射电镜清晰地看到了位错沿滑移面运动的像和位错扩展现象，至此，位错这种晶体缺陷才被人们广泛接受。位错的发展史充分体现了科学研究工作中最典型的科学方法——分析矛盾的方法，也表明了一种科学假说演变为一种科学理论的过程，就是从试验中发现问题，经过科学分析，提出大胆假说，再经过长期的完善和实践的检验，最终成为真理。

课 后 测 试

一、名词解释

晶体　　晶格　　晶胞　　晶格常数　　致密度　　结晶　　晶体缺陷　　同素异构转变　　变质处理

二、填空题

1. 常见的晶格类型有：_____、_____和_____。

2. 常见的晶体缺陷有：_____、_____和_____。

3. 金属的结晶过程包括：_____和_____两个阶段。

三、选择题

1. 纯铜的晶体结构类型为（　　）。

A. 体心立方　　　　　　B. 面心立方　　　　　　C. 密排六方

2. α-Fe 的晶体结构类型为（　　）。

A. 体心立方　　　　　　B. 面心立方　　　　　　C. 密排六方

3. 晶界属于（　　）缺陷。

A. 点缺陷　　　　　　　B. 线缺陷　　　　　　　C. 面缺陷

4. 位错属于（　　　）缺陷。

A. 点缺陷　　　　　　B. 线缺陷　　　　　　C. 面缺陷

5. 金属结晶时，冷却速度越快，其实际结晶温度（　　　）。

A. 越高　　　　　　　B. 越低　　　　　　　C. 越接近理论结晶温度

四、简答题

1. 常见的金属晶体结构有哪几种类型？绘出其晶胞图并说明主要特征。

2. 请计算面心立方晶格的原子半径和致密度（晶格常数为 a）。

3. 常见的晶体缺陷有哪些？简述晶体缺陷对材料力学性能的影响。

4. 什么是过冷度？过冷度与冷却速度有何关系？为什么金属结晶时必须过冷？

5. 简述影响晶核的形成率和成长率的因素。

6. 铸锭组织由哪几个区组成，其形成原因分别是什么？

第3章

合金的结构和相图

【学习要点】

1. 学习重点

1）掌握合金的定义及固溶体、固溶强化、金属化合物、组元、合金系、相、组织等概念。

2）掌握相图的定义、相图的建立及分析方法、二元匀晶相图、二元共晶相图、相图与性能间的相互关系。

3）掌握铁碳合金相图中铁素体、奥氏体、渗碳体、珠光体、莱氏体的概念、符号、性能及特点，铁碳合金相图，铁碳合金的分类，不同成分铁碳合金冷却过程分析，室温下铁碳合金的平衡组织，组织与含碳量及性能的关系。

2. 学习难点

1）相与组织的区别、相图的分析方法、二元匀晶相图、二元共晶相图、相图与性能间的关系。

2）铁碳合金相图、不同成分铁碳合金冷却过程分析、室温下铁碳合金的平衡组织、组织与含碳量及性能的关系。

3. 知识框架图

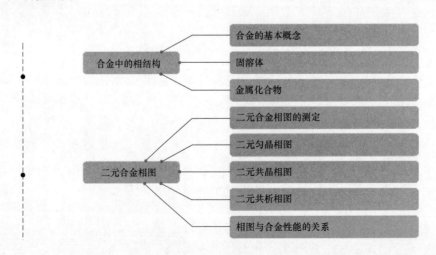

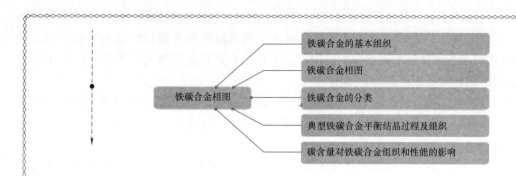

4. 学习引导

在工业生产和日常生活中我们更多用到的是合金，如机械行业中广泛使用的各种钢和铸铁属于铁碳合金，用来制造汽车和飞机零部件的铝合金、镁合金，用来制造耐腐蚀或抗磁零部件的铜合金等。那么合金与纯金属相比有哪些特点，在结晶过程中又遵循什么规律等问题将会在本章内容的学习中得到答案。

3.1 合金中的相结构

扫码看视频

在生活和生产中人们主要是利用纯金属的导电性、导热性、化学稳定性等性能。但由于纯金属种类有限（80余种），而且几乎所有纯金属的强度、硬度、耐磨性等力学性能都比较差，所以无论从种类上来讲，还是从性能上来讲，纯金属都不能满足人们的需要。因此就需要合金化来解决这个问题。通过合金化可以显著地改变金属材料的结构、组织和性能，从而极大地提高金属材料的力学性能，同时其导电性、磁性、耐蚀性等物理或化学性能也得到了保持或提高。因此，同纯金属相比，合金的应用更为广泛。

3.1.1 合金的基本概念

由两种或两种以上的金属元素或金属元素与非金属元素组成的具有金属特性的物质称为合金。

> **小提示**：从合金的定义上可以知道其组成元素，但是并不是符合其组成条件的都是合金，必须要具备金属特性才可以称为合金。

（1）组元　组成合金最基本的、独立的物质称为组元，或称为元。一般来说，组元是组成合金的元素或稳定的化合物。例如，黄铜的组元是铜和锌；碳钢的组元是铁和碳，或者是铁和金属化合物 Fe_3C。由两个组元组成的合金称为二元合金，由三个组元组成的合金称为三元合金。

（2）相　固态合金中的相是合金组织的基本组成部分，它具有一定的晶体结构和性质，以及均匀的化学成分。合金的组织可以由一种或多种相组成，相与相之间由界面隔开，越过界面，结构与性质都会发生突变。例如，铁碳合金在固态下有铁素体、奥氏体和渗碳体等基本相。

（3）合金系　由给定的组元可以配制成一系列成分不同的合金，这些合金组成的合金系统称为合金系。

（4）组织　在金属学中，组织是指用肉眼或借助各种不同放大倍数的显微镜所观察到的金属材料内部的情景，包括晶粒的大小、形状、种类，以及各种晶粒之间的相对数量和相对分布。习惯上用几十倍的放大镜或用肉眼所观察到的组织称为低倍组织或宏观组织；用100～2000倍的光学显微镜所观察到的组织称为显微组织；用几千倍到几十万倍的电子显微镜观察到的组织称为电镜组织或精细组织。

合金的性质取决于它的组织，而组织的性质又优先取决于其组成相的性质。因此，由不同相组成的组织，具有不同的性质。为了了解合金的组织与性能，应先了解合金的固态相结构及其性质。

在液态下，大多数合金的组元均能相互溶解，成为均匀的液体，因而只有液相。在凝固以后，由于各组元的晶体结构、原子结构等不同，各组元之间的相互作用也不同，因此在固态合金中就可能出现不同的相结构。

固态合金中的相，按其晶格结构的基本属性，可以分为固溶体和金属化合物两大类。

3.1.2　固溶体

合金在固态时，组元之间相互溶解，形成在某一组元晶格中包含有其他组元原子的新相，这种新相称为固溶体。保持原有晶格的组元称为溶剂，而其他组元则称为溶质。一般来说，溶质的含量比溶剂的含量要少，因此其晶格可能消失。

在一定的温度和压力下，溶质在固溶体中的极限浓度称为溶解度。溶解度一般与温度和压力有关。根据溶质原子在溶剂晶格中所占位置的不同，固溶体可以分为置换固溶体和间隙固溶体。

1. 置换固溶体

当溶质原子代替了一部分溶剂原子而占据溶剂晶格的某些结点位置时，所形成的固溶体称为置换固溶体，如图 3-1 所示。按照溶质原子在溶剂中的溶解度是否有限制，可将置换固溶体分为有限固溶体和无限固溶体。当溶质原子和溶剂原子直径差别不大时，易形成置换固溶体；当两者直径差别增大时，则溶质原子在溶剂晶格中的溶解度减小。

如果溶质原子和溶剂原子直径差别很小，两个元素在元素周期表中的位置又靠近，且两者晶格类型又相同，则这两个组元往往能互相无限溶解，即可以任何比例形成置换固溶体，这种固溶体称为无限固溶体。例如，由铁和铬形成的具有体心立方晶格的无限固溶体，由铁和镍形成的具有面心立方晶格的无限固溶体。反之，溶质在溶剂中的溶解度是有限的，这种固溶体称为有限固溶体。如铜和锌、铜和锡都形成有限固溶体。

> **小提示：** 涉及固溶体的时候大家可以联想一下中学化学中的溶液，这样对于溶剂、溶质、溶解度、浓度等概念的理解会更容易些。

2. 间隙固溶体

若溶质原子分布于溶剂晶格各结点之间的空隙中，所形成的固溶体称为间隙固溶体，如图 3-2 所示。

由于溶剂晶格的空隙有限，通常只有当溶质原子直径与溶剂原子直径之比小于 0.59 时，才能形成间隙固溶体。因此形成间隙固溶体的溶质原子都是原子直径较小的非金属元素，如氢、氧、氮、硼、碳等。例如，碳钢中的铁素体和奥氏体就是碳原子溶入 α-Fe 和 γ-Fe 中所形成的两种间隙固溶体。

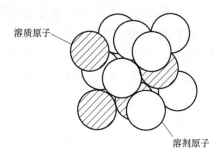

图 3-1　置换固溶体晶格结构示意图

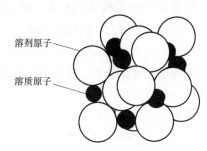

图 3-2　间隙固溶体晶格结构示意图

> **小提示**：由于溶剂晶格中的间隙是有限的，故间隙固溶体只能形成有限固溶体，且间隙固溶体的溶解度一般都不大。

3. 固溶体的性能

一般说来，固溶体的强度、硬度总比组成它的纯金属的平均值高，随着固溶度的增加，强度、硬度也随之提高。固溶体的塑性、韧性（如伸长率、断面收缩率和冲击韧度等）比组成它的纯金属的平均值稍低，但比一般化合物要高得多。因此，固溶体比纯金属和化合物的综合力学性能优越。各种金属材料大都是以固溶体作为其基体的。

在物理性能方面，随着溶质原子浓度的增加，固溶体的电阻率也会增大。因此工业上应用的精密电阻和电热材料等，都广泛应用固溶体合金。

通过溶入溶质原子形成固溶体而使金属的强度、硬度增大的现象称为固溶强化。造成固溶强化的原因：一是由于溶质原子周围引起晶格畸变，如图 3-3 所示，形成了晶格畸变应力场，该应力场和位错应力场产生交互作用，使位错运动受阻；二是溶质原子会聚集于刃型位错附近，形成"柯垂尔"气团，对位错起钉扎作用。

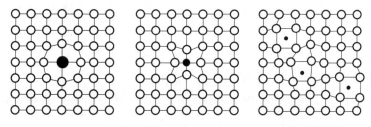

a) 置换固溶体　　　　　　　　　　b) 间隙固溶体

图 3-3　固溶体中的晶格畸变

> **小提示**：通常形成间隙固溶体的晶格畸变比置换固溶体大，因此间隙固溶体的强化效果大于置换固溶体。

实践证明，适当控制固溶体中的溶质含量，可以在显著提高金属材料的强度、硬度的同时，使其仍然保持相当好的塑性和韧性。不过，通过单纯的固溶强化所达到的最高强度仍然有限，常常不能满足人们的要求，因而还需在固溶强化的基础上再进行其他强化处理。

3.1.3　金属化合物

金属化合物是指合金组元间按一定比例发生相互作用而形成的一种新相，又称中间相，其晶格类型及性能均不同于任何一组元，一般可用分子式大致表示其组成。在金属化合物中，主要以金属键结合，因而它具有一定的金属性质，所以称之为金属化合物。如碳钢中的 Fe_3C、黄铜中的 $CuZn$、铝合金中的 $CuAl_2$ 等都是金属化合物。除金属化合物外，合金中还有另一类为非金属化合物，既没有金属键作用，也没有金属特性，如 FeS、MnS。在这里我们只研究金属化合物。

金属化合物一般具有熔点高、硬度高、脆性大的性能特点，当合金中存在金属化合物时，合金的强度、硬度及耐磨性将会提高，但塑性会降低。所以，金属化合物是结构材料及工具材料的重要组成相。

某些金属化合物具有特殊的物理或化学性能，如半导体材料 $GaAs$、形状记忆合金、储氢材料、核反应堆材料等。

影响金属化合物的形成及结构的主要因素有电负性、电子浓度、原子尺寸等。每一种影响因素都对应着一类化合物。

根据形成条件及结构特点，金属化合物主要分为以下三类。

1. 正常价化合物

正常价化合物符合一般化合物的原子价规律，成分固定，并可用确定的化学式表示。它通常是由在元素周期表上位置相距较远、电化学性质相差很大的两种元素形成的，如 Mg_2Si、Mg_2Sn、Mg_2Pb 等。它们的晶体结构随化学组成不同会发生较大的变化。

2. 电子化合物

不遵守化合价规律，但按照一定电子浓度（化合物中价电子数与原子数之比）形成的化合物称为电子化合物，多由 I B 族或过渡族金属元素与 II B 族、III A 族、IV A 族、V A 族元素组成，如 $CuZn$、Cu_3Al 等。电子化合物的晶体结构与电子浓度值有一定的对应关系。电子化合物主要以金属键结合，具有明显的金属特性，可以导电。它们的熔点和硬度很高，但塑性较差，在许多有色金属中作强化相。

3. 间隙化合物

间隙化合物一般是由原子直径较大的过渡族金属元素（Fe、Cr、Mo、W、V 等）和原子直径较小的非金属元素（C、N、B、H 等）所组成。

根据晶体结构特点，间隙化合物又可分为具有简单结构的间隙化合物和具有复杂结构的间隙化合物两类。

（1）具有简单结构的间隙化合物　当非金属原子半径与金属原子半径之比小于 0.59 时，形成的间隙化合物具有体心立方、面心立方等简单晶格，称为间隙化合物或间隙相，如 VC、WC、TiC 等。

（2）具有复杂结构的间隙化合物　当非金属原子半径与金属原子半径之比大于 0.59 时，形成的间隙化合物，具有十分复杂的晶体结构，如 Fe_3C、$Cr_{23}C_5$、Cr_7C_3、Fe_4W_2C 等。

图 3-4 为 VC 的晶格示意图。VC 为面心立方晶格，V 原子占据晶格的正常位置，而 C 原子则规则地分布在晶格的空隙之中。图 3-5 为 Fe_3C 的晶格结构，碳原子构成一个正交晶格（即三个轴间夹角 $\alpha = \beta = \gamma = 90°$，三个晶格常数 $a \neq b \neq c$），在每个碳原子周围都有六个铁原子构成八面体，各个八面体的轴彼此倾斜一定角度，每个八面体内都有一个碳原子，每个铁原子为两个八面体所共有。故 Fe_3C 中 Fe 与 C 原子数的比例为

$$\frac{N_{Fe}}{N_C} = \frac{\frac{1}{2} \times 6}{1} = \frac{3}{1} = 3$$

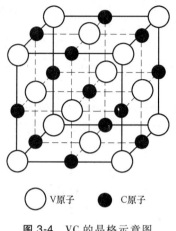

○ V原子　● C原子

图 3-4　VC 的晶格示意图

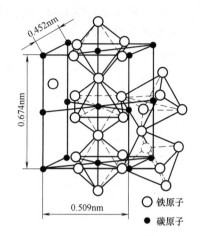

○ 铁原子　● 碳原子

图 3-5　Fe_3C 的晶格结构

3.2　二元合金相图

合金结晶后得到何种组织与合金的成分、结晶过程等因素有关。不同成分的合金，在不同的温度条件下，得到的合金组织不同。可以是单相的固溶体或金属化合物，也可以是由几种不同的固溶体或由固溶体和金属化合物组成的多相组织。与纯金属的结晶相比，合金结晶的特点为：①合金的结晶在很多情况下是在一个温度范围内完成的；②合金的结晶不仅会发生晶体结构的变化，还会伴有成分的变化。

> **小提示**：合金结晶与纯金属结晶相比，第一个特点主要体现在冷却曲线上。

> **思考**：你能根据上述合金结晶与纯金属结晶的差异画出各自的冷却曲线吗？

相图是表示合金系中合金的状态与温度、成分之间关系的图解，是表示合金系在平衡条件下，在不同温度和成分时各相关系的图解，因此又称为相图或平衡图。所谓平衡，也称相平衡，是指合金在相变过程中，原子能充分扩散，各相的成分相对质量保持稳定，不随时间改变的状态。在实际的加热或冷却过程中，控制十分缓慢的加热或冷却速度，就可以认为是接近了相平衡条件。

相图是研究合金材料的重要工具。利用相图可以表示不同成分的合金、在不同温度下，相的组成、相的成分和相的相对量，以及合金在加热或冷却过程中可能发生的转变等。

> **小提示**：在学习以后的二元匀晶相图、二元共晶相图、二元共析相图和铁碳合金相图时，应该以上述内容作为分析相图的方向，也可以作为检验相图掌握情况的标准。

相图有二元合金相图、三元合金相图和多元相图，作为相图基础且应用最广的是二元合金相图。下面以二元合金相图为例介绍相关知识。

机械工程材料

3.2.1 二元合金相图的测定

扫码看视频

目前所用的相图大部分都是用实验方法建立起来的。随着电子计算机技术的发展，也可根据热力学函数，更加精确地计算出二元相图。

通过实验测定相图时，首先配制一系列成分不同的合金，然后测定这些合金的相变临界点（温度），把这些点标记在温度-成分坐标系上，再把相同意义的点连接成线，这些线在坐标系中划分出的区域称为相区。最后将各相区所存在相的名称标出，相图的建立工作即完成。

测定相变临界点的方法很多，如热分析法、金相法、膨胀法、磁性法、电阻法、X射线结构分析法等。下面以Cu-Ni合金为例，介绍用热分析法测定二元合金相图的过程。

1）配制几组成分不同的Cu-Ni合金。

2）分别将它们熔化，然后极缓慢地冷却，同时测定其从液态到室温的冷却曲线。

3）找出各冷却曲线上开始结晶的温度点 T_{Ni}、1、2、3、4、T_{Cu} 及结晶终了的温度点（称为临界点）T_{Ni}、1'、2'、3'、4'、T_{Cu}。

4）将各临界点标在以温度为纵坐标，以成分为横坐标轴的图形中相应合金的成分垂线上，并将意义相同的临界点连接起来，即得到Cu-Ni合金相图，如图3-6所示。

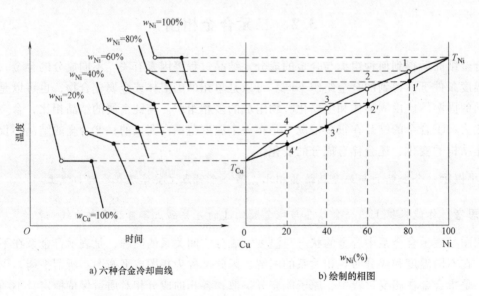

a) 六种合金冷却曲线　　　　b) 绘制的相图

图3-6　Cu-Ni合金相图的测定

由图3-6a可以发现，纯铜和纯镍的冷却曲线上都有一段水平线段，表明纯金属是在恒温条件下结晶的。而在固溶体合金的冷却曲线上则是一段倾斜线段，相的从上到下的两个转折点分别表示开始结晶温度点和结晶终了温度点，表明固溶体合金是在一定温度范围内不断降温完成结晶过程的。

相图中各点、线、区都有一定含义，由结晶开始点连接起来的相界线称为液相线，表示不同成分的合金开始结晶的温度；由结晶终了点连接起来的相界线称为固相线，表示不同成分的合金结晶终了的温度；由相界线划分的区域称为相区，液相线以上为液相区，液、固相线之间是液、固两相共存区，固相线以下为固相区。

— 38 —

3.2.2　二元匀晶相图

两组元在液态和固态下均能无限互溶时所构成的相图称为二元匀晶相图。匀晶相图是最简单的二元相图，如 Cu-Ni、Ag-Au、Fe-Cr、Fe-Ni、Cr-Mo、Mo-W 等合金都可形成这类相图。在这类合金中，这种从液相中结晶出单一固相的转变称为匀晶转变或匀晶反应。下面以 Cu-Ni 合金相图为例分析二元匀晶相图的图形及结晶过程及特点。

1. 相图分析

Cu-Ni 二元匀晶相图如图 3-7 所示。A 点（1083℃）为 Cu 的熔点、B 点（1452℃）为 Ni 的熔点。二元匀晶相图的图形较简单，只有两条曲线，即液相线和固相线。液相线表示合金开始结晶温度，代表各种成分的合金在缓慢冷却时开始结晶的温度；或是在缓慢加热时合金熔化终了温度。固相线表示合金结晶终了温度，代表各种成分的合金冷却时结晶的终温度，或加热时开始熔化的温度。液相线与固相线将相图分隔成三个相区：液相线以上是液相区（L），在液相区内各种成分的合金均为液态；固相线以下是单相固溶体区（α），在此区域内各种成分的合金呈单相固溶体状态；液相线与固相线之间是液相与固相两相并存区（L+α），在此区域内各种成分的合金正在进行结晶，由液相中结晶出 α 固溶体。L 是铜与镍两组元形成的均匀的液相，α 则是铜与镍在固态下互溶形成的固溶体。

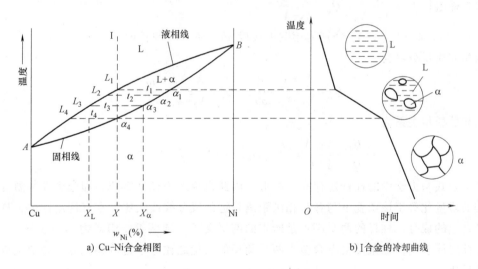

a) Cu–Ni合金相图　　　b) I合金的冷却曲线

图 3-7　Cu-Ni 合金匀晶相图

2. 合金的平衡结晶过程

除纯组元外，其他成分合金结晶过程相似，以 I 合金为例进行平衡结晶过程的分析。在 t_1 温度以上时，合金为液相；合金自液态缓慢冷却到液相线上的 t_1 温度时，发生匀晶反应，开始从液相中结晶出成分为 α_1 的固溶体，其镍含量高于合金的平均含量。随温度下降，结晶出的固溶体量逐渐增多，剩余的液相逐渐减少，同时，剩余的液相和已结晶出来的固溶体的成分通过原子的扩散也在不断地变化，即液相成分沿着液相线变化，固相成分沿着固相线变化。例如，温度降到 t_2 时，液相成分变化到 L_2，固溶体成分变化到 α_2；当合金冷却到固相线上的 t_4 温度时，液相成分 L_4 变为成分为 α_4 的固溶体，此时固溶体的成分又回到I合金上。

由此可见，液、固相线不仅是相区分界线，也是结晶时的两相成分变化线。还可以看出，匀晶转变是变温转变，在结晶过程中，液、固两相的成分随温度而变化。在以后所接触的相图中，除水平线和垂直线外其他相线都是成分随温度的变化线。

3. 杠杆定律

在液、固两相区内，温度一定时，由相图不仅可以分析出液、固两相平衡相的成分，还可以用杠杆定律求出两平衡相的质量分数。下面以 Cu-Ni 合金为例推导杠杆定律。

如图 3-8 所示，设合金的成分为 X，过 X 作成分垂线。在结晶至温度 t_X 时，由于成分垂线与温度 t_X 水平线的交点处于液、固两相共存区，所以在该温度下合金是液、固两相共存的。过温度 t_X 作水平线，其与液、固相线的交点 a、b 所对应的成分 X_1、X_2 分别为液相和固相的成分。设合金的质量为 1，液相相对质量为 Q_L，其成分为 X_1；固相相对质量为 Q_α，其成分为 X_2，则有：

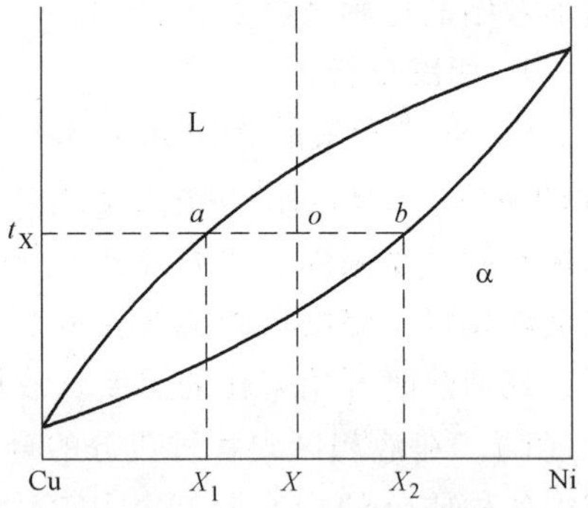

$$\begin{cases} Q_L + Q_\alpha = 1 \\ Q_L X_1 + Q_\alpha X_2 = 1 \cdot X \end{cases}$$

图 3-8　杠杆定律示意图

解方程组得 $Q_L = \dfrac{X_2 - X}{X_2 - X_1}$　$Q_\alpha = \dfrac{X - X_1}{X_2 - X_1}$

其中，$X_2 - X_1$、$X_2 - X$、$X - X_1$ 分别为相图中线段 ab、ob、ao 的长度。

两相的质量分数为

$$Q_L = \frac{X_2 - X}{X_2 - X_1} = \frac{ob}{ab}, \quad Q_\alpha = \frac{X - X_1}{X_2 - X_1} = \frac{ao}{ab}$$

两相的质量关系为

$$\frac{Q_L}{Q_\alpha} = \frac{X_2 - X}{X - X_1} = \frac{ob}{ao} \text{或} \ Q_L (X - X_1) = Q_\alpha (X_2 - X)$$

这个公式与力学中的杠杆定律完全相似，因此也称之为杠杆定律，即合金在某温度下两平衡相的质量比等于该温度下与各自相区距离较远的成分线段之比。在杠杆定律中，杠杆的支点是合金的成分，杠杆的两个端点是所求的两平衡相（或两组织组成物）的成分。

杠杆定律表明，在某温度下合金中两平衡相的质量之比等于这两相成分点到合金成分点距离的反比。

> **小提示：** 杠杆定律只适用于相图中的两相区，并且只能在平衡状态下使用。单相区中相的成分和质量，即合金的成分和质量，没有必要使用杠杆定律。

4. 枝晶偏析

固溶体合金在结晶过程中，只有在无限缓慢冷却且原子能进行充分扩散的条件下，固相的成分才能沿着固相线均匀地变化，最终获得与原合金成分相同的均匀 α 固溶体。但实际结晶过程不可能是无限缓慢的，而且固态下原子扩散又很困难，因此固溶体内部原子扩散不能充分进行，导致先结晶的固溶体含高熔点组元（如 Cu-Ni 合金中的 Ni）较多，后结晶的固溶体含低熔点组元（如 Cu-Ni 合金中的 Cu）较多。这种在一个晶粒内部化学成分不均匀的现象称为晶内偏析。因为固溶体的结晶一般是按树枝状方式长大，首先结晶出枝干，剩余的液体填入枝间，这就使先结晶的枝干成分与后结晶的枝间成分不同，由于这种晶内偏析呈树枝分布，故又称为枝晶偏析。

> **小提示：** 枝晶偏析会影响合金的力学性能、耐蚀性能和加工工艺性能。通过扩散退火（将铸件加热到固相线以下 200~100℃，较长时间保温）可使合金成分均匀化。

3.2.3　二元共晶相图

扫码看视频

组成合金的两组元在液态时无限互溶，固态时有限互溶，结晶时发生共晶转变的合金系所形成的二元合金相图称为共晶相图。如 Pb-Sn、Pb-Sb、Ag-Cu、Al-Si 合金相图均属于这类相图。下面以 Pb-Sn 合金相图为例，分析二元共晶相图的图形及结晶过程特点。

1. 相图分析

Pb-Sn 二元共晶相图如图 3-9 所示。A 为 Pb 的熔点，B 为 Sn 的熔点，E 点为共晶点。AEB 为液相线，$AMENB$ 为固相线、MEN 线为共晶线。MF 为 Sn 在 Pb 中的溶解度曲线，NG 为 Pb 在 Sn 中的溶解度曲线，这两条曲线也称为固溶线。

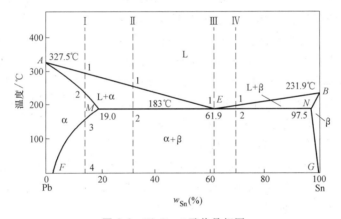

图 3-9　Pb-Sn 二元共晶相图

Pb-Sn 合金系有三个基本相，L 是 Pb 与 Sn 两组元形成的均匀的液相，α 是 Sn 溶于 Pb 的固溶体，β 是 Pb 溶于 Sn 的固溶体。相图中有三个单相区，即 L、α、β 相区。在这些单相区之间，相应的有三个两相区，即 L+α、L+β、α+β 相区。在三个两相区之间有一条水平线 MEN 是 L+α+β 三相并存区。

成分位于 E 点的合金，在温度达到水平线 MEN 所对应的温度（$t_E = 183℃$）时，将同时结晶出成分为 M 的 α 相及成分为 N 的 β 相。其转变式为

$$L_E \xleftrightarrow{\text{恒温}(183℃)} (\alpha_M + \beta_N)$$

这种在一定温度下，由一定成分的液相同时结晶出一定成分的两个固相的转变过程，称为共晶转变或共晶反应。共晶转变的产物（$\alpha_M + \beta_N$）是由两个固相组成的机械混合物，称为共晶组织。

成分在 M 点至 N 点之间的所有合金在共晶温度时都要发生共晶反应。成分位于 E 点以

左，*M* 点以右的合金称为亚共晶合金；成分位于 *E* 点以右，*N* 点以左的合金称为过共晶合金。

具有该类相图的合金还有 Al-Si、Pb-Sb、Ag-Cu 等。共晶合金在铸造工业中是非常重要的，其原因在于它有如下一些特殊的性质。

1）共晶合金的熔点比纯组元熔点低，简化了熔化和铸造的操作。

2）共晶合金的流动性好，在凝固过程中防止了阻碍液体流动的枝晶形成，从而改善了合金的铸造性能。

3）恒温转变（无凝固温度范围）减少了铸造缺陷，如偏聚和缩孔。

4）共晶凝固可获得多种形态的显微组织，尤其是规则排列的层状或杆状共晶组织，可能会成为优异性能的原位复合材料。

2. 合金的平衡结晶过程

（1）固溶体合金（合金Ⅰ） 成分位于 *M* 点以左（即 $w_{Sn} \leqslant 19\%$）或 *N* 点以右（即 $w_{Sn} \geqslant 97.5\%$）的合金称为固溶体合金。合金Ⅰ的冷却曲线和结晶过程如图 3-10 所示。

液态合金缓慢冷却至温度 1 时开始从液相中结晶出 α 固溶体。随温度的降低，液相的数量不断减少，α 固溶体的数量不断增加，冷却至温度 2 时合金全部结晶成 α 固溶体。在温度 2~3 范围内，合金无任何转变，这是匀晶转变过程。冷却至温度 3 时，Sn 在 α 固溶体中的溶解度减小，从 α 固溶体中析出 β 相是二次相（β_{II}）成分从 A 点沿固溶线 *MF* 变化，这一过程一直进行至室温，所以合金Ⅰ室温平衡组织为（$\alpha + \beta_{II}$）。

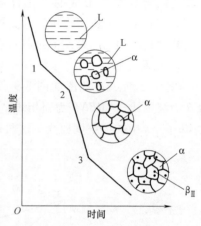

图 3-10 合金Ⅰ的冷却曲线和结晶过程

（2）共晶合金（合金Ⅲ） 成分为 $w_{Sn} = 61.9\%$ 的合金Ⅲ即为共晶合金，其冷却曲线和结晶过程如图 3-11 所示。合金缓慢冷却至温度 1（即 $t_E = 183℃$）时，发生共晶转变。因为在恒温下进行，所以冷却曲线上相应温度是一条水平线段。

共晶转变完成后合金全部变成共晶组织（$\alpha_M + \beta_N$）。继续冷却，随着温度下降，α、β 相的成分将分别沿固溶度曲线 *MF*、*NG* 变化，从 α 相中将析出 β_{II}，β 相则析出 α_{II}。因为 α_{II}、β_{II} 与共晶组织中的 α、β 连接在一起且量小难以分辨，所以共晶组织的二次析出一般可忽略不计。因此共晶合金的室温平衡组织为共晶组织（$\alpha + \beta$）。其组织组成物只有 1 个，即共晶体，相组成物有两个，即 α 相和 β 相。

（3）亚共晶合金（Ⅱ） 成分位于 *M*、*E* 点之间（即 $w_{Sn} = 19\% \sim 61.9\%$）的合金即为亚共晶合金。下面以 $w_{Sn} = 35\%$ 的合金Ⅱ为例，分析亚共晶合金的结晶过程及其组织。合金Ⅱ的冷却曲线及结晶过程如图 3-12 所示。

液态合金缓慢冷却至温度 1 时，开始从液相中结晶出初生的 α 固溶体。随着温度下降，

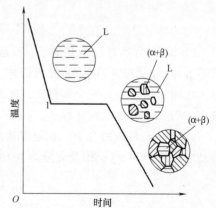

图 3-11 合金Ⅲ冷却曲线和结晶过程

α相不断增加，在温度1~2范围内的结晶过程与合金 Ⅰ的匀晶转变完全相同，即L相不断减少，α相的成分沿固相线 *AM* 变化；L相的成分沿液相线 *AE* 变化。冷却至温度2（即 $t_E = 183℃$）时，α相为 *M* 点处成分，L相则为 *E* 点处成分。液相 L_E 发生共晶转变形成共晶组织（α+β），$α_M$ 固溶体保持不变。所以合金在共晶转变刚结束时，其组织为 $α_M+(α_M+β_N)$。

从共晶温度继续冷却时，$α_M$、$β_N$ 将分别析出 $β_Ⅱ$、$α_Ⅱ$，共晶组织的二次析出如前所述可忽略不计。所以合金Ⅱ冷却至室温时，其平衡组织为 $α+(α+β)+β_Ⅱ$。

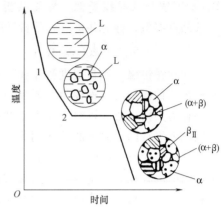

图 3-12 合金Ⅱ冷却曲线和结晶过程

（4）过共晶合金（Ⅳ） 成分位于 *E*、*N* 点之间（即 $w_{Sn} = 61.9\% ~ 97.5\%$）的合金为过共晶合金，其结晶过程与亚共晶合金相似，不同的是初生相是β固溶体，二次相是 $α_Ⅱ$。所以合金Ⅳ的室温平衡组织为 $β+(α+β)+α_Ⅱ$，其组织组成物为 β、（α+β）和 $α_Ⅱ$；相组成物仍为 α 相和 β 相。

图 3-13 是以组织组成物填写的 Pb-Sn 相图。

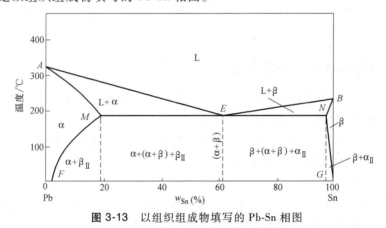

图 3-13 以组织组成物填写的 Pb-Sn 相图

小提示：通过比较图 3-9 与图 3-13 可以帮助大家理解相与组织的区别。

课堂讨论：现有含 Sn 为 40% 的 Pb-Sn 合金，试确定其在 200℃ 时相的组成、成分及相对量。

在图 3-9 中做出含 Sn 为 40% 的成分线及 200℃ 的温度线，两线的交点位于 L+α 两相区，故其相的组成为 L+α。α 相的成分即为温度线与 *AM* 线交点对应的横坐标，为 18%；L 相的成分即为温度线与 *AE* 线交点对应的横坐标，为 52%。L 与 α 的相对量为 $\frac{40-18}{52-40}=\frac{11}{6}$。

3.2.4 二元共析相图

二元共析相图与二元共晶相图的形式相似，区别为二元共析相图中的某一固相对应于二元共晶相图中的液相。二元共析相图如图 3-14 的下半部分所示，二元合金的两组元为 A 和

B，ECF 线与共晶线类似，称为共析线；C 点与共晶点类似，称为共析点。共析反应式为

$$\gamma_C \xleftarrow{\text{恒温}} (\alpha_E + \beta_F)$$

这种在恒温（共析温度）下由一种固相同时析出两种固相的过程称为共析反应。反应的产物称为共析体或共析组织。由于共析反应是在固态下进行的，原子的扩散困难，转变的过冷度大。因此与共晶体相比，共析体为更加细小均匀的两种相晶粒交错分布的致密的机械混合物，其主要形态有片层状和粒状两种。与共晶体相同，共析体常用片层状形态示意。

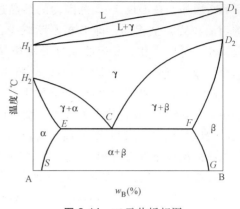

图 3-14　二元共析相图

小提示： 在上述各类相图中，图中的每一点都代表一定成分的合金在一定温度下所处的状态。在单相区中表示合金由单相组成，相的成分即合金的成分。两个单相区之间必定存在一个两相区。在两相区中，通过某点的合金的两个平衡相的成分由通过该点的水平线与相应单相区分界线的交点确定。三相等温线（水平线）必然联系三个单相区，这三个单相区分别处于等温线的两端和中间，它表示三相平衡共存。三相等温线主要有共晶线、共析线。

3.2.5　相图与合金性能的关系

相图表达了合金的组织成分和温度之间的关系，而成分和组织是决定合金性能的主要因素，因此在合金的相图与性能之间必定存在着某种联系。我们可以通过对合金相图的分析得知合金的性能特点及其变化规律，并以此作为配制合金、选择材料和制定工艺的参考。

1. 合金的使用性能与相图的关系

二元合金在室温下的平衡组织可分为两大类：一类是由单相固溶体构成的组织，这种合金称为（单相）固溶体合金；另一类是由两固相构成的组织，这种合金称为两相混合物合金。共晶转变、共析转变和包晶转变都会形成两相混合物合金。

固溶体合金的力学性能和物理性能与合金成分之间呈曲线关系，如图 3-15a 所示。固溶体合金随着溶质含量的增加，合金的强度、硬度也随之增大，而电导率却随之减小。在一定成分下，它们分别达到最大值或最小值。固溶体合金还具有较高的塑性和韧性，故形成的单相固溶体合金具有较好的综合力学性能。但在一般情况下，固溶强化对强度与硬度的提高有限，还不能完全满足工程结构对材料性能的要求。

而两相混合物合金的力学性能和物理性能与合金成分之间呈直线关系，但某些对组织形态敏感的性能会受到组织细密程度等组织形态的影响。如图 3-15b 所示，当合金处在 α 或 β 固溶体单相区时，其力学性能和物理性能与合金成分呈曲线关系。而当合金处在（α+β）两相区时，合金的这些性能与成分主要呈直线关系。但是当合金处在共晶成分附近时，由于合金中两相晶粒构成的细密的共晶体组织的比例大幅增加，对组织形态敏感的一些性能（如强度等）会偏离与合金成分的直线变化关系，出现如图 3-15b 中虚线所示的高峰，而且其峰值的大小随着组织细密程度的增加而增加。

小提示： 只有当两相晶粒比较粗大且均匀分布或是存在对组织形态不敏感的一些性能（如密度、电阻等）时，两相混合物合金的力学性能和物理性能与合金成分才符合直线变化关系。

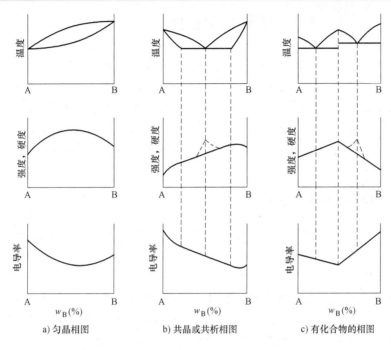

a) 匀晶相图　　　b) 共晶或共析相图　　　c) 有化合物的相图

图 3-15　合金的物理及力学性能与合金成分的关系

2. 合金的工艺性能与相图的关系

图 3-16 为合金的铸造性能与合金成分的关系。由图 3-16 可见，合金的铸造性能取决于结晶区间的大小，这是因为结晶区间越大，就意味着相图中液相线与固相线之间的距离越大，合金结晶时的温度范围也越大，这使形成枝晶偏析的倾向增大，同时容易使先结晶的枝晶阻碍未结晶的液体的流动，从而增加了分散缩孔或缩松的形成，因此铸造性能差。反之结晶区间小，则铸造性能好。铸造合金在其他条件允许的情况下应尽量选用共晶体较多的合金。

单相固溶体合金的变形抗力小，不易开裂，有较好的塑性，故压力加工性能好。当合金中出现第二相，特别是存在较多很脆的化合物时，其压力加工性能

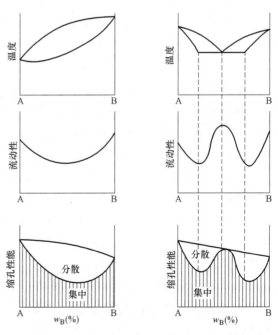

图 3-16　合金的铸造性能与合金成分的关系

更差。

单相固溶体合金的可加工性能差，其原因是硬度低，容易粘刀，表现为不易断屑，表面粗糙度大等，而当合金为两相混合物时，可加工性能得到改善。

3.3 铁碳合金相图

扫码看视频

碳钢和铸铁是现代机械制造工业中应用最广泛的金属材料，它们是由铁和碳为主构成的铁碳合金。合金钢和合金铸铁实际上是有目的地加入一些合金元素的铁碳合金。为了合理地选用钢铁材料，必须掌握铁碳合金的成分、组织结构与性能之间的关系。铁碳合金相图是研究铁碳合金最基本的工具。熟悉铁碳合金相图，对于研究碳钢和铸铁的成分、组织及性能之间的关系，钢铁材料的使用，各种热加工工艺的制订及工艺废品原因的分析等，都具有重要的指导意义。

3.3.1 铁碳合金的基本组织

铁碳合金在液态时铁和碳可以无限互溶；在固态时根据含碳量的不同，碳可以溶解在铁中形成固溶体，也可以与铁形成化合物，或者形成固溶体与化合物组成的机械混合物。因此，铁碳合金在固态时会出现以下几种基本组织。

（1）铁素体 铁素体是碳溶解在 α-Fe 中形成的间隙固溶体，用符号 F 或 α 表示。铁素体中溶解碳的能力很小，727℃时，碳在 α-Fe 中的最大溶解度为 0.0218%，随着温度的降低，其溶解度逐渐减小，室温时铁素体中只能溶解 0.0008% 的碳。

铁素体的力学性能及物理、化学性能与纯铁极相近，塑性、韧性很好（$A = 30\% \sim 50\%$），强度、硬度很低（$R_m = 180 \sim 280\text{MPa}$）。

（2）奥氏体 奥氏体是碳溶解在 γ-Fe 中形成的间隙固溶体，用符号 A 或 γ 表示。奥氏体的溶碳能力比铁素体大，在 1148℃时，碳在 γ-Fe 中的最大溶解度为 2.11%，随着温度降低，其溶解度也逐渐减小，在 727℃时，其溶解为 0.77%。

奥氏体的强度、硬度低，塑性、韧性高。在铁碳合金处于平衡状态时，奥氏体为高温下存在的基本相，也是绝大多数钢种进行锻压、轧制等加工变形所要求的组织。

（3）渗碳体 渗碳体是具有复杂晶格的铁与碳的间隙化合物，每个晶胞中有一个碳原子和三个铁原子。渗碳体一般用 Fe_3C 表示，其含碳量为 6.69%。

渗碳体的硬度很高，为 800HBW，塑性、韧性很差，几乎等于零，所以渗碳体的性能特点是硬而脆。

渗碳体在钢与铸铁中一般呈片状、网状或球状存在，是钢中重要的硬化相，它的数量、形状、大小和分布对钢的性能有很大的影响。

渗碳体是一个亚稳定化合物，它在一定的条件下可以分解成石墨状态的自由碳，即 $Fe_3C \longrightarrow 3Fe + C$（石墨），这种反应在铸铁中有重要意义。

（4）珠光体 珠光体是铁素体与渗碳体的机械混合物，用符号 P 表示，其含碳量为 0.77%。

珠光体由渗碳体片和铁素体片相间组成，其性能介于铁素体和渗碳体之间，强度、硬度较好、脆性不大。

（5）莱氏体 莱氏体是奥氏体和渗碳体的机械混合物，用符号 Ld 表示，其含碳量为 4.3%。

莱氏体由含碳量为 4.3% 的金属液体在 1148℃ 发生共晶反应时生成。在室温时莱氏体可变为变态莱氏体，用称号 L′d 表示。莱氏体硬度很高，塑性很差。

3.3.2 铁碳合金相图

图 3-17 为铁碳合金相图。

> **小提示**：铁碳合金相图是研究铁碳合金的基础，也是本章要研究的主要内容。由于 $w_C > 6.69\%$ 的铁碳合金脆性极大，没有应用价值，另外，渗碳体中 $w_C = 6.69\%$ 是一种稳定的金属化合物，可以作为一个组元，因此研究的铁碳合金相图实际上是 $Fe\text{-}Fe_3C$ 相图。

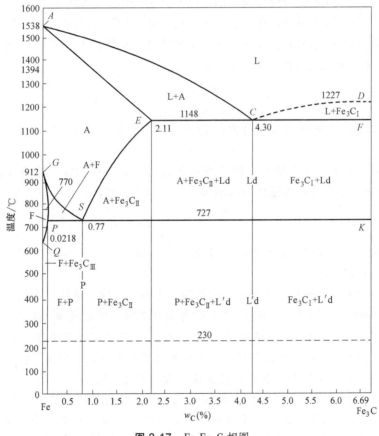

图 3-17 $Fe\text{-}Fe_3C$ 相图

$Fe\text{-}Fe_3C$ 相图中各主要点的温度、碳含量及含义见表 3-1。

相图中各主要线的意义如下：

（1）ACD 线 ACD 线为液相线，该线以上的合金为液态，合金冷却至该线以下便开始结晶。其中，AC 为液相转变成奥氏体的开始线，CD 为液相析出 Fe_3C 的开始线，析出的 Fe_3C 称为一次渗碳体。

表 3-1　Fe-Fe$_3$C 相图中各主要点的温度、碳含量及含义

点	温度/℃	碳含量(%)	说　明
A	1538	0	纯铁的熔点
C	1148	4.30	共晶点
D	1227	6.69	渗碳体的熔点
E	1148	2.11	碳在 γ-Fe 中的最大溶解度
F	1148	6.69	渗碳体的成分
G	912	0	α-Fe、γ-Fe 同素异构转变点
K	727	6.69	渗碳体的成分
P	727	0.0218	碳在 α-Fe 中的最大溶解度
S	727	0.77	共析点
Q	室温	0.0008	室温时碳在 α-Fe 中的溶解度

（2）*AECF* 线　*AECF* 线为固相线，该线以下合金为固态，加热时温度达到该线时合金开始融化。其中，*AE* 线为液相转变成奥氏体的终了线；*ECF* 线为共晶线，即具有共晶成分（$w_C = 4.3\%$）的液相在共晶温度 1148℃ 时，同时结晶出奥氏体与渗碳体的共晶体，称为莱氏体，用 Ld 表示。该反应方程式为

$$L_C \xrightleftharpoons{\text{恒温}} (A_E + Fe_3C)$$

凡 w_C 为 2.11%～6.69% 的铁碳合金在 *ECF* 线上都会发生共晶反应，其中的渗碳体称为共晶渗碳体。

（3）*PSK* 线　*PSK* 线为共析线，即具有共析成分（$w_C = 0.77\%$）的奥氏体在共析温度 727℃ 时，同时析出铁素体和渗碳体的机械混合物，称为珠光体。该反应方程式为

$$L_C \xrightleftharpoons{\text{恒温}} (F_P + Fe_3C)$$

凡 $w_C > 0.0218\%$ 的铁碳合金在 *PSK* 线上都会发生共析反应，*PSK* 线又称为 A_1 线，其中的渗碳体称为共析渗碳体。

（4）*ES* 线　*ES* 线为碳在奥氏体中的固溶线，也称 A_{cm} 线。从该线可以看出，奥氏体的最大溶碳量在 1148℃ 为 2.11%，而在 727℃ 时仅为 0.77%。因此凡 $w_C > 0.77\%$ 的铁碳合金从 1148℃ 冷却到 727℃ 时，就会有渗碳体从奥氏体中析出，称为二次渗碳体（Fe$_3$C$_{II}$）析出。

（5）*GS* 线　*GS* 线为冷却时由奥氏体析出铁素体的开始线，也称 A_3 线。

（6）*GP* 线　*GP* 线为冷却时奥氏体转变成铁素体的终了线。

（7）*PQ* 线　*PQ* 线为碳在铁素体中的固溶线。从该线可看出，铁素体的最大溶碳量在 727℃ 时为 0.0218%，而在室温下仅为 0.0008%，几乎不溶碳。因此，凡铁碳合金从 727℃ 冷却到室温时，均会从铁素体中析出渗碳体，称为三次渗碳体（Fe$_3$C$_{III}$）析出。因其数量很少，故一般不考虑。

小提示：所谓一次、二次、三次渗碳体及共晶、共析渗碳体，仅在其来源和分布上有所不同，并无本质的区别，其碳含量、晶体结构和本身的性质均相同。

铁碳合金相图由上述的特征线分成了若干个相区，其中包括：

（1）四个单相区　*ACD* 以上为液相区，*AESG* 为奥氏体区，*GPQ* 为铁素体区，DFK 为渗

碳体区。

（2）五个两相区 *AECA* 为液相+奥氏体区，*CFDC* 为液相+渗碳体区，*GPSG* 为奥氏体+铁素体区，*ESKFE* 为奥氏体+渗碳体区，*QPSK* 为铁素体+渗碳体区。

（3）两个三相区 三相区即为相图中的共晶线 *ECF* 和共析线 *PSK*。三相的组成分别是：液相+奥氏体+渗碳体，奥氏体+铁素体+渗碳体。

3.3.3 铁碳合金的分类

根据铁碳合金的含碳量及组织的不同，可将其分为以下三类：

（1）工业纯铁（$w_C < 0.0218\%$） 组织为铁素体和极少量的三次渗碳体。

（2）钢（$0.0218\% < w_C < 2.11\%$） 根据室温组织的不同，钢又可分为：

1）亚共析钢（$0.0218\% < w_C < 0.77\%$）：组织是铁素体和珠光体。

2）共析钢（$w_C = 0.77\%$）：组织是珠光体。

3）过共析钢（$0.77\% < w_C < 2.11\%$）：组织是珠光体和二次渗碳体。

（3）白口铸铁（$2.11\% < w_C < 6.699\%$） 根据室温组织的不同，白口铸铁又分为：

1）亚共晶白口铸铁（$2.11\% < w_C < 4.3\%$）：组织是珠光体、二次渗碳体和低温莱氏体。

2）共晶白口铸铁（$w_C = 4.3\%$）：组织是低温莱氏体。

3）过共晶白口铸铁（$4.3\% < w_C < 6.69\%$）：组织是一次渗碳体和低温莱氏体。

3.3.4 典型铁碳合金平衡结晶过程及组织

为了认识钢和白口铸铁组织的形成规律，以下选择几种典型的合金，分析其平衡结晶过程及组织变化。图 3-18 为 6 种典型的铁碳合金结晶过程分析图，图中①~⑥分别是钢和白口铸铁的典型合金所在位置。

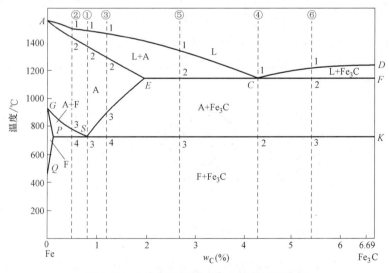

图 3-18 6 种典型的铁碳合金结晶过程分析

1. 共析钢的结晶过程分析

图 3-18 中，合金①是共析钢，其结晶过程示意图如图 3-19 所示。*S* 点成分的液态钢合金缓慢冷却至 1 点温度时，其成分垂线与液相线相交，于是从液相中开始结晶出奥氏体。在

1~2 点温度之间时，随着温度的下降，奥氏体量不断增加，其成分沿 *AE* 线变化，而液相的量不断减少，其成分沿 *AC* 线变化。当温度降至 2 点时，合金的成分垂线与固相线相交，此时合金全部结晶成奥氏体，在 2~3 点之间是奥氏体的简单冷却过程，合金的成分、组织均不发生变化。当温度降至 3 点（727℃）时，将发生共析反应。

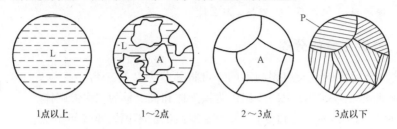

图 3-19　共析钢结晶过程示意图

随着温度继续下降，铁素体的成分将沿溶解度曲线 *PQ* 变化，并析出三次渗碳体（数量极少，可忽略不计，对此问题，后面各合金的分析处理皆相同）。因此，共析钢的室温平衡组织全部为珠光体（P），其显微组织如图 3-20 所示。

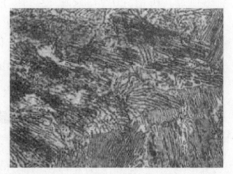

图 3-20　共析钢的室温平衡组织（500×）

2. 亚共析钢的结晶过程分析

图 3-18 中，合金②是亚共析钢，其结晶过程示意图如图 3-21 所示。亚共析钢在 3 点温度以上的结晶过程与共析钢相似。当缓慢冷却到 3 点温度时，合金的成分垂线与 *GS* 线相交，此时由奥氏体析出铁素体。随着温度的下降，奥氏体和铁素体的成分别沿 *GS* 和 *GP* 线变化。当温度降至 4 点（727℃）时，铁素体的成分变为 *P* 点成分（$w_C = 0.0218\%$），奥氏体的成分变为 *S* 点成分（$w_C = 0.77\%$），此时，剩余奥氏体发生共析反应转变成珠光体，而铁素体不发生变化。从 4 点温度继续冷却至室温，可以认为合金的组织不再发生变化。因此，亚共析钢的室温组织为铁素体和珠光体（F+P）。

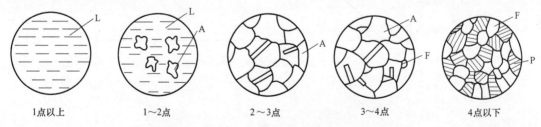

图 3-21　$w_C = 0.4\%$ 的亚共析钢的结晶过程示意图

图 3-22 是 $w_C = 0.4\%$ 的亚共析钢的室温平衡组织，其中白色块状为 F，暗色的片层状为 P。

3. 过共析钢的结晶过程分析

图 3-18 中，合金③是过共析钢，其结晶过程示意图如图 3-23 所示。过共析钢在 1~3 点温度间的结晶过程与共析钢相似。当缓慢冷却至 3 点温度时，合金的成分垂线与 *ES* 线相交，

此时由奥氏体开始析出二次渗碳体。随着温度的下降，奥氏体成分沿 ES 线变化，且奥氏体的数量越来越少，二次渗碳体的相对数量不断增加。当温度降至 4 点（727℃）时，奥氏体的成分变为 S 点成分（$w_C = 0.77\%$），此时，剩余奥氏体发生共析反应转变成珠光体，而二次渗碳体不发生变化。从 4 点温度继续冷却至室温，合金的组织不发生再发生变化。因此，过共析钢的室温组织为二次渗碳体和珠光体（Fe_3C_{II}+P）。

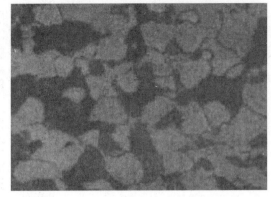

图 3-22　$w_C = 0.4\%$ 的亚共析钢的
室温平衡组织（500×）

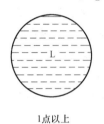   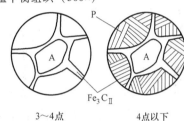

1点以上　　　　　1~2点　　　　　2~3点　　　　　3~4点　　　　4点以下

图 3-23　$w_C = 1.2\%$ 的过共析钢的结晶过程示意图

图 3-24 是 $w_C = 1.2\%$ 的过共析钢的室温平衡组织，其中 Fe_3C_{II} 呈白色的细网状，它分布在片层状 P 的周围。

4. 共晶白口铸铁的结晶过程分析

图 3-18 中，合金④是共晶白口铸铁，其结晶过程示意图如图 3-25 所示。共晶铁碳合金冷却至 1 点共晶温度（1148℃）时，将发生共晶反应，生成莱氏体（Ld），在 1~2 点温度间，随着温度降低，莱氏体中奥氏体的成分沿 ES 线变化，并析出二次渗碳体（它与共晶渗碳体连在一起，在金相显微镜下难以分辨）。随着二次渗碳体的析出，奥氏体的含碳量不断下降，当温度降至 2 点（727℃）时，莱氏体中的奥氏体的 $w_C = 0.77\%$，此时，奥氏体发生共析反应转变为珠光体，于是莱氏体也相应转变为低温莱氏体 L'd（$P+Fe_3C_{II}+Fe_3C$）。因此，共晶白口铸铁的室温组织为低温莱氏体（L'd）。

图 3-24　$w_C = 1.2\%$ 的过共析钢的室温平衡组织（400×）

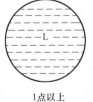

1点以上　　　　　1~2点　　　　　2点以下

图 3-25　共晶白口铸铁的结晶过程示意图

图 3-26 为共晶白口铸铁的室温平衡组织，其中珠光体呈黑色的斑点状或条状，渗碳体为白色的基体。

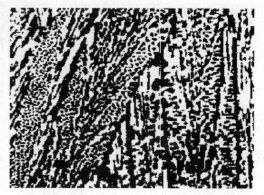

图 3-26 共晶白口铸铁的室温平衡组织（250×）

5. 亚共晶白口铸铁的结晶过程分析

图 3-18 中，合金⑤是亚共晶白口铸铁，其结晶过程示意图如图 3-27 所示。1 点温度以上为液相，当合金冷却至 1 点温度时，从液体中开始结晶出初生奥氏体。在 1~2 点温度间，随着温度的下降，奥氏体不断增加，液体的量不断减少，液相的成分沿 AC 线变化。奥氏体的成分沿 AE 线变化。当温度至 2 点（1148℃）时，剩余液体发生共晶反应，生成 Ld（A+Fe₃C），而初生奥氏体不发生变化。在 2~3 点温度间，随着温度降低，奥氏体的含碳量沿 ES 线变化，并析出二次渗碳体。当温度降至 3 点（727℃）时，奥氏体发生共析反应，转变为珠光体（P），从 3 点温度冷却至室温，合金的组织不再发生变化。因此，亚共晶白口铸铁室温组织为 P+Fe₃C$_{\text{II}}$+L'd。

图 3-28 是 w_C =3.0% 的亚共晶白口铸铁的室温平衡组织，其中黑色带树枝状特征的是 P，分布在 P 周围的白色网状的是 Fe₃C$_{\text{II}}$，具有黑色斑点状特征的是 L'd。

1点以上　　　　1~2点　　　　2~3点　　　　3点以下

图 3-27　w_C =3.0% 的亚共晶白口铸铁的结晶过程示意图

6. 过共晶白口铸铁的结晶过程分析

图 3-18 中，合金⑥是过共晶白口铸铁，其结晶过程示意图如图 3-29 所示。1 点温度以上为液相，当合金冷却至 1 点温度时，从液体中开始结晶出一次渗碳体。在 1~2 点温度间，随着温度的下降，一次渗碳体不断增加，液体的量不断减少，当温度至 2 点（1148℃）时，剩余液体的成分变为 C 点成分（w_C =4.3%），发生共晶反应，生成 Ld（A+Fe₃C），而一次渗碳体不发生变化。从 2~3 点温度间，莱氏体中的奥氏体的含碳量沿 ES 线变化，并析出二次渗碳体。当温度降至 3 点（727℃）时，奥氏体的 w_C =

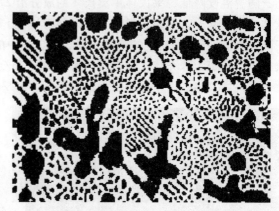

图 3-28　w_C =3.0% 的亚共晶白口铸铁的室温平衡组织（200×）

0.77%，此时，奥氏体发生共析反应转变为珠光体，从 3 点温度冷却至室温，合金的组织不再发生变化。因此，过共晶白口铸铁的室温组织为 Fe₃C$_{\text{I}}$ +L'd。

图 3-30 是 $w_C = 5.0\%$ 的过共晶白口铸铁的室温平衡组织，图中白色带状的是 Fe_3C_I，具有黑色斑点状特征的是 L'd。

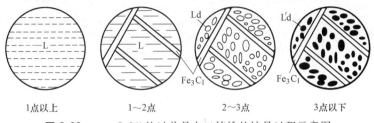

图 3-29　$w_C = 5.0\%$ 的过共晶白口铸铁的结晶过程示意图

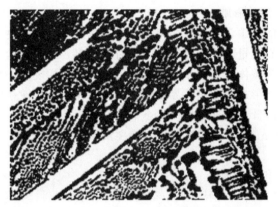

图 3-30　$w_C = 5.0\%$ 的过共晶白口铸铁的室温平衡组织（400×）

3.3.5　碳含量对铁碳合金组织和性能的影响

1. 碳含量对铁碳合金平衡组织的影响

根据上述对各种不同碳含量的铁碳合金结晶过程的分析，在室温下铁碳合金的平衡组织与碳含量的关系见表 3-2。

表 3-2　室温下铁碳合金的平衡组织与碳含量的关系

合金名称	$w_C(\%)$	室温平衡组织
工业纯铁	<0.0218	$F+Fe_3C_{III}$（少量）
亚共析钢	0.0218~0.77	F+P
共析钢	0.77	P
过共析钢	0.77~2.11	$P+Fe_3C_{II}$
亚共晶白口铸铁	2.11~4.3	$P+Fe_3C_{II}+L'd$
共晶白口铸铁	4.3	L'd
过共晶白口铸铁	4.3~6.69	$L'd+Fe_3C_I$

根据杠杆定律可以计算出铁碳合金中相组成物和组织组成物的相对量与碳含量（碳的质量分数）的关系。图 3-31 所示为铁碳合金的碳含量与平衡组织组分及相组分间的定量关系。

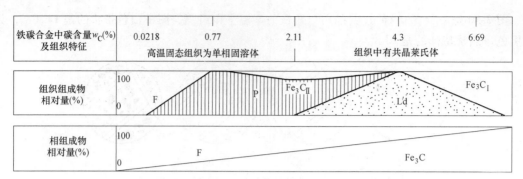

铁碳合金中碳含量w_C(%)及组织特征	0.0218	0.77	2.11	4.3	6.69

图 3-31　铁碳合金的碳含量与平衡组织组分及相组分间的定量关系

2. 碳含量对力学性能的影响

铁碳合金的力学性能受碳含量的影响很大，碳含量的多少直接决定着铁碳合金中铁素体和渗碳体的相对比例。碳含量越高，渗碳体的相对量越多。由于铁素体是软韧相，而渗碳体是硬脆的强化相，所以渗碳体含量越多，分布越均匀，材料的硬度和强度越高，塑性和韧性越低；但当渗碳体以网状形态分布在晶界或作为基体存在时，会使铁碳合金的塑性和韧性大幅下降，且强度也随幅降低。这就是平衡状态下的过共析钢和白口铸铁脆性高的原因。图 3-32 所示为碳含量对钢的力学性能的影响。

3. 碳含量对工艺性能的影响

（1）铸造性　铸铁的流动性比钢好，易于铸造，特别是靠近共晶成分的铸铁，其结晶温度低，流动性好，铸造性能最好。从相图上看，结晶温度越高，结晶温度区间越大，越容易形成分散缩孔和偏析，铸造性能越差。

（2）可锻性　低碳钢的可锻性比高碳钢好。由于钢加热呈单相奥氏体状态时，塑性好、强度低，便于塑性变形，所以一般锻造都是在奥氏体状态下进行。

（3）焊接性　碳含量越低，钢的焊接性越好，所以低碳钢比高碳钢更容易焊接。

（4）可加工性　碳含量过高或过低，都会降低材料的可加工性。一般认为中碳钢的塑性比较适中，硬度在 160~230HBW 时，可削加工性最好。

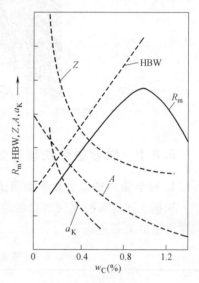

图 3-32　碳含量对钢的力学性能的影响

本 章 小 结

本章主要介绍了合金的结构和相图。合金的相结构主要包括一些基本概念（合金、相、组元、合金系、组织）及固溶体和化合物的种类与性能特点。二元合金相图是学习铁碳合金相图的基础，主要包括相图的建立、二元匀晶相图、二元共晶相图等，通过相图可以分析不同合金的结晶过程，以及计算两相的成分及比例。通过对铁碳合金相图、铁碳合金的基本组织（铁素体、奥氏体、渗碳体、珠光体、莱氏体），铁碳合金的分类及不同成分合金的冷却过程分析可知，碳含量对组织和性能的影响都非常重要。

学习案例

45 钢是机械行业中应用非常广泛的钢种，可以用来制造一般的机械零件、齿轮类零件等，由于其调质以后具有较好的综合力学性能，所以它还可以被用来制造可以传递转矩和承受载荷的轴类零件。试分析为什么 45 钢的力学性能很好。

分析：如前所述，钢的力学性能受含碳量的影响很大，含碳量的多少直接决定着铁碳合金中铁素体和渗碳体的相对比例。含碳量越低，塑性和韧性越好、强度硬度越低；含碳量越高，硬度和强度越高，塑性和韧性越低。由于 45 钢 w_C 为 0.45%，属于中碳钢，故其具有良好的塑韧性和强度的配合，综合性能优良。

课 后 测 试

一、名词解释

相　　组织　　合金系　　组元　　固溶强化　　相图　　枝晶偏析　　共晶反应

共析反应

二、填空题

1. 根据溶质原子所占据的位置不同，固溶体可分为：_____ 和 _____。

2. 根据形成条件及结构特点，金属化合物可分为：_____、_____ 和 _____。

3. 铁碳合金的基本组织有：_____、_____、_____、_____ 和 _____。

三、选择题

1. 金属化合物的性能特点是（　　　）。

A. 熔点高、硬度低　　　　　　　　　　B. 熔点低、硬度高

C. 熔点高、硬度高　　　　　　　　　　D. 熔点低、硬度低

2. 在 $Fe-Fe_3C$ 合金中，其平衡组织中含有二次渗碳体量最多的合金的碳含量（质量分数）为（　　　）。

A. 0.0008%　　　B. 0.021%　　　C. 0.77%　　　D. 2.11%

3. 下列二元合金的恒温转变中，（　　　）属于共析转变。

A. $L+\alpha \longrightarrow \beta$　　B. $L \longrightarrow \alpha+\beta$　　C. $\gamma \longrightarrow \alpha+\beta$　　D. $\alpha+\beta \longrightarrow \gamma$

4. 碳钢的下列各组织中，（　　　）属于复相组织。

A. 珠光体　　　B. 铁素体　　　C. 渗碳体　　　D. 奥氏体

5. 钢中的二次渗碳体是指从（　　　）中析出的渗碳体。

A. 钢液　　　B. 奥氏体　　　C. 铁素体　　　D. 马氏体

6. 亚共晶白口铸铁的平衡组织中，不可能有（　　　）组织。

A. 二次渗碳体　　B. 共析渗碳体　　C. 一次渗碳体　　D. 共晶渗碳体

7. 白口铸铁件不具有（　　　）性能。

A. 高强度　　　B. 高硬度　　　C. 高耐磨性　　　D. 高脆性

8. 珠光体是一种（　　　）。

A. 单相固溶体　　B. 两相混合物　　C. 铁和碳的化合物

9. 固溶体的晶体结构与（　　　）相同。

A. 溶剂　　　　　　B. 溶质　　　　　　C. 其他晶型

10. 奥氏体是碳在（　　　）中形成的间隙固溶体。

A. α-Fe　　　　　　B. β-Fe　　　　　　C. γ-Fe　　　　　　D. δ-Fe

四、判断题

1. 置换固溶体必是无限固溶体。（　　　）

2. 铁素体是置换固溶体。（　　　）

3. 渗碳体是钢中常见的固溶体相。（　　　）

4. 无限固溶体必是置换固溶体。（　　　）

5. 纯铁在室温下的晶体结构为面心立方晶格。（　　　）

6. 珠光体的晶体结构类型为体心立方晶格。（　　　）

7. 一次渗碳体和二次渗碳体是不同的相。（　　　）

8. 共析钢的平衡室温组织中不含奥氏体相。（　　　）

9. 过共晶白口铸铁的平衡室温组织中含有一次渗碳体。（　　　）

10. 共析钢的强度大于亚共析钢。（　　　）

五、简答题

1. 为什么合金比纯金属的应用更广泛？

2. 金属化合物可以分为几类？试比较它们之间的差别。

3. 合金的结晶和纯金属相比有哪些特点？

4. 何谓合金？为什么它比纯金属应用广泛？

5. 二元合金相图表达了合金的哪些关系？

6. 试分析共晶反应和共析反应的异同点。

7. 请分别说明一次渗碳体、二次渗碳体、三次渗碳体、共晶渗碳体、共析渗碳体的生成条件。

8. 何谓铁素体、奥氏体、渗碳体、珠光体、莱氏体？分别写出它们的符号及性能特点。

9. 说明珠光体和莱氏体在碳含量、相结构及其相对量、显微组织和性能上的不同点。

10. 为什么铸造合金常选用接近共晶成分的合金，而压力加工合金常选用单相固溶体成分的合金？

11. 碳含量对钢铁材料的力学性能和工艺性能有何影响？

第4章

金属材料的塑性变形与再结晶

【学习要点】

1. 学习重点
1）熟悉塑性变形对组织、力学性能、物理和化学性能的影响。
2）掌握单晶体塑性变形的特点、滑移与孪生的区别、多晶体塑性变形的特点。
3）掌握回复和再结晶的定义、冷热加工的区别、热加工对金属组织和性能的影响。

2. 学习难点
1）滑移与孪生的区别、单晶体与多晶体塑性变形的异同。
2）塑性变形对组织、力学性能的影响。
3）热加工对金属组织和性能的影响。

3. 知识框架图

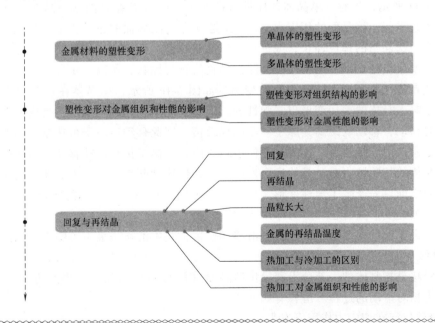

在工业生产中，由于铸态金属材料的晶粒粗大、组织不均、成分偏析及组织不致密等缺陷，工业上用的金属材料大多要在浇注成金属铸锭后经过压力加工再使用。例如，采用轧制、拉拔和挤压等制成成品或半成品，这些都必须要依靠金属的塑性变形来实现，在塑性变形过程中会发生什么变化又遵循什么规律？这些将在本章内容中予以介绍。

4.1　金属材料的塑性变形

金属经塑性变形后，不仅改变了外观和尺寸，内部组织和结构也发生了变化，进而其性能也发生了变化，因此，塑性变形也是改善金属材料性能的一个重要手段。此外，金属的常规力学性能，如强度、塑性等，也是根据其塑性变形来评定的。但是，在工程上通常要求消除塑性变形对金属产生的不良影响，也就是说必须在加工过程中及加工后对金属进行加热，使其发生再结晶，恢复塑性变形以前的性能。

因此，研究金属的塑性变形过程及其机理，变形后金属的组织、结构与性能的变化规律，以及加热对变形后金属的影响，对改进金属材料加工工艺，提高产品质量和合理使用金属材料等方面都具有重要意义。

工程上应用的金属材料几乎都是多晶体，为了研究金属多晶体的塑性变形过程，应先了解金属单晶体的塑性变形。

4.1.1　单晶体的塑性变形

如图 4-1a 所示，当对一单晶体试样进行拉伸时，外力 F 在晶内任一晶面上分解为两种应力，一种是平行于该晶面的切应力 τ，一种是垂直于该晶面的正应力 σ。如图 4-1b 所示，正应力只能引起晶格的弹性伸长，或进一步把晶格拉断；而切应力则可使晶格在发生歪扭之后，进一步发生塑性变形。因正应力去除后晶格将恢复原状，所以，正应力只能使晶体产生弹性变形或者脆性断裂，不能产生塑性变形。如图 4-1c 所示，单晶体在切应力作用下，当切应力较小时，晶格的剪切变形也是弹性的，但当切应力达到一定值时，晶格将沿着某个晶面产生相对移动，移动的距离为原子间距的整数倍，因此移动后原子可在新位置上重新平衡下来，形成永久的塑性变形。这时，即使消除切应力，晶格仍将保持移动后的形状。当切应力超过了晶体的切断抗力时，晶体也会发生断裂，但这种断裂与正应力引起的脆断不同，它在晶体断裂之前首先产生了塑性变形。为了加以区别，将切应力引起的断裂称为塑性断裂。由此可知，塑性变形只有在切应力作用下才会发生。

单晶体金属塑性变形的基本方式是滑移和孪生，其中滑移是最主要的变形方式。

1. 滑移

所谓滑移是指晶体的一部分沿着一定的晶面（滑移面）和晶向（滑移方向）相对于另一部分产生相对滑动的过程。滑移有如下特点：

1）滑移只能在切应力作用下发生。

2）滑移常沿晶体中原子密度最大的晶面和晶向发生。这是由于原子排列最密晶面之间

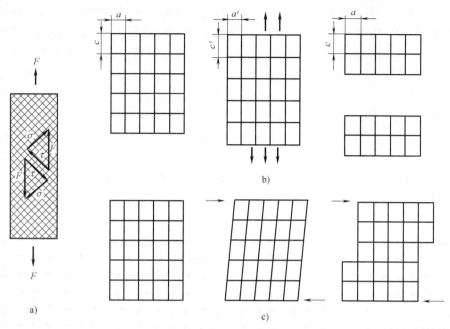

图 4-1　单晶体试样拉伸变形示意图

的面间距及最密晶向之间的原子间距最大，原子间的结合力最小，故沿着这些晶面和晶向进行滑移所需的外力最小，最容易实现。图 4-2 为不同原子密度晶面间的距离示意图，图中 I 晶面其原子密度大于 II 晶面。由几何关系可知，I 晶面之间的距离也大于 II 晶面。当有外力作用时，I 晶面会首先开始滑移。一个滑移面与这个滑移面上的一个滑移方向构成一个滑移系。在其他条件相同时，滑移系越多，塑性越好，金属晶体发生滑移的可能性越大。

3）滑移距离为滑移方向上原子间距的整数倍。滑移后，滑移面两侧的原子排列与滑移前一样，但会在晶体的表面形成一条条台阶状的变形痕迹，即滑移带。滑移带实际上是由滑移线构成的，如图 4-3 所示。

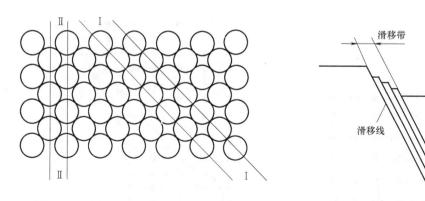

图 4-2　不同原子密度晶面间的距离示意图　　　　图 4-3　滑移带和滑移线的示意图

4）滑移的同时伴随着晶体的转动。计算表明，当滑移面分别和滑移方向、外力轴向成 45°时，滑移方向上的切应力分量 τ 最大，因而最容易产生滑移。

5）滑移是由于滑移面上的位错运动而产生的。关于滑移的机理，人们最初认为是晶体的一部分相对于另一部分做整体的刚性滑动。但是，根据这种刚性滑移的模型，计算出滑移所需的临界切应力比实际金属晶体滑移所需的临界切应力大得多。例如，铜的临界切应力理论计算值为 1540MPa，而实测值仅为 0.98MPa。这一现象可用位错在晶体中的运动来解释。

　　现代大量理论与实验证明，晶体的滑移就是通过位错在滑移面上的运动来实现的。图 4-4 为一刃型位错在切应力作用下在滑移面上的运动过程。当一个位错移动到晶体表面时，便形成一个原子间距的滑移，当晶体通过位错的移动而产生滑移时，实际上并不需要整个滑移面上的全部原子移动，只需位错中心上面的两列原子向右发生微量的位移，位错中心下面的一列原子向左发生微量的位移，位错中心便产生一个原子间距的右移，如图 4-5 所示。所以，通过位错的运动而产生的滑移比整体刚性滑移所需的临界切应力小得多。位错容易运动的特点称为"位错的易动性"。

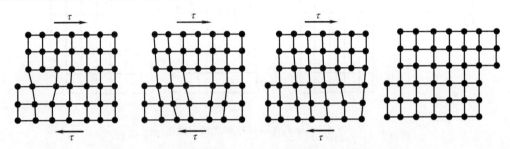

图 4-4　一刃型位错在切应力作用下在滑移面上的运动过程

　　小提示：产生滑移后，滑移面两侧晶体的位向关系并没有发生改变。

2. 孪生

　　单晶体塑性变形的另一种形式是孪生。孪生是指在切应力作用下，晶体的一部分沿着一定的晶面（孪生面）和晶向（孪生晶向）相对于另一部分发生均匀的切变。孪生变形过程如图 4-6 所示。发生孪生变形部分称为孪晶带或孪晶。孪生的结果是使孪生面两侧的晶体呈镜面对称。由于孪生变形比滑移变形一次移动的原子多，故其临界切应力较大，因此，只有

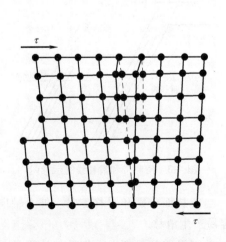

图 4-5　位错运动时的原子位移图

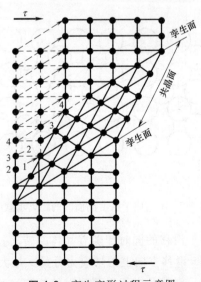

图 4-6　孪生变形过程示意图

不易产生滑移的金属（如 Cd、Mg、Be 等）才产生孪生变形。

3. 滑移与孪生的区别

滑移和孪生虽然都是在切应力作用下产生的，但孪生所需要的切应力比滑移所需要的切应力要大得多。当密排六方晶体和体心立方晶体在低温或受到冲击时容易产生孪生。孪生对塑性变形的直接贡献不大，但孪生能引起晶体位向的改变，有利于滑移的发生。

孪生和滑移的主要区别如下：

1）孪生变形使孪晶内晶体发生均匀的切变，并改变其位向；而滑移变形是晶体中两部分晶体发生滑动，并不发生晶体位向的变化。

2）孪生时孪晶带内原子沿孪生方向的位移都是原子间距的分数值，而且相邻原子面原子的相对位移量小于一个原子间距，并与距孪晶面的距离成正比；而滑移时原子在滑移方向的相对位移是原子间距的整数倍。

3）在晶体滑移和孪生变形的比较中可知，孪生变形区域包含许多原子面，即变形区内有许多原子在同时移动；而滑移变形原子是在滑移面的一层原子面上移动，且又是逐步滑移的。孪生变形所需的切应力比滑移变形大得多，因此，一般在不易滑移的条件下产生孪生变形。例如，在面心立方晶体中不易产生孪生，而在密排六方晶体中则易产生孪生。

4.1.2　多晶体的塑性变形

工程上使用的金属绝大多数是多晶体。多晶体的塑性变形与单晶体相比并无本质上的差别，即每个晶粒（单晶体）的塑性变形仍以滑移或孪生的方式进行，但由于晶界的存在和每个晶粒中的晶格位向不同，因此多晶体的塑性变形要比单晶体的塑性变形复杂得多。

1. 晶界和晶粒位向的影响

晶界附近是两晶粒晶格位向过渡的地方，这里的原子排列紊乱，而且该区域内的杂质原子较多，增大了其晶格的畸变，因而位错运动在该处受到的阻力较大，使之难以发生变形，即具有较高的塑性变形抗力。此外，各晶粒晶格位向不同也会增大其滑移的抗力，这是因为其中任一晶粒的滑移都必然会受到它周围不同位向晶粒的约束和阻碍，各晶粒必须相互协调才能发生塑性变形。多晶体的滑移必须克服较大的阻力，因而使多晶体材料的强度增大。

2. 多晶体的塑性变形过程

在多晶体金属中，由于每个晶粒的晶格位向不同，其滑移面和滑移方向的分布便不同，因此在外力作用下，每个晶粒中不同滑移面和滑移方向上受到的分切应力也不同。而在进行拉伸试验时，试样中的分切应力是在与外力成 45° 的方向上最大，在与外力平行或垂直的方向上最小。因此在试验中，凡是滑移面和滑移方向位于或接近于与外力成 45° 方向的晶粒必将首先发生滑移变形，通常称这些位向的晶粒处于"软位向"；而滑移面和滑移方向处于或接近于与外力平行或垂直的晶粒，则称这些位向的晶粒处于"硬位向"，因为在这些晶粒所受到的分切应力最小，最难发生变形。由此可见，多晶体金属中每个晶粒的位向不同，则金属的塑性变形将会在不同晶粒中逐步发生，是不均匀的塑性变形过程。从少量晶粒开始逐步扩大到大量的晶粒，从不均匀变形开始逐步发展到比较均匀的变形，多晶体的塑性变形过程要比单晶体复杂得多。

3. 晶粒大小对金属力学性能的影响

由于晶界和晶粒间的位向差会提高变形抗力，所以金属晶粒越细小，晶界面积越大，每个晶粒周围具有不同位向的晶粒数目也越多，其塑性变形的抗力（即强度、硬度）就越高。细晶粒金属不仅强度、硬度高，而且塑性、韧性也好。这是因为，晶粒越细，在一定体积内的晶粒数目越多，则在同样变形量下，变形分散在更多晶粒内进行，同时每个晶粒内的变形也比较均匀，所以减少了应力集中，推迟了裂纹的形成与扩展，使金属在断裂之前可发生较大的塑性变形。因为细晶粒金属的强度、硬度较高，塑性较好，断裂时需要消耗较大的功，所以其韧性也较好。因此，细化晶粒是一种非常重要的强化金属韧性的手段。

4.2　塑性变形对金属组织和性能的影响

金属的塑性变形不仅是为了得到所需要的尺寸和形状，更重要的是，它是强化金属的一种手段。例如，高碳弹簧钢丝若采用常规热处理，其强度为 1000~1150MPa；若经冷拔，通过塑性变形使钢丝强化，其强度可达 2000MPa 以上。性能的变化是由组织的变化引起的，下面介绍塑性变形对金属组织和性能的影响。

4.2.1　塑性变形对组织结构的影响

在外力的作用下，随着外形的变化，金属的内部组织也会发生如下的变化。

（1）晶粒形状的变化　塑性变形后晶粒的外形沿着变形方向被压扁或拉长，形成细条状或纤维状，晶界变得模糊不清，且随变形量增大而加剧，这种组织通常称为纤维组织。

（2）亚结构的形成　在未变形的晶粒内部存在着大量的位错壁（亚晶界）和位错网，随着塑性变形的发生，即位错运动，在位错之间会产生一系列复杂的交互作用，使大量的位错在位错壁和位错网旁边形成堆积和相互纠缠，产生了位错缠结现象。随着变形的增加，位错缠结现象进一步发展，便会把各晶粒破碎成为细碎的亚晶粒。变形越大，晶粒的碎细程度便越大，亚晶界也越多，位错密度显著增加。同时，细碎的亚晶粒也会随着变形的方向被拉长。

（3）形变织构的产生　在定向变形情况下，金属中的晶粒不仅会被破碎、拉长，而且各晶粒的位向也会朝着变形的方向逐步发生转动。当变形量达到一定值（70%~90%）时，金属中的每个晶粒的位向都趋于大体一致，这种现象称为"织构"或"择优取向"。

4.2.2　塑性变形对金属性能的影响

1. 对金属力学性能的影响

在冷塑性变形过程中，随着金属内部组织的变化，其力学性能也将发生明显的变化。随着变形程度的增加，金属的强度、硬度显著提高，而塑性、韧性显著下降，这一现象称为加工硬化或形变强化。

产生加工硬化的原因，目前普遍认为与位错密度增大有关。随着冷塑性变形的进行，位错密度大幅增加，位错间距越来越小，晶格畸变程度也急剧增大；加之位错的交互作用加剧，从而使位错运动的阻力增大，引起变形抗力增加。这都会使金属的塑性变形变得困难，要继续变形就必须增大外力，因此就提高了金属的强度。

加工硬化现象在金属材料的生产与使用过程中有重要的实际意义。首先，它是一种非常重要的强化手段，可用来提高金属的强度，特别是对那些无法用热处理强化的合金（如铝、铜、某些不锈钢等）尤为重要。例如，汽轮发电机的无磁钢护环就是通过冷锻成形以提高其强度的。其次，加工硬化是某些工件或半成品能够拉伸或冲压成形的重要基础，有利于金属均匀变形。例如，在冷拔钢丝时，当钢丝拉过模孔后，其断面尺寸相应减小，单位面积上所受的力自然增加，如果金属不产生加工硬化使强度提高，那么钢丝将会被拉断。正是由于钢丝经冷塑性变形后产生了加工硬化，尽管钢丝截面尺寸减小，但由于其强度显著增加，因而不再继续发生变形，从而使变形转移到尚未拉拔的部分，这样，钢丝可以持续地、均匀地经拉拔而成形。金属薄板在冲压时也是利用加工硬化现象来保证冲压件薄厚均匀的。

但是，加工硬化到一定程度后，变形抗力会增加，继续变形越来越困难，要进一步变形就必须增大设备功率，增加动力消耗及设备损耗，同时因屈服强度和抗拉强度的差值减小、载荷控制要求严格，生产操作相对困难；那些已进行了深度冷变形加工的材料，塑性、韧性会大幅降低，若直接投入使用，会因无塑性储备而处于较脆的危险状态。因此，为了消除加工硬化，使金属重新恢复变形的能力，以便继续进行塑性加工或使其处于韧性的安全状态，就必须对其适时进行退火处理，但会因此提高生产成本、延长生产周期。

2. 对金属的物理和化学性能的影响

经冷塑性变形以后，金属的物理和化学性能也会发生明显的变化，如磁导率、电导率、电阻温度系数等下降，而磁矫顽力等增加。由于塑性变形提高了金属的内能，加快了金属中的扩散过程，提高了金属的化学活性，故使金属的耐蚀性下降。

3. 残余内应力

金属塑性变形时，外力所做的功约90%以上以热的形式失散掉，只有不到10%的功转变为内应力残留于金属中。所谓内应力是指平衡于金属内部的应力。内应力的产生主要是由于金属在外力作用下，内部变形不均匀而引起的。

残余内应力还会使金属的耐蚀性下降，引起加工、淬火过程中零件的变形和开裂。因此金属在塑性变形后，通常要进行退火处理，以消除或降低残余内应力。

4.3　回复与再结晶

如前所述，金属经冷塑性变形后，其内部组织结构发生了很大的变化，并有残余应力存在，晶格内部储存了较高能量，处于不稳定状态，具有自发恢复到变形前组织较为稳定状态的倾向。但在室温下由于原子扩散能力不足，这种不稳定状态不会发生明显的变化。而加热会使原子扩散能力提高，随加热温度的提高，加工硬化金属的组织和性能就会出现如图 4-7所示的显著变化，这些变化过程可划分为回复、再结晶和晶粒长大三个阶段。

1. 回复

加热温度较低时，变形金属中的一些点缺陷和位错在某些晶体内发生迁移变化的过程，称为回复。通过点缺陷的迁移，使晶格畸变减小；通过位错的迁移，使原来在变形晶粒中分散杂乱的位错重新按一定规律排列，组成亚晶界，形成新的亚晶粒，这一过程称为多边形化。总之，由于回复阶段原子活动能力不大，金属的晶粒大小和形状无明显变化（仍为纤维组织），故金属的强度和塑性变化不大，而内应力和电阻等理化性能显著降低。

在工程上，去应力退火就是利用回复的原理，使冷加工的金属件在基本上保持加工硬化状态的条件下降低内应力、降低电阻、改善塑性和韧性的。例如，用冷拉钢丝卷制弹簧，在卷成之后，要在 250~300℃ 进行回复退火，以降低应力并使之定形，而硬度和强度则基本保持不变。对于精密零件，如机床丝杠，在每次车削加工之后，都要进行消除内应力的退火处理，防止变形和翘曲，以保持尺寸精度。

2. 再结晶

变形金属加热到较高温度时，原子具有较强的活动能力，有可能在破碎的亚晶界处重新形核和长大，使原来破碎拉长的晶粒变成新的、内部缺陷较少的等轴晶粒。这一过程使晶粒的外形发生了变化，而晶格的类型无任何改变，故称为"再结晶"。再结晶的驱动力与回复一样，也是冷变形所产生的储存能。新的无畸变等轴晶粒的形成及长大，在热力学上更为稳定。再结晶与重结晶（即同素异晶转变）的共同点是：两者都是形核与长大的过程。两者的区别是：再结晶前后各晶粒的晶格类型不变，成分不变；而重结晶则发生了晶格类型的变化。

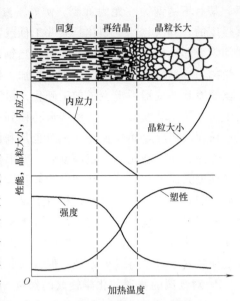

图 4-7 变形金属加热温度与
性能、晶粒大小、内应力之间的关系

再结晶得到了新的等轴晶粒，消除了变形金属的一切组织特征，加工硬化和内应力也被完全消除，各种性能完全恢复到变形前的状态。所以再结晶退火常作为金属进一步加工时的中间退火工序。

3. 晶粒长大

由再结晶后得到的细小无畸变等轴晶粒，在温度继续升高或保温时，会相互吞并长大。这个过程是总界面能减小的过程，也是自发过程。晶粒的长大，实质上是晶粒的边界从一个晶粒向另一个晶粒中迁移，并将另一晶粒的晶格位向逐渐变成与这个晶粒相同的位向，另一个晶粒似乎被这个晶粒"吞并"为一个大晶粒的过程。

通常再结晶后获得细小且均匀的等轴状晶粒。如果温度继续升高或保温较长时间后，少数晶粒会吞并周围许多晶粒而急剧长大，形成极粗的晶粒，为了与通常晶粒的正常长大过程相区别，把这种现象称为二次再结晶。此时晶粒异常粗大，使金属的力学性能显著降低，故一般不希望发生二次再结晶。二次再结晶的原因，通常认为是由于晶界处存在阻碍晶粒正常长大的弥散质点发生了溶解所造成的。所以，正确掌握再结晶的温度很重要。

4. 金属的再结晶温度

变形金属开始进行再结晶的最低温度称为金属的再结晶温度。在再结晶时，新旧晶粒的结构（晶格类型）和成分完全相同，所以再结晶不是相变过程，没有恒定的转变温度，它不过是随着温度的升高，从某一温度开始逐渐形核和长大的连续过程。再结晶过程的驱动力主要是变形晶粒的畸变能，它的发展必须通过金属内部的原子扩散，因而再结晶过程能否进行主要取决于晶粒畸变能的高低和原子扩散的能力。没有变形的金属即使在加热条件下也不会发生再结晶。影响再结晶温度的因素如下：

（1）预先的变形程度　变形程度越大，金属畸变能越高，向低能量状态变化的倾向也越大，因此再结晶温度越低。

（2）原始晶粒大小 金属原始晶粒越小，则变形的抗力越大，变形后储存的能量较高，因此再结晶温度较低。

（3）金属的纯度及成分 金属的化学成分对再结晶温度的影响比较复杂，当金属中含有少量元素，特别是含有高熔点元素时，常会阻碍原子的扩散或晶界的迁移，从而使再结晶温度升高。如纯铁的再结晶温度约为450℃，加入少量碳变成钢后，其再结晶温度会提高至500~650℃。在钢中再加入少量的 W、Mo、V 等，还会进一步提高再结晶温度。当合金元素含量较高时，再结晶温度可能提高，也可能降低，这取决于合金元素对基体金属原子扩散速度比对再结晶形核时的表面能的影响。有利于原子扩散和降低表面能的元素可使再结晶温度降低，反之则使再结晶温度升高。

（4）加热速度和保温时间 再结晶过程需要一定时间才能完成，故加热速度的增加会使再结晶推迟到较高温度后才发生；而保温时间延长，原子扩散充分，可使再结晶过程在较低温度下完成。在工业生产中，金属通常将大变形量（约70%以上）经 1h 保温后能完全再结晶的温度，定义为该金属的最低再结晶温度。大量试验证明，工业纯金属的最低再结晶温度与其熔点间存在以下关系：

$$T_{再} \approx 0.4 T_{熔}$$

式中 $T_{熔}$——金属熔点（K）；

$T_{再}$——再结晶温度（K）。

实际生产中，为了缩短退火时间，经常将金属加热到最低再结晶温度以上 100~200℃后进行再结晶退火。工业纯金属的再结晶退火温度见表 4-1。

表 4-1 工业纯金属的再结晶退火温度

金属	$T_{熔}$/℃	$T_{再}$/℃	$T_{退}$/℃
Fe	1535	437	600~700
Al	657	100	250~350
Cu	1083	270	400~500

注：$T_{熔}$ 为金属熔点，$T_{再}$ 为再结晶温度；$T_{退}$ 为再结晶退火温度。

5. 热加工与冷加工的区别

由于金属在高温下强度、硬度低，而塑性、韧性高，在高温下对金属进行变形加工比在较低温度下容易，因此，生产上便有冷、热加工之分。

在金属学中，热加工与冷加工的区别是以金属材料的再结晶温度为分界的。凡是在金属再结晶温度以上所进行的塑性变形加工称为热加工，而在金属再结晶温度以下所进行的塑性变形加工称为冷加工。

热加工时所产生的加工硬化能很快以再结晶的方式自动消除，因而热加工不会带来强化效果。

6. 热加工对金属组织和性能的影响

热加工虽不能引起加工硬化，但它能使金属的组织和性能发生显著的变化。热加工（如锻、轧）能消除铸态金属与合金的某些缺陷，如使气孔焊合；使粗大的树枝晶和柱状晶破碎，从而使金属组织致密、晶粒细化、成分均匀；使其力学性能提高等。

机械工程材料

热加工使铸态金属中的夹杂物及枝晶偏析沿变形方向拉长，使枝晶间富集的杂质及夹杂物的分布逐渐与变形方向一致，形成彼此一致的宏观条纹，称为流线。由这种流线所体现的组织称为纤维组织。纤维组织使钢产生各向异性，与流线平行的方向强度高，与流线垂直的方向上强度低。在制订加工工艺时，应使流线分布合理，尽量使流线与工件工作时所受到的最大拉应力方向平行，与剪切或冲击应力方向相垂直。

在进行亚共析钢的热加工时，常发现钢中的铁素体与珠光体呈带状或层状分布，这种组织称为带状组织。带状组织是由于枝晶偏析或夹杂物在压力加工过程中被拉长所造成的。带状组织不仅会降低钢的强度，而且还会降低其塑性和冲击韧度。轻微的带状组织可通过多次正火或高温扩散退火加正火来消除。

热加工可用较小的能量消耗来获得较大的变形量，但在热加工过程中钢材表面易氧化，因而使其表面粗糙度增大、尺寸精度降低。热加工一般用于截面尺寸较大、变形量较大、在室温下硬度大、塑性差的工件，而冷加工一般用于截面尺寸较小、塑性好、尺寸精度和表面粗糙度要求较高的工件。

本 章 小 结

本章主要介绍了金属塑性变形与再结晶的相关知识，单晶体塑性变形的基本方式（滑移和孪生）以及这两种方式的相互区别，多晶体塑性变形与单晶体塑性变形的差别，塑性变形对组织（晶粒形状、亚结构、形变织构）和性能（力学性能、物理和化学性能、残余内应力）的影响，塑性变形后的金属加热过程中产生的回复和再结晶现象以及冷热加工的区别。

扩 展 阅 读

强化金属材料性能

强度和塑性是机械零件常用的力学性能指标，然而，这两个性能常常是相悖的，即通常情况下金属材料强度提高会降低其塑性。例如，固溶强化时提高了强度而断后伸长率降低，通过轧制增加位错密度提高了强度但塑性降低了。如何在加工过程中利用价格低廉的材料实现高位错密度下的高延展性是工业应用中亟待解决的问题。北京科技大学罗海文教授等利用轧制和低温回火过程对中锰钢（$w_{Mn} = 10\%$，$w_C = 0.47\%$，$w_{Al} = 2\%$，$w_V = 0.7\%$）进行了研究，其中锰和碳原子是奥氏体稳定剂，而铝的加入抑制了回火过程中渗碳体的析出，钒的加入则可以形成碳化物来增强对滞后断裂的抵抗性。通过引入大量的可移动位错，研究人员成功地证明了提高位错密度能够同时提高材料的强度和延展性。

课 后 测 试

一、名词解释

滑移　　孪生　　加工硬化　　回复　　再结晶　　热加工　　冷加工

二、填空

1. 单晶体金属塑性变形的基本方式是_____和_____。

2. 单晶体塑性变形时的滑移带实际上是由_____构成的。

3. 在外力的作用下，金属随着外形的变化，其内部组织发生的变化有_____、_____和_____。

三、简答

1. 用手来回弯折一根钢丝时，首先感觉省劲，然后逐渐感到有些费劲，最后铁丝被弯断。试解释该过程演变的原因？

2. 当金属继续冷拔有困难时，通常需要进行什么热处理，为什么？

3. 热加工对金属组织和性能有什么影响？钢材在热加工（如锻造）时，为什么不会产生加工硬化现象？

4. 锡在20℃、钨在1100℃时的塑性变形加工各属于哪种加工，为什么？（锡的熔点为232℃，钨的熔点为3380℃）

第5章

钢的热处理

【学习要点】

1. 学习重点

1) 掌握热处理的定义、目的及分类，奥氏体的形成过程、晶粒长大及其控制，过冷奥氏体的等温转变曲线和连续转变曲线，影响过冷奥氏体等温转变曲线的因素，淬透性、淬硬性等。

2) 掌握退火与正火的定义、主要目的和区别，退火的种类及应用，淬火的定义、作用、温度的选择和种类，回火的定义、作用、种类和选择。

3) 掌握表面热处理的定义、作用和分类，表面淬火的种类及选用，表面化学热处理的种类及选用。

2. 学习难点

1) 奥氏体的形成过程、晶粒长大及其控制，过冷奥氏体的等温转变曲线和连续转变曲线，影响过冷奥氏体等温转变曲线的因素，淬透性、淬硬性等。

2) 退火与正火的定义、主要目的和区别，淬火温度的选择，回火的种类及选择。

3) 表面热处理的定义及作用，表面淬火的选用，表面化学热处理的选用。

3. 知识框架图

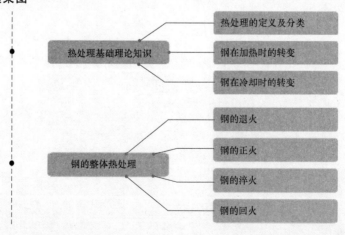

热处理基础理论知识
- 热处理的定义及分类
- 钢在加热时的转变
- 钢在冷却时的转变

钢的整体热处理
- 钢的退火
- 钢的正火
- 钢的淬火
- 钢的回火

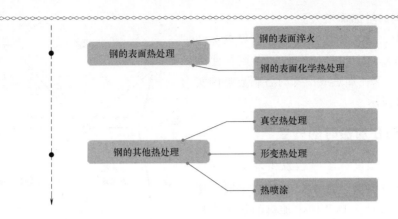

4. 学习引导

在机床制造中，60%~70%的零件都需要进行热处理。而在汽车、拖拉机制造中，更是有70%~80%的零件需要进行热处理。至于刀具、量具、模具和滚动轴承等，则要100%进行热处理。由此可见，热处理在机械制造中很常用且对提高产品质量、性能，延长使用寿命，节省材料，提高经济效益等起到了非常重要的作用。那么关于什么是热处理，它有哪些种类，以及热处理为什么能改变材料的性能等问题将在本章得到答案。

5.1 热处理基础理论知识

5.1.1 热处理的定义及分类

扫码看视频

钢的热处理是指将钢在固态下进行加热、保温和冷却处理，以改变其内部组织，从而获得所需性能的一种工艺方法。钢的热处理工艺曲线如图5-1所示。

钢的热处理种类很多，根据加热和冷却方法不同，大致分类如下：

$$
\text{热处理}\begin{cases} \text{普通热处理：退火、正火、淬火、回火等} \\ \text{表面热处理}\begin{cases} \text{表面淬火：火焰加热、感应加热} \\ \text{表面化学热处理：渗碳、渗氮、碳氮共渗等} \end{cases} \end{cases}
$$

热处理的种类虽然很多，但一般是由加热、保温和冷却三个阶段组成的。因此，要了解各种热处理方法对钢的组织和性能的影响，就必须研究钢在加热、保温和冷却过程中的相变规律。

研究钢在加热、保温和冷却过程中的相变规律是以 Fe-Fe$_3$C 相图为基础的。Fe-Fe$_3$C 相图临界点 A_1、A_3、A_{cm} 是碳钢在极其缓慢地加热或冷却的情况下测定的。但在实际生产中，加热和冷却并非如此。所以，钢的相变过程不可能在平衡临界点进行，即存在过冷、过热现象。升高和降低的幅度随

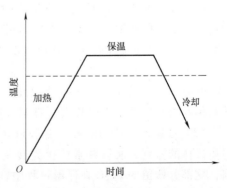

图5-1 钢的热处理工艺曲线

加热和冷却速度的增加而增大。

实际应用中，通常在加热时将各临界点标注为 Ac_1、Ac_3、Ac_{cm}；冷却时，将各临界点标注为 Ar_1、Ar_3、Ar_{cm}。钢在加热或冷却时各临界点的实际位置如图 5-2 所示。

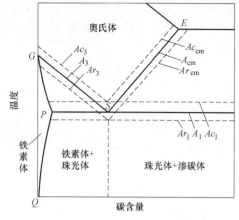

图 5-2　钢在加热或冷却时
各临界点的实际位置

5.1.2　钢在加热时的转变

钢加热到 Ac_1 温度以上时会发生珠光体向奥氏体的转变，加热到 Ac_3 和 Ac_{cm} 温度以上时，便会全部转变为奥氏体。热处理中加热的最主要目的就是为了得到奥氏体，因此这种加热转变的过程称为钢的奥氏体化。

1. 奥氏体的形成

钢加热时奥氏体的形成遵循结晶过程的基本规律，即通过奥氏体的形核和长大两个基本过程。以共析钢（$w_C = 0.77\%$）为例，奥氏体的转变过程可分为四个阶段进行：奥氏体晶核的形成、奥氏体晶核的长大、残留渗碳体的溶解以及奥氏体成分的均匀化，如图 5-3 所示。

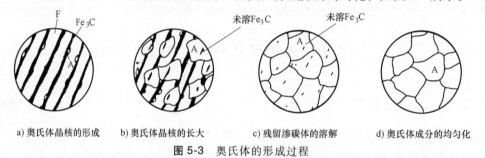

a) 奥氏体晶核的形成　　b) 奥氏体晶核的长大　　c) 残留渗碳体的溶解　　d) 奥氏体成分的均匀化

图 5-3　奥氏体的形成过程

（1）奥氏体晶核的形成　珠光体是由铁素体和渗碳体两相片层交替组成的，在 F 和 Fe_3C 两相交界处，原子排列处于过渡状态，能量较高，碳浓度的差别也比较大，有利于在奥氏体形成时碳原子的扩散。此外，界面原子排列不规则，也有利于 Fe 原子的扩散，引起晶格的改组重建，这就为奥氏体晶核的形成提供了能量、浓度和结构条件，因此奥氏体会优先在 F 和 Fe_3C 的界面处形核。

（2）奥氏体晶核的长大　刚形成的奥氏体晶核内部的碳浓度是不均匀的，它与渗碳体相接的界面上的碳浓度大于与铁素体相接的界面上的碳浓度。由于存在碳的浓度梯度，使碳不断从 Fe_3C 界面通过奥氏体晶核向低浓度的铁素体界面扩散。这样就破坏了原 F 和 Fe_3C 界面的碳浓度关系，为维持原界面的碳浓度关系，铁素体通过 Fe 原子的扩散（短程），晶格不断改组为奥氏体，而 Fe_3C 则通过碳的扩散，不断溶入奥氏体中，使奥氏体晶粒不断向铁素体和渗碳体两个方向长大，直至铁素体全部转变为奥氏体为止。

（3）残留渗碳体的溶解　由于 Fe_3C 的晶格结构和碳含量与奥氏体的差别远大于铁素体与奥氏体的差别，所以铁素体优先转变为奥氏体后，还有一部分渗碳体残留，被奥氏体包围，这部分残留的 Fe_3C 在保温过程中，通过碳的扩散继续溶于奥氏体，直至全部消失。

（4）奥氏体成分的均匀化　Fe_3C 刚全部溶解时，奥氏体中原属于 Fe_3C 的部位碳含量较高，属于 F 的部位碳含量较低。随着保温时间的延长，通过碳原子的扩散，奥氏体的碳含量逐渐趋于均匀。

知识拓展：对于工业生产中更常见的亚共析钢和过共析钢，其奥氏体的形成过程又如何呢？

亚共析钢和过共析钢的奥氏体形成过程与共析钢基本相同，但其完全奥氏体化的过程有所不同。亚共析钢加热到 Ac_1 以上时，还存在自由铁素体，这部分铁素体只有继续加热到 Ac_3 以上时，才能全部转变为奥氏体；过共析钢则只有加热到 Ac_{cm} 以上时，才能获得单一的奥氏体组织。

2. 奥氏体晶粒的长大及其影响因素

奥氏体晶粒的大小对后续的冷却转变以及转变产物的性能有重要影响。

奥氏体晶粒度是指将钢加热到临界点（Ac_3、Ac_1 或 Ac_{cm}）以上某一温度，并按规定的时间保温后所得到奥氏体晶粒的大小。

钢的奥氏体晶粒大小直接影响冷却后的组织和性能。奥氏体晶粒均匀而细小，冷却后奥氏体转变产物的晶粒也均匀而细小，其强度、塑性、韧性都较高，尤其对钢淬火、回火的韧性具有很大的影响。因此加热时总是力求获得均匀而细小的奥氏体晶粒。

在生产中一般采用与标准晶粒度等级比较法来测定奥氏体晶粒度的大小，标准晶粒度等级如图 5-4 所示。晶粒度通常分为 8 级：1~4 级为粗晶粒度；5~8 级为细晶粒度；超过 8 级为超细晶粒度。

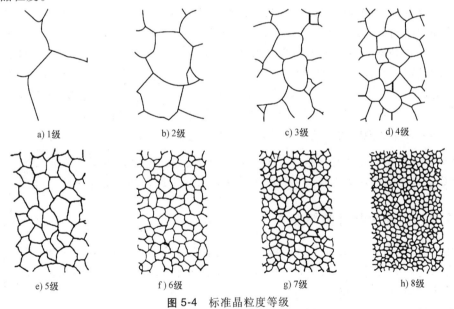

图 5-4 标准晶粒度等级

根据奥氏体形成过程和晶粒的长大情况，奥氏体晶粒度可分为以下三种：

1）起始晶粒度：是指在临界温度以上，奥氏体形成刚刚完成，其晶粒边界刚刚接触时的晶粒大小。通常情况下，起始晶粒度总是比较细小、均匀的。

2）实际晶粒度：是指在某一具体的热处理加热条件下所得到的晶粒尺寸。

3）本质晶粒度：根据国家标准，在（930±10）℃下保温 3~8h，再冷却后，测得的奥氏体晶粒的大小称为本质晶粒度。它表示钢在上述规定加热条件下奥氏体晶粒长大的倾向，但不表示晶粒的大小。生产中发现，不同牌号的钢，其奥氏体晶粒的长大倾向是不同的。有些钢的奥氏体晶粒随着加热温度升高会迅速长大，这种钢称为本质粗晶粒钢；而有些钢的奥氏体晶粒则不容易长大，只有加热到更高温度时才开始迅速长大，这种钢称为本质细晶粒钢。钢的奥氏体晶粒长大倾向示意图如图5-5所示。

钢的本质晶粒度在热处理生产中具有重要意义。在设计时，凡需热处理或经焊接的零件一般应尽量选用本质细晶粒钢，以减小过热倾向。

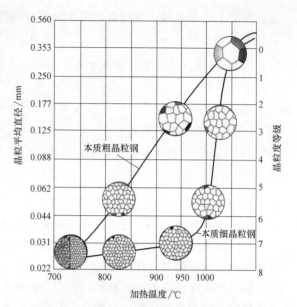

图 5-5　钢的奥氏体晶粒长大倾向示意图

3. 影响奥氏体晶粒度的因素

（1）加热温度和保温时间　奥氏体刚形成时晶粒很小，随着加热温度升高，晶粒将逐渐长大。奥氏体晶粒长大伴随着晶界面积的减小，导致能量下降。所以在高温下，奥氏体晶粒长大是一个自发过程，温度越高，晶粒长大越明显。在一定温度下，保温时间越长，奥氏体晶粒也越粗大。

（2）加热速度　当加热温度确定后，加热速度越快，奥氏体晶粒越细小。因此，快速高温加热和短时间保温，是生产中常用的一种细化晶粒的方法。

（3）钢中的成分　奥氏体中碳含量增加时，晶粒长大倾向增大。碳以未溶碳化物的形式存在，起到阻碍晶粒长大的作用。钢中的大多数合金元素（除 Mn 以外）都有阻碍奥氏体晶粒长大的作用。其中能形成稳定碳化物的元素（如 Cr、W、Mo、Ti、Nb 等）和能生成氧化物、氮化物、有阻碍晶粒长大作用的元素（如适量的 Al），其碳化物、氧化物、氮化物在晶界上的弥散分布强烈阻碍了奥氏体晶粒的长大，使晶粒保持细小。

小提示：根据上述对奥氏体晶粒度影响因素的分析，为了控制奥氏体的晶粒度，一般都会合理选择加热温度和保温时间，以及采用加入一定的合金元素等措施。

5.1.3　钢在冷却时的转变

扫码看视频

冷却过程是热处理的关键工序，其冷却转变温度决定了冷却后的组织和性能。实际生产中采用的冷却方式主要有等温冷却（如等温淬火）和连续冷却（如炉冷、空冷、水冷等）。

等温冷却是指将奥氏体化的钢件迅速冷却至 Ar_1 以下某一温度并保温，使其在该温度下发生组织转变，然后再冷却至室温。连续冷却则是指将奥氏体化的钢件连续冷却至室温，并在连续冷却过程中发生组织转变。两种冷却方式的示意图如图5-6所示。

当温度在临界转变温度 Ar_1 以上时，奥氏体是稳定的。当温度降到临界转变温度以下后，奥氏体处于不稳定状态，即要发生转变。处于过冷状态下的奥氏体称为过冷奥氏体（过冷 A）。钢在冷却时的组织转变，实质是过冷奥氏体的组织转变。

1. 过冷奥氏体的等温冷却转变

在不同的过冷度下，反映过冷奥氏体转变产物与时间关系的曲线称为过冷奥氏体等温转变曲线。图5-7所示为共析钢的过冷奥氏体等温转变曲线。图中左侧曲线为等温转变开始线，右侧曲线为等温转变终了线；Ms（$\approx 230℃$）线、Mf（$\approx -50℃$）线分别为马氏体转变开始温度线和马氏体转变终了温度线。在A_1以上是奥氏体稳定区；在两曲线之间是转变过渡区（过冷奥氏体+转变产物）；Ms线、Mf线之间为马氏体转变区。因为在不同等温温度下，过冷奥氏体转变经历的时间相差很大，所以在过冷奥氏体等温转变图中，横坐标采用对数坐标形式表示。

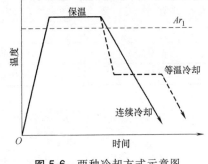

图5-6 两种冷却方式示意图

由图5-7可见，过冷奥氏体在各个温度等温时，都要在该温度下经过一段时间后才能发生转变。金属及合金在一定过冷度条件下等温转变时，等温停留开始至转变开始之间的时间称为"孕育期"，即图5-7中转变开始线上的各点与温度坐标的距离。孕育期的长短反映了过冷奥氏体稳定性的大小。孕育期最短处，过冷奥氏体最不稳定，转变最快，孕育期最短处称为过冷奥氏体等温转变曲线的"鼻尖"。对于共析钢，"鼻尖"处的温度为550℃。过冷奥氏体的稳定性取决于相变驱动力和扩散两个因素。在"鼻尖"以上，过冷度越小，相变驱动力也越小；在"鼻尖"以下，温度越低，原子扩散越困难。两者都使奥氏体稳定性增加，孕育期变长，转变速度减慢。

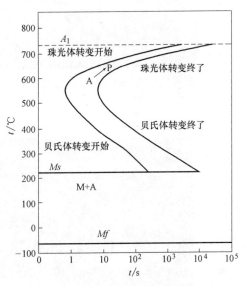

图5-7 共析钢的过冷奥氏体等温转变曲线

小提示：共析钢过冷奥氏体的等温转变曲线对于指导热处理有着非常重要的作用。

根据过冷奥氏体在不同温度（Ar_1线以下）下转变产物的不同，奥氏体的变化可分为三种不同类型的转变，即高温珠光体转变、中温贝氏体转变和低温马氏体转变。

（1）高温珠光体转变（$Ar_1 \sim 550℃$）　共析成分的奥氏体过冷到$Ar_1 \sim 550℃$高温区等温停留时，将发生共析转变，转变的产物为珠光体型组织，都是由铁素体和渗碳体的片层组成的机械混合物。由于过冷奥氏体向珠光体转变温度不同，珠光体中铁素体和渗碳体片层厚度也不同。在$Ar_1 \sim 650℃$范围内，片层间距较大，称为珠光体（P），如图5-8所示；在650~600℃范围内，片层间距较小，称为索氏体（S），如图5-9所示；在600~550℃范围内，片间距很小，称为托氏体（T），如图5-10所示。

小提示：实际上，这三种组织本质上都是珠光体，其差别只是珠光体组织的片层间距大小，形成温度越低，片层间距越小；片层间距越小，组织的硬度越高，托氏体的硬度高于索氏体，远高于珠光体；表5-1为共析钢的珠光体型组织及特征。

表 5-1 共析钢的珠光体型组织及特征

名称(符号)	形成温度/℃	片层间距/μm	硬度 HRC
珠光体(P)	$Ar_1 \sim 650$	>0.4	15~25
索氏体(S)	650~600	≈0.4~0.2	25~35
托氏体(T)	600~550	<0.2	35~42

a) 光学显微镜下形貌　　　　　　　　b) 电子显微镜下形貌

图 5-8 珠光体的显微组织

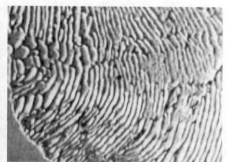

a) 光学显微镜下形貌　　　　　　　　b) 电子显微镜下形貌

图 5-9 索氏体的显微组织

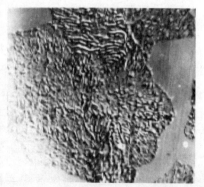

a) 光学显微镜下形貌　　　　　　　　b) 电子显微镜下形貌

图 5-10 托氏体的显微组织

（2）中温贝氏体转变（550℃~Ms） 共析成分的奥氏体过冷到550℃~Ms的中温区停留时，将发生由过冷奥氏体向贝氏体的转变，形成贝氏体（B）。由于过冷度较大，转变温度较低，贝氏体转变时只发生碳原子的扩散，不发生铁原子的扩散。因此贝氏体是由含过饱和碳的铁素体和碳化物组成的两相混合物。

按组织形态和转变温度，可将贝氏体组织分为上贝氏体（$B_上$）和下贝氏体（$B_下$）两种，其形成机理如图5-11所示。上贝氏体是在550~350℃形成的，由于小片状的渗碳体分布在成排的铁素体片层之间，如图5-11a所示，所以脆性较高，基本无实用价值。这里不予讨论；下贝氏体是在350℃~Ms形成的。它由含过饱和的细小针片状铁素体和铁素体片层内弥散分布的碳化物组成，因而，它具有较高的强度和硬度、塑性和韧性。在实际生产中常采用等温淬火的方法来获得下贝氏体。典型的上贝氏体呈羽毛状态，下贝氏体呈黑色针片状或竹叶状，如图5-12所示。

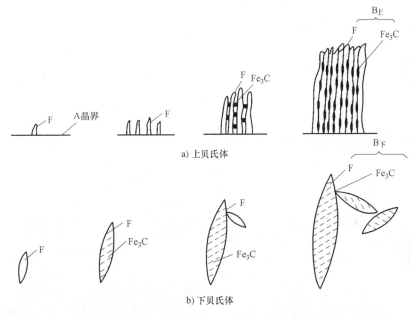

图 5-11 上、下贝氏体形成机理示意图

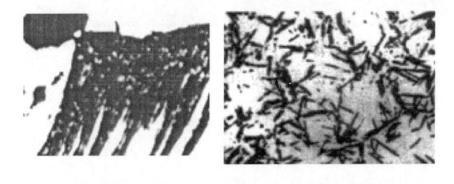

a) 羽毛状的上贝氏体   b) 针、叶状下贝氏体

图 5-12 上、下贝氏体的显微组织

（3）低温马氏体转变（*Ms* 以下）

当过冷奥氏体被快速冷却到 *Ms* 以下时，将发生马氏体转变，形成马氏体（M），它是奥氏体冷却转变最重要的产物。奥氏体为面心立方晶体结构，当过冷至 *Ms* 以下时，其晶体结构将转变为体心立方晶体结构。由于转变温度较低，原奥氏体中溶解的过多碳原子没有能力进行扩散，致使所有溶解在原奥氏体中的碳原子难以析出，从而使晶格发生畸变，碳含量越高，畸变越大，内应力也越大。马氏体实质上就是碳溶于 α-Fe 中的过饱和间隙固溶体。

马氏体的强度和硬度主要取决于马氏体的碳含量。当 $w_C<0.2\%$ 时，可获得呈一束束尺寸大体相同的平行条状马氏体，称为板条状马氏体。当钢的组织为板条状马氏体时，具有较高的硬度和强度、较好的塑性和韧性。当马氏体中 $w_C>1.0\%$ 时，得到针状马氏体。片状马氏体具有很高的硬度，但塑性和韧性很差，脆性大。当 $0.2\%<w_C<1.0\%$ 时，低温转变得到板条状马氏体与针状马氏体的混合组织。随着碳含量的增加，板条状马氏体量减少而针片状马氏体量增加，其显微组织如图 5-13 所示。

> **小提示**：与珠光体和贝氏体转变不同的是，马氏体转变不是等温转变，而是在一定温度范围内（*Ms* ~ *Mf*）快速连续冷却完成的转变。

随温度降低，马氏体量不断增加。而在实际进行马氏体转变的淬火处理时，冷却只进行到室温，这时奥氏体不能全部转变为马氏体，还有少量的奥氏体未发生转变而残留下来，称为残留奥氏体。过多的残留奥氏体会降低钢的强度、硬度和耐磨性，而且因残留奥氏体为不稳定组织，在工件使用过程中易发生转变，导致工件产生内应力，引起变形、尺寸变化，从而降低工件精度。因此，在生产中，硬度要求高或精度要求高的工件在淬火后会迅速将其置于接近 *Mf* 的温度下，促使残留奥氏体进一步转变成马氏体，这一工艺过程称为冷处理。

a）板条状马氏体形貌

b）针状马氏体形貌

图 5-13 马氏体的显微组织

综上所述，马氏体的转变有如下特点：

1）过冷奥氏体转变为马氏体是一种非扩散型转变。

2）马氏体的形成速度很快，无孕育期，是一个连续冷却的转变过程。

3）马氏体转变是不彻底的，会残留少量奥氏体。

4）马氏体形成时体积膨胀，在钢中造成很大的内应力，严重时会导致钢开裂。

与共析钢的过冷奥氏体等温转变曲线相比，亚共析钢和过共析钢的过冷奥氏体等温转变曲线分别多出一条先析铁素体析出线或先析渗碳体析出线，如图 5-14 所示。

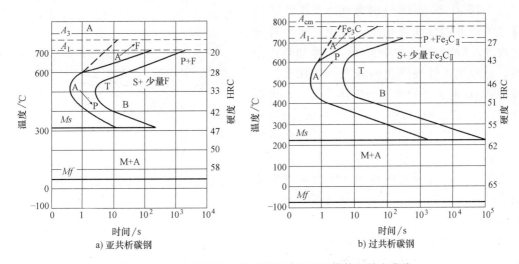

图 5-14 亚共析钢和过共析钢的过冷奥氏体等温转变曲线

过冷奥氏体等温转变曲线的形状和位置并不是固定不变的，影响过冷奥氏体等温转变曲线的因素有以下三个：

1）碳含量。随着奥氏体中碳含量的增加，奥氏体的稳定性增大，过冷奥氏体等温转变曲线的位置右移，这是一般规律。在正常加热条件下，亚共析钢的过冷奥氏体等温转变曲线随碳含量的增加而右移，过共析钢的过冷奥氏体等温转变曲线随碳含量的增加而左移。因为过共析钢的碳含量增加，未溶解渗碳体的量增多，它们作为结晶核心促使奥氏体分解，故在碳钢中，共析钢的过冷奥氏体最稳定。此外，奥氏体中的碳含量越高，Ms 越低。

> **小提示：** 碳钢的碳含量对过冷奥氏体等温转变曲线的影响可简便记为"共析钢的过冷奥氏体等温转变曲线最靠右"，这样亚共析钢、共析钢过冷奥氏体等温转变曲线随碳含量的变化就容易判断了。

2）合金元素。除 Co 以外的几乎所有合金元素溶入奥氏体后，都会增加奥氏体的稳定性，使过冷奥氏体等温转变曲线不同程度地右移。当某些合金元素达到一定量时，还会改变过冷奥氏体等温转变曲线的形状。绝大多数合金元素均会使 Ms 温度降低。

3）加热温度和保温时间。随着加热温度的提高和保温时间的延长，奥氏体晶粒长大，晶界面积减少，奥氏体成分更加均匀。这些虽不利于过冷奥氏体的转变，但提高了奥氏体的稳定性，使过冷奥氏体等温转变曲线右移。

对于过共析钢与合金钢，影响其过冷奥氏体等温转变曲线的主要因素是奥氏体的成分。

2. 过冷奥氏体的连续冷却转变

（1）过冷奥氏体连续冷却转变曲线　在实际生产中，大多数热处理工艺都是在连续冷却过程中进行的，所以学习钢的连续冷却转变曲线更有实际意义。

过冷奥氏体连续冷却转变曲线是由实验方法测定的，图 5-15 所示为共析钢的过冷奥氏体连续冷却转变曲线图。它与过冷奥氏体等温转变曲线的区别在于，过冷奥氏体连续冷却转变曲线位于等温转变曲线的右下方，且没有过冷奥氏体等温转变曲线的下部分，即共析钢在连续冷却转变时，得不到贝氏体组织。

图 5-15 中 Ps 和 Pf 分别为过冷奥氏体转变为珠光体的开始线和终止线,两线之间为转变的过渡区,KK' 为转变的中止线,当冷却到达此线时,过冷奥氏体便终止向珠光体的转变,一直冷却到 Ms 时又开始发生马氏体转变。共析钢在连续冷却转变的过程中,不发生贝氏体转变,因而也没有贝氏体组织出现。这是因为共析钢贝氏体转变的孕育期很长,当共析钢的过冷奥氏体连续冷却通过贝氏体转变区内尚未发生转变时就已过冷到 Ms 而发生马氏体转变,所以不出现贝氏体转变。

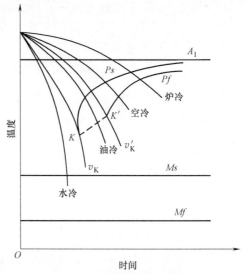

**图 5-15 共析钢的过冷奥氏体
连续冷却转变曲线**

由图 5-15 可知,当共析钢的冷却速度大于 v_K 时,由于不与珠光体转变线相交,可得到的组织为马氏体和残留奥氏体,此时的冷却速度 v_K 称为上临界冷却速度,v_K 越小,越易得到马氏体。当共析钢的冷却速度小于 v_K' 时,过冷奥氏体将全部转变为珠光体,此时的冷却速度 v_K' 称为下临界冷却速度,v_K' 越小,退火所需的时间越长。当冷却速度在 $v_K \sim v_K'$ 之间(如油冷)时,在到达 KK' 之前,奥氏体部分转变为珠光体,从 KK' 到 Ms,剩余奥氏体停止转变,直到 Ms 点以下,才开始转变为马氏体。到 Mf 点,马氏体转变完成,得到的组织为马氏体和托氏体。若冷却到 Ms 和 Mf 之间,则得到的组织为马氏体、托氏体和残留奥氏体。

(2)过冷奥氏体连续冷却转变曲线和过冷奥氏体等温转变曲线的比较和应用 将相同条件下的奥氏体冷却测得共析钢的过冷奥氏体连续冷却转变曲线和过冷奥氏体等温转变曲线叠加在一起,如图 5-16 所示,其中虚线为过冷奥氏体连续冷却转变曲线。由图 5-16 可见,连续冷却时,过冷奥氏体的稳定性增加,奥氏体完成珠光体转变的温度更低,时间更长。

由于过冷奥氏体连续冷却转变曲线测定比较困难,因此常用过冷奥氏体的等温转变曲线估计转变产物和性能。由图 5-16 可以分析出:

1)若以随炉冷却的速度连续转变,炉冷曲线与过冷奥氏体等温转变曲线相交于 700～650℃ 温度范围,估计奥氏体将转变为珠光体,硬度为 170～220HBW。

2)若以空气冷却速度连续转变,空冷曲线与过冷奥氏体等温转变曲线相交于 650～600℃ 温度范围,估计奥氏体将转变为索氏体,硬度为 25～35HRC。

3)若以油中淬火的速度连续转变,油冷曲线与奥氏体等温转变曲线相交于约

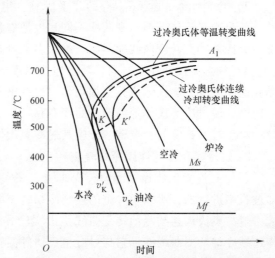

**图 5-16 共析钢的过冷奥氏体连续冷却转变
曲线和过冷奥氏体等温转变曲线比较及应用**

570℃处，部分奥氏体将转变为托氏体，剩余的奥氏体将转变为马氏体，最终获得托氏体+马氏体+残留奥氏体的混合组织，硬度为 45~55HRC。

4）若以水淬时的速度连续转变，水冷曲线不与奥氏体等温转变曲线相交，奥氏体过冷到 Ms 下将转变为马氏体，最终组织为马氏体+少量残留奥氏体，硬度为 55~65HRC。

根据过冷奥氏体等温转变曲线也可以估计临界冷却速度 v_K 的大小。与等温曲线"鼻尖"相切的临界冷却速度用 v_K' 表示，一般 $v_K' = 1.5v_K$。

5.2 钢的整体热处理

为了改善钢的力学性能，机械零件在加工过程中往往要安排不同的热处理。一般机器零件的工艺过程是：毛坯（铸造、锻造）→预备热处理→切削加工→最终热处理。预备热处理的目的是消除毛坯在铸造或锻造过程中所造成的某些缺陷，如晶粒粗大、枝晶偏析、硬度过高或不均匀等，同时为下道工序以及最终热处理做好组织准备。退火和正火就是钢材经常采用的预备热处理。最终热处理的目的是使零件达到所要求的力学性能，如强度、硬度、耐磨性、韧性等。如果对零件的力学性能要求不高，正火也可作为最终热处理。

5.2.1 钢的退火

退火是将工件加热到临界点以上或在临界点以下某一温度保温一定时间后，以十分缓慢的冷却速度（一般为随炉冷却）进行冷却的一种操作。

根据钢的成分、组织状态和退火目的不同，退火工艺可分为完全退火、等温退火、球化退火、扩散退火和去应力退火等。

1. 完全退火

完全退火又称重结晶退火，是将工件加热到 Ac_3 以上 30~50℃，保温一定时间后，随炉缓慢冷却到 600℃左右，然后在空气中冷却。常用于亚共析钢成分的碳钢和合金钢的铸件、锻件及热轧型材，有时也用于焊接件。

这种工艺的目的是细化晶粒，降低硬度，改善工件的可加工性。但这种工艺过程比较耗费时间。为克服这一缺点，产生了等温退火工艺。

2. 等温退火

等温退火是将亚共析钢加热到 Ac_3 以上，过共析钢加热到 Ac_1 以上，保温一定的时间，再快速冷却至稍低于 Ar_1 的某一温度等温停留，使过冷奥氏体完成向珠光体的转变，随后出炉或冷却至 600℃左右时出炉。等温退火与完全退火相比可大幅缩短时间。

3. 球化退火

球化退火是将工件加热到 Ac_1 以上 10~30℃，保温一定时间后，随炉缓慢冷却至 600℃后出炉空冷。同样为缩短退火时间，生产上常采用等温球化退火，它的加热工艺与球化退火相同，只是冷却方法不同。通过球化退火，使层状渗碳体和网状渗碳体变为球状渗碳体，球化退火后的组织是由铁素体和球状渗碳体组成的球状珠光体。这样可降低硬度，改善可加工性，并为以后淬火做准备。球化退火主要用于共析或过共析成分的碳钢及合金钢。

对于有网状二次渗碳体存在的过共析钢，在球化退火之前应先进行正火来打碎渗碳体网状化组织。

4. 扩散退火

扩散退火又称均匀化退火，是把钢加热到固相线以下 100~200℃ 的温度，保温 10~15h，然后缓冷至室温的工艺。这种工艺的目的是消除晶内偏析，使成分均匀化，其实质是使钢中各元素的原子在奥氏体中进行充分扩散。

工件经扩散退火后，奥氏体的晶粒十分粗大，因此必须进行完全退火或正火处理来细化晶粒，消除过热缺陷。

5. 去应力退火

去应力退火又称低温退火，是把钢加热到 Ac_1 以下（500~650℃），保温后随炉缓冷的工艺。主要目的是消除铸件、锻件、焊接件、冲压件（或冷拔件）及机加工的残余内应力。这些应力若不消除会导致零件在随后的切削加工或使用中变形开裂，降低机器的精度，甚至会发生事故。

各种退火加热温度范围如图 5-17 所示。

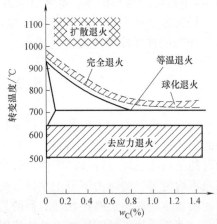

图 5-17 各种退火的温度范围

> **小提示**：在上述几种退火工艺中，由于去应力退火的加热温度低于临界相变温度，所以去应力退火中不发生组织转变，而其他几种退火工艺都会发生相变。

5.2.2 钢的正火

将工件加热到 Ac_3 或 Ac_{cm} 以上 30~50℃，使钢转变为奥氏体，保温后把工件从炉中取出放在空气中冷却的热处理工艺称为正火。正火与退火的差别是冷却速度的不同，正火的冷却速度较快，获得的珠光体类组织较细，因而强度与硬度也较高。

正火后的力学性能和生产率都较高，成本也低，因而一般情况下尽可能地用它来代替退火，正火主要应用于下列方面：

1）用于普通结构零件，可作为最终热处理，细化晶粒，提高力学性能。

2）用于低、中碳钢，可作为预备热处理，获得合适的硬度，以便切削加工。

3）用于过共析钢，可消除网状 Fe_3C_{II}，有利于球化退火的进行。

> **小提示**：为改善可加工性，低、中碳钢宜用正火，高碳结构钢宜用退火，过共析钢用正火消除网状渗碳体后，因硬度偏高，还需进行球化退火。注意，低碳钢进行冷挤、冷铆、冷镦以前，为获得良好的塑性，也要采用退火。

5.2.3 钢的淬火

淬火就是将工件加热到 Ac_3 或 Ac_1 以上 30~50℃，保温一定时间，然后快速冷却（$>v_K$，一般为油冷或水冷），从而使奥氏体转变为马氏体（或下贝氏体）的一种操作。

扫码看视频

马氏体强化是钢的主要强化手段，因此淬火的目的就是获得马氏体，提高钢的力学性能。淬火是钢最重要的热处理工艺，也是热处理中应用最广的工艺之一。

> **小提示**：淬火必须和回火相配合，否则淬火后虽能获得高硬度、高强度，但韧性、塑性低，不能得到优良的综合力学性能。

1. 淬火工艺

（1）淬火温度 为获得细小而均匀的奥氏体晶粒，钢的淬火温度应选择在临界温度线以上 30~50℃，加热温度过高时得到粗针状马氏体，其脆性大且氧化脱碳的情况十分严重，工件变形倾向大，甚至会导致开裂。碳钢淬火加热温度范围如图 5-18 所示。

通常亚共析钢的淬火温度应在 Ac_3 以上30~50℃，淬火后可得到细小均匀的马氏体组织，碳的质量分数超过 0.5% 时，还伴有少量残留奥氏体出现。如在 Ac_3 以下淬火，在淬火组织中将出现铁素体，造成硬度与强度不足。

共析钢和过共析钢的淬火温度为 Ac_1 以上 30~50℃，淬火后得到的是细小均匀的马氏体、粒状二次渗碳体和少量残留奥氏体的混合组织，粒状渗碳体可提高淬火马氏体的硬度和耐磨性，如果加热温度超过 Ac_{cm} 线，则淬火后会获得粗大针状马氏体和较多的残留奥氏体，这不仅会降低钢的硬度、耐磨性和韧性，还会增大淬火变形、开裂的倾向。

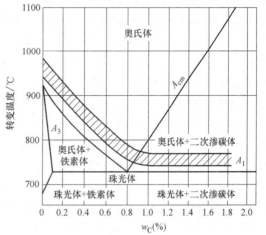

图 5-18 碳钢淬火加热温度范围

> **小提示**：在理解亚共析钢、过共析钢淬火加热温度选择时，要考虑加热温度对奥氏体晶粒大小的影响，以及铁素体和渗碳体性能上的差异。

除 Mn 以外的大多数合金元素都会阻碍奥氏体晶粒的长大，为了使合金元素充分溶入奥氏体中，合金钢的加热温度通常在临界温度以上 50~80℃。具体各种钢的加热温度可查阅相关资料。

（2）保温时间 为使工件各部分均完成组织转变，需要在淬火加热温度保温一定的时间，通常将工件升温和保温所需的时间计算在一起，统称为加热时间。影响加热时间的因素有很多，如加热介质、钢的成分、炉温、工件的形状及尺寸、装炉方式及装炉量等，通常可根据经验公式估算或通过实验确定。生产中往往要通过实验确定合理的加热及保温时间，以保证工件质量。

（3）淬火冷却介质 淬火冷却是决定淬火质量的关键，为了使工件获得马氏体组织，淬火冷却速度必须大于临界冷却速度 v_K，而快冷会产生很大的内应力，容易引起工件的变形和开裂。因此，淬火工艺既要保证淬火钢件获得马氏体组织，又要使钢件减小变形和防止开裂。所以淬火冷却速度既不能过大，也不能过小。

经研究发现，要获得马氏体，并非在整个冷却过程中都要快速冷却，钢的理想淬火冷却速度如图 5-19 所示。在曲线"鼻尖"附近（650~550℃）的过冷奥氏体最不稳定区域要快速冷却，使奥氏体不发生珠光体类型转变。而在淬火温度到650℃之间，以及 400℃以下，特别是 300~200℃范围内不需要快冷，否则，会因淬火应力引起工件变形与开裂。

但到目前为止还没有找到十分理想的冷却介质能符合上述理想淬火冷却速度的要求。实际生产中常用的冷却介质是水、水溶性盐类和碱类、有机物的水溶液，以及油、盐浴和空气等。下面介绍几种常用的淬火冷却介质。

1）水。水是目前应用最广泛的淬火冷却介质之一，这是因为水价廉、易获取且使用安全。水能使钢件在 650~550℃ 范围内具有很大的冷却速度（>600℃/s），可防止珠光体的转变，但是，由于水能使钢件在 300~200℃ 时冷却速度仍然很快（约为 270℃/s），这时正发生马氏体转变，如此高的冷却速度必然会引起淬火钢的变形和开裂。若在水中加入 10% 的盐（NaCl）或碱（NaOH），可将 650~550℃ 范围内的冷却速度提高到 1100℃/s，但在 300~200℃ 范围内冷却速度基本不变，因此水及盐水或碱水常被用作碳钢的淬火冷却介质，但都易引起材料变形和开裂。

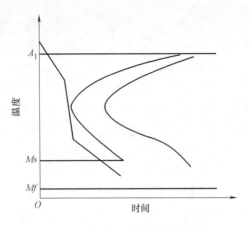

图 5-19　钢的理想淬火冷却速度

2）油。各种矿物油也是目前应用很广泛的淬火冷却介质，最常用的油是 L-AN15（10# 机油）。油能使钢件在 300~200℃ 范围内的冷却速度较慢（约为 20℃/s），可减少工件在淬火时的变形和开裂倾向，但在 650~550℃ 范围内的冷却速度不够大（约为 150℃/s），不易使碳钢淬火成马氏体。因此，生产中用油作为淬火冷却介质，只适用于过冷奥氏体稳定性较大的合金钢淬火，不适用于碳钢淬火。

3）盐浴。熔化的 $NaNO_3$、KNO_3 等盐浴也可作为淬火冷却介质，以减少工件淬火时的变形。它主要用于贝氏体等温淬火、马氏体分级淬火，其特点是沸点高、冷却能力介于水和油之间，常用于处理形状复杂、尺寸较小和对变形要求严格的工件。

知识拓展： 以上介绍的几种淬火冷却介质，与理想淬火冷却的要求都存在一定的差距。我国近年来在试制新型淬火冷却介质方面已取得了较大进展。使用效果较好的新型淬火冷却介质有：水玻璃-碱（或盐）水溶液、过饱和硝盐水溶液、聚乙烯醇水溶液等。

2. 淬火方法

为使工件淬火成马氏体并防止变形和开裂，单纯依靠选择淬火冷却介质是不行的，还必须采取正确的淬火方法。最常用的淬火方法有单液淬火法、双液淬火法、分级淬火法、等温淬火法等，如图 5-20 所示。

（1）单液淬火法　将奥氏体化后的工件放入一种淬火冷却介质中连续冷却获得马氏体组织的淬火方法称为单液淬火法或单介质淬火法。这种方法操作简单，容易实现机械化、自动化，如碳钢在水中淬火，合金钢在油中淬火。但它的缺点是不符合理想淬火冷却速度的要求，如水淬容易产生变形和裂纹，油淬容易产生硬度不足或硬度不均匀等现象。

（2）双液淬火法　将奥氏体化后的工件先在快速冷却的淬火冷却介质中冷却，跳过过冷奥氏体等温转变曲

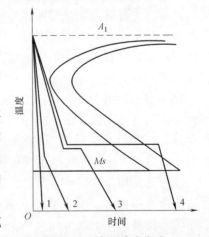

图 5-20　常用淬火方法
1—单液淬火法　2—双液淬火法
3—分级淬火法　4—等温淬火法

线"鼻尖"部分，到接近马氏体转变温度 Ms 时，立即转入另一种缓慢冷却的淬火冷却介质中冷却至室温，以降低马氏体转变时的应力，防止变形开裂，这种方法称为双液淬火法或双介质淬火法。如形状复杂的碳钢工件常采用水淬油冷的方法，即先在水中将其冷却到300℃后再在油中冷却；而合金钢则采用油淬空冷，即先在油中将其冷却后再在空气中冷却。

> **小提示：** 这种操作对技术的要求较高，掌握不好工件从第一种介质取出的时间就会出现淬不硬或淬裂现象。

（3）分级淬火法　将奥氏体化后的工件先放入温度稍高于 Ms 温度的盐浴或碱浴中，保温 2~5min，使工件内外的温度均匀后，立即取出在空气中冷却，使之发生马氏体转变，这种方法称为分级淬火法。分级淬火法可以减少工件内外的温差和减慢马氏体转变时的冷却速度，从而有效地减小内应力，防止钢件产生变形和开裂。但由于盐浴或碱浴的冷却能力低，因此分级淬火法只能适用于尺寸较小，要求变形小，尺寸精度高的工件，如模具、刀具等。

（4）等温淬火法　将奥氏体化后的工件放入温度稍高于 Ms 温度的盐浴或碱浴中，等温冷却以获得下贝氏体组织的淬火方法称为等温淬火法。等温淬火法能显著降低内应力且淬火变形小。同时，该方法得到的下贝氏体与回火马氏体相比，在碳含量相近、硬度相当的情况下，下贝氏体比回火马氏体具有更高的塑性与韧性，而且等温淬火后一般不需要进行回火。等温淬火法适用于尺寸较小，形状复杂，要求变形小，具有高硬度和良好强韧性的工具、模具等。

3. 钢的淬透性

淬透性是钢的重要热处理工艺性能，也是合理选材和正确制订热处理工艺的重要依据之一。

（1）淬透性的概念　钢在一定的冷却条件下淬火时获得马氏体组织的能力称为钢的淬透性。它是钢材本身固有的属性。淬透性的大小反映了钢在接受淬火后转变为马氏体的能力，通常用规定条件下得到淬硬层的深度来表示。

淬火钢的冷却速度大于临界冷却速度 v_K 时，就能获得马氏体组织，在同一工件中，其表面冷却速度比心部冷却速度要大，当表面冷却速度大于 v_K 时就可以获得马氏体组织，而心部冷却速度若小于 v_K，则只能得到硬度较低的非马氏体组织，即心部没有淬透。大截面工件可能在表面得到一定淬硬层深度，小截面工件就可能获得表里均淬透的马氏体组织。钢淬硬层的深度除与工件尺寸有关外，还与淬火冷却介质有关，介质冷却能力越强，淬硬层就越深，通常同一工件水淬会比油淬的淬硬层深。

通常，从淬硬的工件表面测量至半马氏体区（即该区域含50%的马氏体+50%非马氏体）的垂直距离作为淬硬层深度。显然，不同钢的淬透性是不一样的。在相同条件下，淬硬层深度越大，表明钢的淬透性越高；反之，淬透性越低的钢，淬硬层越浅。因此，在淬火条件相同的情况下，可根据淬硬层深度的大小来判断钢的淬透性高低。

（2）影响淬透性的因素　淬透性与实际工件的淬硬层深度是完全不相同的，淬透性是钢的一种工艺性能，它是在规定条件下得到的淬硬层深度，对于同一种钢来说它是确定的。而实际淬硬层深度是在某种具体条件下淬火得到半马氏体的厚度，它是可变的，且与淬透性及许多外界因素有关。淬透性与淬硬性也是不同的概念，淬硬性是指钢淬火时能够达到的最高硬度，主要取决于马氏体中碳的质量分数。淬透性好，淬硬性不一定好，同样淬硬性好，淬透性不一定好。

钢的淬透性实质上取决于过冷奥氏体的稳定性，即取决于临界冷却速度 v_K。v_K 越小，过冷奥氏体越稳定，则钢的淬透性越好。因此凡是影响奥氏体稳定的因素，都会影响钢的淬透性。其影响因素包括以下几点：

1）合金元素。除钴和铝（>2.5%）以外的合金元素能使奥氏体等温转变曲线右移，即这些合金元素能降低临界冷却速度，使钢的淬透性提高。因此合金钢的淬透性比碳钢好。

2）碳质量分数。碳钢中的碳含量越接近共析成分，其奥氏体等温转变曲线越靠右，临界冷却速度越小，则淬透性越好，即亚共析钢的淬透性随碳含量增加而增大，过共析钢的淬透性随碳含量增加而减小。碳的质量分数超过 1.2%~1.3% 时淬透性明显降低。

3）奥氏体化温度。奥氏体化温度越高，保温时间越长，所形成的奥氏体晶粒也就越粗大，使晶界面积减少，这样就会降低过冷奥氏体转变的形核率，不利于奥氏体的分解，使其稳定性增大，淬透性增加。

4）钢中未溶第二相。未溶入奥氏体中的碳化物、氮化物以及其他非金属夹杂物可以成为奥氏体转变产物的非自发核心，这会使 v_K 增大，淬透性降低。

（3）淬透性的测定及其表示方法　淬透性的测定方法很多，目前应用得最广泛的是顶端淬火法，也称端淬实验法。实验时，采用 $\phi25\mathrm{mm}\times100\mathrm{mm}$ 的标准试样，水柱自由高度为 $65\mathrm{mm}$，将试样奥氏体化保温后，迅速放在端淬实验台上喷水冷却。显然，试样的水冷末端速度最大，沿轴线方向上冷却速度逐渐减少，图 5-21 为端淬实验法的示意图和钢的淬透性曲线。

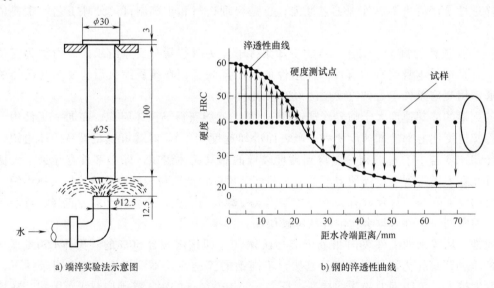

图 5-21　端淬实验法示意图和钢的淬透性曲线

不同钢种有不同的淬透性曲线，工业用钢的淬透性曲线几乎都已测定，并已汇集成册，读者可查阅参考。由淬透性曲线就可比较出不同钢的淬透性大小。

此外，对于同一种钢，因冶炼炉次不同，其化学成分会在一个限定的范围内波动，对淬透性有一定的影响。因此，钢的淬透性曲线并不是一条线，而是一条带，即淬透性带。钢的成分波动越小，淬透性带越窄，其性能越稳定。因此，淬透性带越窄越好。

通过钢的淬透性曲线可以确定钢的临界淬透直径，然后用临界淬透直径来表示钢淬透性的大小，并以此来比较不同钢种的淬透性。

临界淬透直径是指钢在某种淬火冷却介质中淬火时，心部能得到的半马氏体的最大直径，用 D_0 来表示。同种钢用不同的淬火冷却介质，临界淬透直径不同，如用 $D_{0水}$ 和 $D_{0油}$ 分别表示在水中和在油中冷却时的临界淬透直径，那么一定有 $D_{0水} > D_{0油}$。

当然临界淬透直径越大，说明该钢的淬透性越好。通常可用临界淬透直径来评定钢的淬透性。

> **小提示**：工件的淬硬层深度不仅和材料的淬透性有关，还和热处理条件有关。

5.2.4 钢的回火

回火是将淬火钢重新加热到 A_1 点以下的某一温度，保温一定时间后，冷却到室温的一种操作。其目的如下：

1）降低脆性，减少或消除内应力，防止零件变形和开裂。

2）获得工艺所要求的力学性能。淬火零件的硬度高且脆性大，通过适当回火可调整硬度，获得所需要的塑性、韧性。如工具要求有高硬度、高耐磨性；轴类零件要求有良好的韧性；弹簧要求有较高的弹性极限、屈服强度及一定的塑性、韧性。

3）稳定零件尺寸。淬火马氏体和残留奥氏体都是非平衡组织，它们会自发地向稳定的平衡组织——铁素体和渗碳体转变，从而引起零件尺寸和形状的改变。通过回火可使淬火马氏体和残留奥氏体转变为较稳定的组织，保证零件在使用过程中不发生尺寸和形状的变化。

对于某些高淬透性的合金钢，在空气中冷却便可淬火成马氏体，若采用退火软化，则周期很长。此时可采用高温回火，使碳化物聚集长大，降低硬度，以利于切削加工，同时可缩短软化周期。

钢淬火后必须立即进行回火，以防止工件在放置过程中变形与开裂。淬火钢不经回火一般是不能使用的，所以淬火-回火处理是钢热处理工艺中最重要的复合热处理方法。

1. 钢在回火时的组织转变

淬火钢中的马氏体和残留奥氏体是非平衡组织，有向平衡组织（即铁素体和渗碳体两相组织）转变的倾向，但在室温下这种自发转变十分缓慢，回火处理可使钢的淬火组织发生以下四个阶段的变化，如图 5-22 所示。

（1）马氏体分解（100～200℃） 随着温度的升高，马氏体中过饱和的碳以 ε 碳化物（分子式 $Fe_{2.4}C$）的形式析出，这种 ε 碳化物是变成 Fe_3C 前的一种过渡产物，其显微组织是碳的质量分数较低的马氏体与极细 ε 碳化物的混合组织。通常把这种碳的质量分数过饱和较低的 α 固溶体和它共格的 ε 碳化物所组成的两相混合物组织称为回火马氏体，用 $M_回$ 表示。回火马氏体仍保持原淬火马氏体的组织形态，只是易腐蚀，颜色较

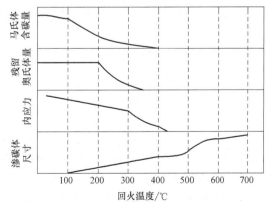

图 5-22 回火处理时钢的淬火组织变化

暗,如图5-23a所示。这一阶段内应力逐渐减小。马氏体转变要延续到350℃左右,此时α相中碳的质量分数接近平衡。

(2) 残留奥氏体的转变(200~300℃) 马氏体的分解会使残留奥氏体的压力减小,残留奥氏体会转变为ε碳化物和过饱和的α固溶体,即转变为下贝氏体,温度降到300℃时残留奥氏体基本完成转变。这个阶段转变后的组织是下贝氏体和回火马氏体,也称回火马氏体。这个阶段应力进一步降低,但硬度并未明显降低。

(3) 渗碳体的形成(250~400℃) ε碳化物转变为渗碳体是通过亚稳定的ε碳化物溶入α相中,同时从α相中析出渗碳体来实现的。在350℃左右时转变进行较快,此时α相仍保持针状,渗碳体呈细薄的短片状,这样马氏体就分解成铁素体(饱和状态)和渗碳体的机械混合物。这种针状或板条状的铁素体基体上大量弥散分布着细粒状渗碳体的两相混合物称为回火托氏体,用T回表示,在光学显微镜下不能分辨出渗碳体颗粒,如图5-23b所示。此时钢的淬火内应力基本消除,硬度有所降低。

(4) 渗碳体聚集长大和α相再结晶(>400℃) 随着温度的升高,渗碳体首先转变为细小的粒状,并逐渐聚集长大,600℃以上急剧粗化。在450℃以上α相开始再结晶,并失去针状形态,转变成为多边形铁素体。这种由粒状渗碳体和再结晶多边形铁素体所组成的两相混合物,称为回火索氏体,用S回表示。在光学显微镜下能清晰分辨出渗碳体颗粒,如图5-23c所示。

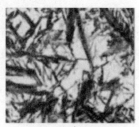 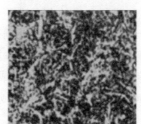 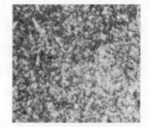

a)回火马氏体   b)回火托氏体   c)回火索氏体

图5-23 回火显微组织

综上所述,回火是四种转变阶段交叉进行的过程,同一回火温度可能有几种不同的转变,不同温度的回火组织是这些转变的综合结果。总之,淬火钢经过回火可得到以下三种组织:回火马氏体(具有高硬度和较低的韧性)、回火托氏体(具有中等硬度、高强度和一定的韧性)、回火索氏体(具有良好的综合力学性能)。注意,与托氏体、索氏体相比,回火托氏体、回火索氏体在硬度相同的条件下具有更高的强度和更好的韧性。这主要是由于回火组织中的渗碳体呈粒状存在的缘故。

2. 回火的种类和应用

淬火钢回火后的组织与性能由回火温度决定,钢的回火按回火温度不同可分为以下三种:

(1) 低温回火 低温回火的回火温度范围为150~250℃,回火后的组织为回火马氏体,硬度为58~64HRC,内应力和脆性有所降低,但保持了马氏体的高硬度和高耐磨性。低温回火主要用于高碳钢或高碳合金钢制造的工模具、滚动轴承及渗碳和表面淬火的零件。

(2) 中温回火 中温回火的回火温度范围为350~500℃,回火后的组织为回火托氏体,硬度为35~45HRC,具有一定的韧性和较高的弹性极限及屈服强度。中温回火主要用于各类弹簧和模具等。

（3）高温回火 高温回火的回火温度范围为500~650℃，回火后的组织为回火索氏体，硬度为25~35HRC，具有较好的强度、硬度、塑性和韧性等综合力学性能。高温回火广泛应用于汽车、拖拉机、机床等机械中的重要结构零件，如轴、连杆、螺栓、齿轮等。

通常，在生产上将淬火与高温回火相结合的热处理称为调质处理。工件回火后的硬度主要与回火温度和回火时间有关，而与回火后的冷却速度关系不大。因此，在实际生产中工件回火出炉后通常采用空冷方式冷却。

3. 淬火钢回火时力学性能的变化

淬火钢回火时，总体变化趋势是随着回火温度的升高，碳钢的硬度、强度降低、塑性提高，但回火温度过高，塑性会有所下降，冲击韧性随着回火温度升高而增大。但在250~350℃和500~650℃温度区间回火时，会出现冲击韧性显著降低的现象，这种随回火温度的升高而冲击韧性下降的现象称为回火脆性。钢的冲击韧性随回火温度的变化曲线，如图5-24所示。

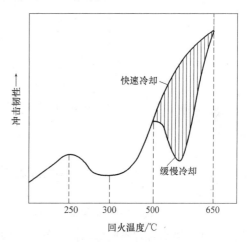

图5-24 钢的冲击韧性随回火温度的变化

（1）第一类回火脆性 在250~350℃温度范围内出现的回火脆性称为第一类回火脆性。几乎所有淬火后形成马氏体的钢在该温度范围内回火时，都会不同程度地产生这种脆性。它与钢的成分和冷却速度无关，即使加入合金元素及回火后快冷或将工件重新加热到此温度范围内回火，都无法避免，一旦产生，就无法消除，故又称"不可逆回火脆性"。所以一般都不在此温度范围内进行回火。

（2）第二类回火脆性 在500~650℃温度范围内出现的回火脆性称为第二类回火脆性。这类回火脆性主要发生在含Cr、Ni、Si、Mn等合金元素的结构钢中。当淬火钢在此温度范围内长时间保温或以缓慢的冷却速度冷却时，便会发生明显脆化，若在回火时快速冷却，则脆化现象会消失或受到抑制。另外，若脆化已经发生，只要再将工件加热到原来的回火温度重新回火并快速冷却，则可完全消除脆化现象，因此这类回火脆性又称为"可逆回火脆性"。除快速冷却可以防止此类回火脆性外，在钢中加入W（约1%）、Mo（约0.5%）等合金元素也可以有效地抑制此类回火脆性的产生。

学习案例

不同淬透性材料制成的零件，在进行相同热处理后其性能上有何差异？

分析：图5-25表示由淬透性不同的钢制成直径相同的轴，经调质后力学性能的对比。图5-25a为全部淬透，整个截面为回火索氏体组织，力学性能沿截面是均匀分布的；图5-25b为仅表面淬透，由于心部为层片状组织（索氏体），冲击韧性较低。由此可见，淬透性低的钢材力学性能较差。因此在机械制造中，截面较大或形状较复杂的重要零件，以及应力状态较复杂的螺栓、连杆等零件对截面的力学性能要求较高，均应选用淬透性较好的钢材。

淬透性是机械零件设计时选择材料和制定热处理工艺的重要依据。受弯曲和扭转力的轴类零件，应力在截面上的分布是不均匀的，其外层受力较大，心部受力较小，可考虑选用淬透性较低的、淬硬层较浅（如为直径的 $1/3 \sim 1/2$）的钢材。有些工件（如焊接件）不能选用淬透性高的钢件，否则容易在焊缝热影响区内出现淬火组织，造成焊缝变形和开裂。

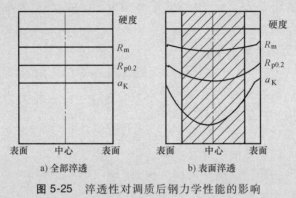

图 5-25　淬透性对调质后钢力学性能的影响

5.3　钢的表面热处理

扫码看视频

在实际生产中，一些在弯曲、扭转、冲击载荷、摩擦条件下工作的齿轮等机器零件，要求具有表面硬度高、耐磨，而心部韧性好、能抗冲击的特性，仅从选材方面和采用前述的普通热处理方法去考虑是很难达到此要求的。例如，高碳钢虽然硬度高，但心部韧性不足；低碳钢虽然心部韧性好，但表面硬度低、不耐磨。所以工业上广泛采用表面热处理来满足上述要求，使零件达到"表硬里韧"的效果。

仅对钢件表层进行热处理以改变其组织和性能的工艺称为表面热处理。常用的表面热处理工艺可分为两类：一类是只改变表面组织而不改变表面化学成分的表面淬火；另一类是同时改变表面化学成分和组织的化学热处理。

5.3.1　钢的表面淬火

仅对工件表层进行淬火的工艺称为表面淬火，它是利用快速加热的方式使钢件表面奥氏体化，而中心尚处于较低温度时迅速冷却，表层被淬硬为马氏体，而中心仍保持原来的退火、正火或调质状态组织的一种热处理方法。

表面淬火适用于中碳钢（$w_C = 0.4\% \sim 0.5\%$）和中碳低合金钢（40Cr、40MnB 等），也可用于高碳工具钢、低合金工具钢（如 T8、9Mn2V、GCr15 等），以及球墨铸铁等。

根据加热方法的不同，表面淬火方法可分为：火焰淬火、感应淬火、火焰淬火、接触电阻加热淬火、激光淬火等。目前生产中应用最广泛的是感应淬火和火焰淬火。

1. 感应淬火

感应淬火是利用一定频率的感应电流（涡流），使工件表面层快速加热到淬火温度，然后立即喷水冷却的方法。

（1）工作原理 如图5-26所示，在一个线圈中通过一定频率的交流电时，在它周围会产生交变磁场。若把工件放入线圈中，工件中就会产生与线圈频率相同而方向相反的感应电流。这种感应电流在工件中的分布是不均匀的，主要集中在表面层，越靠近表面层，电流密度越大；电流频率越高，电流集中的表面层越薄，这种现象称为趋肤效应，它是感应电流能使工件表面层加热的基本依据。由于电阻热使工件表层迅速被加热到淬火温度，而心部温度仍在 A_1 以下或接近室温，随即喷水（或浸入油或其他淬火冷却介质）冷却后，钢件表层即被淬硬。

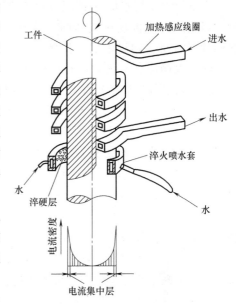

图5-26 感应淬火示意图

（2）感应加热表面淬火的分类 感应加热透入工件表层的深度主要取决于电流频率。电流频率越高，感应加热深度越浅，即淬硬层越浅。根据电流频率的不同，感应淬火可分为以下三类。

1）高频感应淬火：电流频率范围为 100~300kHz，淬硬层深度一般为 0.5~2.5mm，适用于要求淬硬层较浅的中、小型零件，如小模数齿轮的表面淬火。

2）中频感应淬火：电流频率范围为 2.5~10kHz，淬硬层深度一般为 2~8mm，适用于要求淬硬层较深的大、中型零件（如直径较大的轴和大、中型模数的齿轮）的表面淬火。

3）工频感应淬火：工频感应淬火是用工业频率（50Hz）电流通过感应器加热工件。淬硬层深度为 10~15mm，适用于要求深淬硬层的大型零件，如直径大于 300mm 的轧辊及轴类零件的表面淬火等。

（3）特点 感应淬火的优点是加热速度快、生产率高；淬火后表面组织细、硬度高（比普通淬火高 2~3HRC）；加热时间短，氧化脱碳少；淬硬层深度易控制，变形小、产品质量好；生产过程易实现自动化。其缺点是设备昂贵，维修、调整困难，形状复杂的感应圈不易制造，不适于单件生产。

（4）感应淬火注意事项 对于感应淬火的零件，其设计技术条件一般应注明表面淬火硬度、淬硬层深度、表面淬火部位及心部硬度等。在选材方面，为保证零件感应淬火后的表面硬度和心部硬度、强度及韧性，一般选用中碳钢和中碳合金钢如 40Cr、45Cr、40MnB 等。

此外，合理地确定淬硬层深度也很重要。一般来说，增加淬硬层深度可延长表面层的耐磨寿命，但却增加了脆性破坏的倾向。因此，选择淬硬层深度时，除考虑磨损外，还必须考虑零件的综合力学性能，应保证兼具足够的强度、耐疲劳性和韧性。

零件在感应淬火前需要进行预备热处理，一般为调质或正火，以保证零件表面在淬火后得到均匀、细小的马氏体，改善零件心部硬度、强度和韧性以及可加工性，并减少淬火变形。零件在感应淬火后需要进行低温回火（180~200℃）以降低内应力和脆性，获得回火马氏体组织。

感应淬火的一般工艺路线为：锻造→退火或正火→粗加工→正火或调质→精加工→感应淬火→低温回火→磨削加工。

2. 火焰淬火

火焰淬火是用乙炔-氧或煤气-氧的混合气体燃烧的火焰，喷射至零件表面，使其快速加热，当达到淬火温度后立即喷水冷却，从而获得预期的硬度和淬硬层深度的一种表面淬火方法。火焰淬火示意图如图 5-27 所示。

火焰淬火零件在选材时常选用中碳钢（如 35 钢、45 钢）以及中碳合金结构钢（如 40Cr、65Mn）等，若材料的碳含量过低，则淬火后硬度较低；若碳和合金元素的含量过高，则易淬裂。火焰淬火还可用于对铸铁件（如灰铸铁、合金铸铁）进行表面淬火。火焰

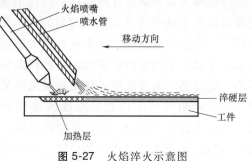

图 5-27　火焰淬火示意图

淬火的淬硬层深度一般为 2~6mm，若要获得更深的淬硬层，往往会引起零件表面严重的过热，且易产生淬火裂纹。

由于火焰淬火方法简便，无需特殊设备，因此它适用于单件或小批生产的大型零件和需要局部淬火的工具和零件，如大型轴类、大模数齿轮、锤子等。但火焰淬火较易过热，淬火质量往往不够稳定，工作条件差，因此限制了它在机械制造业中的应用。

3. 激光淬火

激光淬火是一种新型的表面强化方法。它利用激光来扫描工件表面，使工件表面迅速加热至钢的临界点以上，达到淬火温度后快速冷却的表面淬火方法。

> **小提示：** 激光淬火是不需要淬火冷却介质的。这是由于激光束能量非常集中，当激光束照射到工件表面时，工件表面会迅速升温达到淬火温度；当激光束离开工件表面时，由于工件自身大量吸热，使表面迅速冷却而淬火。因此激光淬火不需要淬火冷却介质。

用于热处理的激光发生器一般为 CO_2 气体激光器，最大输出功率大于 1000W。

在激光淬火中对淬火表面必须预先施加吸光涂层，该涂层由金属氧化物、暗色的化学膜（如磷酸盐）或黑色材料（如炭黑）组成。通过控制激光入射功率密度（$10^3 \sim 10^5 W/cm^2$）、照射时间及照射方式，即可达到不同淬硬层深度、硬度、组织及其他性能要求。

激光硬化区组织基本上为细马氏体。铸铁的激光硬化区组织为细马氏体加未溶石墨，淬硬层深度一般为 0.3~0.5mm，硬度比常规淬火的相同碳含量的钢材硬度高 10% 左右。表面具有残余压应力，耐磨性、耐疲劳性一般均优于常规热处理。

激光淬火后零件变形极小，表面质量很高，特别适用于拐角、沟槽、盲孔底部及深孔内壁的热处理。工件经激光淬火后，一般不再进行其他加工就可以直接使用。

5.3.2　钢的表面化学热处理

表面化学热处理是将工件置于活性介质中加热和保温，使介质中活性原子渗入工件表层，以改变其表面层的化学成分、组织结构和性能的热处理工艺。根据渗入元素的类别，表面化学热处理可分为渗碳、渗氮、碳氮共渗等。

表面化学热处理不但可以改变钢的组织，还可改变钢的成分，使钢表面能获得特殊的力学、物理、化学性能，这对提高产品质量，满足特殊要求，发挥材料潜能，节约贵重金属具

有重要意义。因为表面化学热处理不受工件形状的限制，所以表面化学热处理的应用也越来越广泛，各种新工艺、新技术也相继涌现，例如，渗硼、渗硫、渗铝、渗铬、渗硅、氧氮化，硫氮碳共渗，碳、氮、硫、氧、硼五元素共渗，以及碳（氮）化钛覆盖等。

1. 表面化学热处理的三个基本过程

任何表面化学热处理方法的物理化学过程基本相同，都是元素的原子向工件内部扩散的过程，一般都要经过介质分解、吸收和扩散三个过程。

（1）介质分解　加热使介质分解出活性的［N］或［C］原子。

（2）吸收　分解出的活性原子被工件表面吸收。吸收是活性原子溶于钢的固溶体中或与钢中某元素形成化合物。

（3）扩散　吸收的活性原子在工件表面形成浓度梯度，因而必将由表及里地向内部扩散，形成一定深度的渗透层。

目前生产中最常用的表面化学热处理是渗碳、渗氮和碳氮共渗。

2. 钢的渗碳

将低碳工件放在渗碳性介质中加热、保温，使其表面层渗入碳原子的一种表面化学热处理工艺称为渗碳。

（1）渗碳的目的及渗碳用钢　渗碳的目的是提高工件表层的碳含量。经过渗碳及随后的淬火和低温回火，可提高工件表面的硬度、耐磨性和疲劳强度，而心部仍保持良好的塑性和韧性。在工业生产中，渗碳钢一般选用 $w_C = 0.10\% \sim 0.25\%$ 的低碳钢和低碳合金钢，如 15、20、20Cr 钢等。渗碳层深度一般都在 $0.5 \sim 2.5mm$。

（2）渗碳的方法　根据所采用的渗碳剂的不同，渗碳方法可分为气体渗碳、液体渗碳、固体渗碳。目前常用的是气体渗碳和固体渗碳。

1）气体渗碳法：将钢件置于密封的加热炉中（如井式气体渗碳炉），通入气体渗碳剂，在 $900 \sim 950℃$ 加热、保温，使钢件表面层进行渗碳。气体渗碳常用的渗碳剂有含碳气体（煤气、天然气、丙烷等）和碳氢化合物的有机液体（煤油、苯、醇等）。图5-28为井式气体渗碳炉直接滴入煤油进行气体渗碳的示意图。

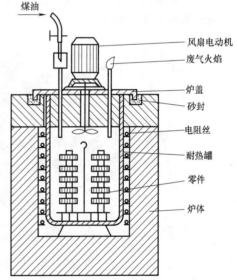

图 5-28　气体渗碳示意图

气体渗碳过程如下，首先是渗碳剂在高温下分解出活性碳原子，即

$$CH_4 \rightleftharpoons 2H_2 + [C]$$
$$2CO \rightleftharpoons CO_2 + [C]$$
$$CO + H_2 \rightleftharpoons H_2O + [C]$$

随后，分解出的活性碳原子［C］被钢件表面吸收而溶入高温奥氏体中，并向钢的内部扩散而形成一定深度的渗碳层。渗碳温度一般为 $900 \sim 930℃$。保温时间则根据渗碳温度和渗碳层深度来确定，一般按 $0.20 \sim 0.25mm/h$ 计算。

气体渗碳的优点是生产率高，劳动条件较好，渗碳气氛易控制，渗碳层均匀，易实现机械化和自动化。

2）固体渗碳法：将工件埋入填满固体渗碳剂的渗碳箱中，用盖和耐火封泥密封后，放入 $900\sim950\text{℃}$ 加热炉中保温一定时间后，得到一定厚度的渗碳层。渗碳温度为 $900\sim930\text{℃}$。固体渗碳常用的渗碳剂是由木炭和碳酸盐（$BaCO_3$ 或 Na_2CO_3 等）混合组成。固体渗碳层的厚度取决于保温时间，一般可按 $0.1\sim0.15\text{mm/h}$ 计算。

固体渗碳的优点是设备简单，适应性强，在单件、小批量生产的情况下具有一定的优势；缺点是劳动效率低，生产条件差，质量不易控制。

（3）渗碳的工艺及组织　渗碳的工艺参数是渗碳温度和渗碳时间。渗碳温度通常为 $900\sim950\text{℃}$，渗碳时间取决于渗碳层厚度的要求。图 5-29 为低碳钢渗碳缓冷后的显微组织，其表面为珠光体和二次渗碳体，属于过共析组织；而心部仍为原来的珠光体和铁素体，是亚共析组织；中间为过渡组织。

渗碳层厚度是指从表面到过渡层一半的距离。渗碳层太薄，易产生表面疲劳剥落；渗碳层太厚则会降低承受冲击载荷的能力。零件的渗碳层厚度取决于其尺寸及零件的工作条件。工作中磨损轻、接触应力小的零件，渗碳层可以薄一些；渗碳钢碳含量低的零件，渗碳层可以厚一些。一般机械零件的渗碳层厚度为 $0.5\sim2.5\text{mm}$。例如，齿轮的渗碳层厚度由其工作要求及模数等因素来确定。表 5-2 为不同模数齿轮的渗碳层厚度。

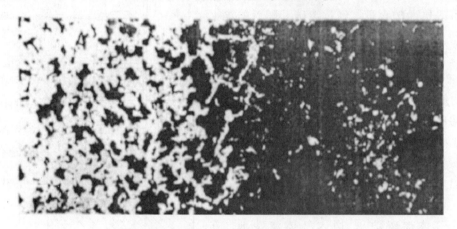

图 5-29　低碳钢渗碳缓冷后的显微组织

表 5-2　不同模数齿轮的渗碳层厚度

齿轮的模数/mm	渗碳层厚度/mm	齿轮的模数/mm	渗碳层厚度/mm
2.5	0.6~0.9	4~5	1.2~1.5
3.5~4	0.9~1.2	5	1.5~1.8

（4）渗碳的注意事项　为保证渗碳件的性能，设计图样上一般要标明渗碳层厚度、渗碳层和心部的硬度。对于重要零件，还应标明对渗碳层显微组织的要求。渗碳件中不允许硬度高的部位（如装配孔等），也应在图样上注明，并用镀铜法防止渗碳，或者预留加工余量。

无论是气体渗碳还是固体渗碳，渗碳后的零件都要进行淬火和低温回火处理，才能达到所要求的使用性能。

3. 钢的渗氮

向钢件表面渗入氮，形成含氮硬化层的表面化学热处理过程称为渗氮。渗氮实质就是利用含氮的物质分解产生活性［N］原子，渗入工件的表层，以提高工件表层的硬度、耐磨性、耐蚀性及疲劳强度。

渗氮处理包括气体渗氮、离子渗氮等，目前应用较广泛的是气体渗氮法。渗氮用钢通常是含 Al、Cr、Mo 等合金元素的钢，如 38CrMoAl 是一种比较典型的氮化钢，此外还有 35CrMo、18Cr2Ni4W 等。

1）与气体渗碳相比，气体渗氮的特点如下：

① 气体渗氮温度低，一般为 500～600℃。工件在气体渗氮前要进行调质处理，所以气体渗氮温度不能高于调质处理的回火温度。

② 气体渗氮时间长，一般为 20～50h，渗氮层厚度为 0.3～0.5mm。时间长是气体渗氮的主要缺点。

③ 气体渗氮前工件须经调质处理，目的是改善机械加工性能和获得均匀的回火索氏体组织，保证工件具有较高的强度和韧性。

2）与渗碳工件相比，渗氮工件具有如下特点：

① 渗氮前需经调质处理，以便使心部组织具有较高的强度和韧性。

② 表面硬度、耐磨性、疲劳强度及热硬性均高于渗碳层。

③ 渗氮表面形成致密氮化物组成的连续薄膜，具有一定的耐蚀性。

④ 渗氮处理温度低，渗氮后不需再进行其他热处理，因此工件变形小。

渗氮处理适用于耐磨性和精度都要求较高的工件或要求抗热、抗蚀的耐磨件，如发动机的气缸、排气阀、高精度传动齿轮等。

4. 碳氮共渗

碳氮共渗是向钢的表面同时渗入碳和氮的过程，并以渗碳为主的表面化学热处理工艺。目前以中温气体碳氮共渗和低温气体碳氮共渗应用较为广泛。

1）中温气体碳氮共渗的主要目的是提高钢的硬度、耐磨性和疲劳强度。

2）低温气体碳氮共渗以渗氮为主，其主要目的是提高钢的耐磨性和抗咬合性。

5.4 钢的其他热处理

为了提高零件的力学性能和产品质量，节约能源，降低成本，提高经济效益，以及减少或防止环境污染等，除整体热处理和表面热处理外，还发展了许多其他新型热处理技术和工艺，简述如下。

1. 真空热处理

真空热处理是指金属工件在真空中进行热处理。其主要优点是：①在真空中加热升温速度很慢，因而工件变形小；②化学热处理时渗速快、渗层均匀易控；③节能、无公害、工作环境好；④可以净化表面，因为在高真空中，表面的氧化物、油污发生分解，工件可得到光亮的表面，提高耐磨性、疲劳强度，防止工件表面氧化；⑤脱气作用有利于改善钢的韧性，提高工件的使用寿命。其缺点是真空中加热速度缓慢、设备复杂昂贵。真空热处理包括真空退火、真空淬火、真空回火和真空化学热处理等。

真空退火主要用于活性金属、耐热金属以及不锈钢的退火处理，铜及铜合金的光亮退火，磁性材料的去应力退火等。真空淬火是指工件在真空中加热后快速冷却的淬火方法。淬火冷却可采用气（惰性气体或高纯氮气）冷、油（真空淬火油）冷和水冷，淬火冷却方式应根据工件材料进行选择。它广泛应用于各种高速钢、合金工具钢、不锈钢、时效钢及硬磁合金的固溶淬火。应注意，淬火冷却介质的冷却能力有限，真空淬火后应进行真空回火。

多种化学热处理（渗碳、渗金属）均可在真空中进行。例如，真空渗碳具有渗碳速度快，渗碳时间可减少近半，渗碳均匀，无氧化等优点。

2. 形变热处理

将塑性变形和热处理有机结合以提高材料力学性能的复合热处理工艺，称为形变热处理。在金属同时发生形变和相变时，奥氏体晶粒细化，位错密度提高，晶界发生畸变，碳化物弥散效果增强，从而获得单一强化方法不可能达到的综合强韧化效果。

形变热处理的方法很多，通常分为高温形变热处理和中温形变热处理。

1）高温形变热处理是将工件加热到稳定的奥氏体区域，进行塑性变形后立即进行淬火，发生马氏体相变，然后经回火达到所需性能。与普通热处理相比，高温形变热处理（如热轧淬火和热锻淬火）不但能提高钢的强度，而且能显著提高钢的塑性和韧性，使钢的力学性能得到明显改善。此外，由于工件表面有较大的残余应力，可使工件的疲劳强度显著提高。

2）中温形变热处理是将工件加热到稳定的奥氏体区域后，迅速冷却到过冷奥氏体的亚稳区进行塑性变形，然后进行淬火和回火。与普通热处理相比，中温形变热处理提高强度的效果非常明显，但工艺实现较难。

3. 热喷涂

热喷涂是指使用专用设备把固体材料粉末加热熔化或软化并以高速喷射到工件表面，形成不同于基体成分的一种覆盖物（涂层），以提高工件耐磨、耐腐蚀或耐高温等性能的工艺技术。由于其热源类型有气体燃烧火焰、气体放电电弧、爆炸以及激光等，因此有很多热喷涂方法，如粉末火焰喷涂、棒材火焰喷涂、等离子喷涂、感应加热喷涂、激光喷涂等。热喷涂的过程为：加热→加速→熔化→再加速→撞击基体→冷却凝固→形成涂层等工序。热喷涂所用材料和喷涂的对象种类多、范围广，如金属、合金、陶瓷等均可作为喷涂材料。其中金属、陶瓷、玻璃、木材、布帛都可以通过热喷涂获得所需的性能（耐磨、耐腐蚀、耐高温、耐热抗氧化、耐辐射、隔热、密封、绝缘等）。热喷涂过程简单、被喷涂物体温升小，热应力引起的形变小，不受工件尺寸限制，可节约贵重材料，提高产品质量和使用寿命，因而广泛应用于机械、建筑、造船、车辆、化工、纺织等行业中。

学习案例

用 20 钢（$w_C = 0.2\%$）制成的小零件，经过渗碳后，表层的 $w_C = 1.0\%$，试分析经以下不同方法处理后其表层和心部的组织：①渗碳后缓慢冷却；②渗碳后淬火并低温回火。

分析：

1）渗碳后缓慢冷却，得到的组织是铁碳合金相图中的平衡组织，由于表层的 $w_C > 0.77\%$，属于过共析钢，所以表层组织是珠光体+二次渗碳体；而心部的 $w_C < 0.77\%$，属于亚共析钢，所以心部组织是铁素体+珠光体。

2）渗碳后淬火并低温回火，得到的组织应是回火马氏体+残留奥氏体，但由于表层的 $w_C = 1.0\%$ ，所以表层组织是高碳马氏体+残留奥氏体；心部的 $w_C = 0.2\%$ ，所以心部组织是低碳马氏体+残留奥氏体。

本 章 小 结

本章主要介绍了钢的热处理，包括热处理的概念分类（整体热处理、表面热处理）；热处理加热时组织的转变（奥氏体化、晶粒度的概念、影响奥氏体晶粒大小的因素），热处理冷却时组织的转变（过冷奥氏体等温转变曲线、珠光体转变、贝氏体转变、马氏体转变、影响奥氏体等温转变曲线的因素，过冷奥氏体连续转变曲线、过冷奥氏体连续转变曲线与过冷奥氏体等温转变曲线的比较）；钢的整体热处理（退火、正火、淬火与回火），表面热处理（表面淬火与表面化学热处理），其他热处理。

课 后 测 试

一、名词解释

钢的奥氏体化　　起始晶粒度　　实际晶粒度　　本质晶粒度　　过冷奥氏体
残留奥氏体　　等温冷却　　连续冷却　　过冷奥氏体等温转变曲线
过冷奥氏体连续冷却转变曲线　　索氏体　　托氏体　　贝氏体　　马氏体　　单液淬火　　双液淬火　　分级淬火　　等温淬火　　回火马氏体　　回火托氏体　　回火索氏体
回火脆性　　完全退火　　等温退火　　球化退火　　去应力退火　　正火　　淬硬性
淬透性　　表面淬火
表面化学热处理　　渗碳　　渗氮　　碳氮共渗

二、选择题

1. 改善低碳钢的可加工性应进行（　　　）热处理。

A. 等温退火　　　　B. 完全退火　　　　C. 球化退火　　　　D. 正火

2. 钢中加入除 Co 之外的其他合金元素一般均能使其过冷奥氏体等温转变曲线右移，从而（　　　）。

A. 增大 v_K　　　B. 增大其淬透性　　　C. 减小其淬透性　　　D. 增大其淬硬性

3. 高碳钢淬火后回火时，随回火温度升高，其（　　　）。

A. 强度、硬度下降，塑性、韧性提高　　　B. 强度、硬度提高，塑性、韧性下降

C. 强度、韧性提高，塑性、韧性下降　　　D. 强度、韧性下降，塑性、硬度提高

4. 感应淬火的淬硬深度，主要取决于（　　　）。

A. 淬透性　　　　　　　　　　　　　B. 冷却速度

C. 感应电流的大小　　　　　　　　　D. 感应电流的频率

5. 对工件进行分级淬火的目的是（　　　）。

A. 得到下贝氏体　　　　　　　　　　B. 减少残留奥氏体量

C. 减少工件变形　　　　　　　　　　D. 缩短生产周期

6. 对工件进行等温淬火的目的是（　　）。

A. 得到下贝氏体　　　　　　　　　　B. 减少残留奥氏体量

C. 减少工件变形　　　　　　　　　　D. 缩短生产周期

7. 下列诸因素中，（　　）是造成 45 钢淬火硬度偏低的主要原因。

A. 加热温度低于 Ac_3　　　　　　　　B. 加热温度高于 Ac_3

C. 保温时间过长　　　　　　　　　　D. 冷却速度大于 v_K

8. 过共析钢因过热而析出网状渗碳体组织时，可用下列哪种工艺消除（　　）。

A. 完全退火　　　B. 等温退火　　　C. 球化退火　　　D. 正火

9. 过共析钢不能进行下列哪种退火处理（　　）。

A. 完全退火　　　B. 再结晶退火　　　C. 等温退火　　　D. 去应力退火

10. 对亚共析钢进行完全退火，其退火温度应（　　）。

A. 低于 Ac_1　　　　　　　　　　　B. 高于 Ac_1 温度而低于 Ac_3

C. 等于 Ac_3　　　　　　　　　　　D. 为 $Ac_3+30\sim50$℃

11. 马氏体的硬度主要取决于其（　　）。

A. 碳含量　　　　　　　　　　　　　B. 合金元素含量

C. 冷却速度　　　　　　　　　　　　D. 过冷度

12. 为了达到气门弹簧的性能要求，采用 65Mn 钢制成的气门弹簧最终要进行（　　）处理。

A. 淬火和低温回火　　　　B. 淬火和中温回火　　　C. 淬火和高温回火

13. 调质处理就是（　　）的热处理。

A. 淬火+低温回火　　　　B. 淬火+中温回火　　　C. 淬火+高温回火

14. 汽车变速齿轮渗碳后，一般需经（　　）处理，才能达到表面高硬度和高耐磨性的目的。

A. 淬火+低温回火　　　　　　　B. 正火　　　　　　　C. 调质

15. 过冷奥氏体是在（　　）温度下暂存的、不稳定的、尚未转变的奥氏体。

A. Ms　　　　　　　B. Mf　　　　　　C. Ar_1

三、判断题

1. 过冷奥氏体的冷却速度越快，钢冷却后的硬度越高。（　　）

2. 淬火后的钢随回火温度的升高，其强度和硬度也增大。（　　）

3. 调质处理是指淬火后再进行低温回火的热处理工艺。（　　）

4. 钢中合金元素含量越多，则淬火后硬度越高。（　　）

5. 共析钢经奥氏体化后，冷却所形成的组织主要取决于钢的加热温度。（　　）

6. 淬透性好的钢，其淬硬性不一定好。（　　）

7. 钢的淬硬层深度与其实际冷却速度无关。（　　）

8. 工件经氮化处理后不能再进行淬火。（　　）

9. 马氏体的硬度主要取决于淬火时的冷却速度。（　　）

10. 亚共析钢经正火后，组织中的珠光体含量高于其退火组织中的珠光体含量。（　　）

四、填空题

1. 热处理工艺过程都是由_____、_____和_____三个阶段组成的。

2. 奥氏体形成过程可归纳为_____、_____、_____和_____四个阶段。

3. 普通热处理又称为整体热处理，主要包括_____、_____、_____和_____。

4. 常用的淬火方法有_____淬火、_____淬火、_____淬火和_____淬火等。

5. 目前最常用的表面化学热处理方法有_____、_____和_____。

五、简答题

1. 简述 A_1、A_3、A_{cm}、Ac_1、Ac_3、Ac_{cm}、Ar_1、Ar_3、Ar_{cm} 各临界点的意义。

2. 何谓热处理？钢的热处理有哪些基本类型？试说明热处理在机械制造中的作用。

3. 绘出共析钢的过冷奥氏体等温转变和连续转变图，并指出两者的不同之处。

4. 球化退火一般用于什么钢种？其目的是什么？低碳钢在什么情况下用完全退火？

5. 正火和退火的区别是什么？分析下列情况下采用哪种退火方式（正火还是退火）？

1）ZG350 的铸造齿轮。

2）20 钢齿轮锻件。

3）经冷轧后的 15 钢钢板，要求降低硬度。

4）T12 钢齿轮锻件。

5）45 钢齿轮锻件。

6. 何谓淬硬性？淬硬性主要由什么决定？

7. 珠光体类型组织有哪几种？它们在形成条件、组织形态和性能方面有何特点？

8. 贝氏体类型组织有哪几种？它们在形成条件、组织形态和性能方面有何特点？

9. 淬火临界冷却速度 v_K 的大小受哪些因素影响？它与钢的淬透性有何关系？

10. 退火的主要目的是什么？生产上常用的退火处理有哪几种？指出退火处理的应用范围。

11. 一批 45 钢试样（尺寸为 $\phi15mm \times 10mm$），因其组织、晶粒大小不均匀，需采用退火处理。拟采用以下退火工艺。试问经上述三种工艺处理后各得到何种组织？若要得到大小均匀的细小晶粒，选择哪种工艺最合适？

1）缓慢加热至 700℃，保温足够时间，随炉冷却至室温。

2）缓慢加热至 840℃，保温足够时间，随炉冷却至室温。

3）缓慢加热至 1100℃，保温足够时间，随炉冷却至室温。

12. 淬火的目的是什么？亚共析钢及过共析钢淬火加热温度应如何选择？试从获得的组织及性能等方面加以说明。

13. 淬透性与淬硬层深度两者有何联系和区别？影响钢淬透性的因素有哪些？影响钢制零件淬硬层深度的因素有哪些？

14. 回火的目的是什么？常用的回火处理有哪些？指出各种回火处理后得到的组织及其性能和应用范围。

15. 表面淬火的目的是什么？常用的表面淬火方法有哪几种？比较它们的优缺点及应用范围，并说明表面淬火前应采用何种预备热处理。

16. 简述表面化学热处理的基本过程。常用的表面化学热处理方法有哪几种？

17. 拟用 T10 制造形状简单的车刀，工艺路线为：锻造→热处理→机加工→热处理→磨加工。

1）写出各热处理工序的名称并指出各个热处理工序的作用。

2）指出最终热处理后的显微组织及大致硬度。

3）制订最终热处理工艺规定（温度、冷却介质）。

18. 某型号柴油机的凸轮轴，要求凸轮表面有高的硬度（大于 50HRC），而心部具有良好的韧性（$a_K>40J$），原采用 45 钢调质处理再在凸轮表面进行高频淬火，最后低温回火，现因工厂库存的 45 钢已用完，拟用 15 钢代替。试说明：

1）原 45 钢各热处理工序的作用。

2）改用 15 钢后，若仍按原热处理工序进行，能否满足性能要求？为什么？

3）改用 15 钢后，为达到所要求的性能，在心部强度足够的前提下应采用何种热处理工艺？

19. 用 45 钢制造的机床变速箱齿轮，其加工工序为：下料→锻造→热处理①→粗机加工→热处理②→精机加工→热处理③→热处理④→磨加工。说明各热处理工序的名称、目的及使用状态的组织。

第6章

工业用钢与铸铁

【学习要点】

1. 学习重点

1）掌握碳钢的分类、牌号表示方法、性能特点、用途及典型牌号。

2）掌握合金钢的分类、牌号表示方法、性能特点、用途及典型牌号。

3）熟悉特殊性能钢的概念，电化学腐蚀的原理，不锈钢的分类、成分特征、用途及典型牌号；耐热钢、耐磨钢的特点及应用场合。

4）掌握铸铁的石墨化过程、影响石墨化的因素。

5）掌握常用铸铁的种类、牌号表示方法、石墨存在形态、性能特点及用途。

2. 学习难点

1）碳钢牌号表示方法、性能特点、用途及典型牌号。

2）合金钢牌号表示方法、性能特点、用途及典型牌号。

3）电化学腐蚀的原理、不锈钢的成分特征、用途及典型牌号；耐热钢、耐磨钢的特点及应用场合。

4）影响铸铁石墨化的因素。

5）常用铸铁的性能特点及用途。

3. 知识框架图

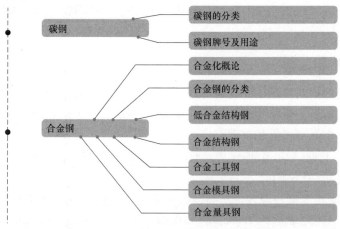

碳钢
- 碳钢的分类
- 碳钢牌号及用途

合金钢
- 合金化概论
- 合金钢的分类
- 低合金结构钢
- 合金结构钢
- 合金工具钢
- 合金模具钢
- 合金量具钢

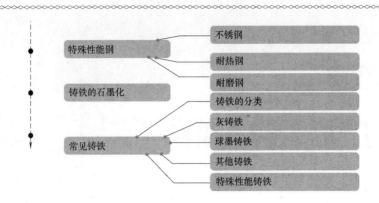

4. 学习引导

钢铁材料自身结构的特性和成分的可调性使得钢铁材料性能具有多样性，钢铁材料的牌号和种类繁多，是目前各行各业，尤其是机械工业中不可缺少的基础材料。常见的钢铁材料有哪些种类？其牌号是如何表示的？性能有何特点？分别用在哪些场合？这些内容将在本章进行逐一介绍。

6.1 碳 钢

扫码看视频

常见的钢铁材料主要有两大类：工业用钢和铸铁。其中，工业用钢是指 $w_C<2.06\%$ 的铁碳合金，在实际生产中钢的 w_C 一般在 1.5% 以下。工业用钢按化学成分又分为碳素钢和合金钢。碳素钢（简称碳钢）是 w_C 为 0.2% ~ 2.06% 并含有少量 Si、Mn、P、S 等杂质的铁碳合金，它们的含量一般控制在下列范围：$w_{Mn}=0.25\%~0.8\%$、$w_{Si}=0.17\%~0.37\%$，$w_S<0.065\%$，$w_P<0.045\%$。碳钢的性能可以满足一般零件和工具的使用要求，且价格低、产量大、工艺性能较好，已成为机械工程中应用最广泛的金属材料。合金钢是为了改善和提高碳钢的性能，或是使其获得某些特殊性能，在碳钢的基础上，特意加入某些合金元素而得到的钢种。合金钢中常见的杂质元素有锰、硅、铬、镍、铜、钼、锆、磷、硫等。它们的含量一般控制在下列范围：$w_{Mn}\leqslant0.5\%$，$w_{Si}\leqslant0.4\%$，$w_{Cr}\leqslant0.3\%$，$w_{Ni}\leqslant0.3\%$，$w_{Cu}\leqslant0.30$，$w_{Mo}\leqslant0.1\%$，$w_{zr}\leqslant0.2\%$，$w_P<0.025\%~0.04\%$，$w_S<0.015\%~0.05\%$。

6.1.1 碳钢的分类

在工业上使用的钢铁材料中，碳钢占有重要的地位。碳钢的强度和韧性均较好，并且碳钢冶炼简便，加工容易，价格便宜，在一般情况下，能满足使用性能的要求，因此应用十分广泛，也是各钢厂中产量较大的钢种。

1）按碳含量不同，碳钢可分为：低碳钢（$w_C<0.25\%$）、中碳钢（$w_C=0.25\%~0.6\%$）、高碳钢（$w_C>0.6\%$）。

2）按有害杂质元素硫和磷含量不同，碳钢又可分为：普通、优质和高级优质碳钢。普通碳钢常见的有：A 级，$w_S\leqslant0.05\%$、$w_P\leqslant0.045\%$；B 级，w_S、$w_P\leqslant0.045\%$；C 级，w_S、$w_P\leqslant0.040\%$。生产过程中严格控制质量如控制晶粒度，降低硫、磷的质量等，可得到优质碳素结构钢，其中的 w_S、$w_P \leqslant 0.035\%$。高级优质碳素结构钢是在生产过程中需要严格控制质量和性能的钢种，如 w_S、$w_P \leqslant 0.025\%$。

3）按照用途不同，碳钢又可分为碳素结构钢和碳素工具钢。碳素结构钢主要用于制造各种工程构件，如桥梁、船舶、建筑构件和机器零件（如齿轮、轴、连杆）等；碳素工具钢主要用于制造各种工具，如各种刃具、量具、模具等。碳素结构钢一般属于低碳和中碳钢，包括普通碳素结构钢和优质碳素结构钢。

4）按钢的冶炼方法不同，碳钢分为平炉钢和转炉钢。平炉钢是指用平炉冶炼的钢；转炉钢是指用转炉冶炼的钢，它包括：碱性转炉钢（冶炼时造碱性熔渣）、酸性转炉钢（冶炼时造酸性熔渣）、顶吹转炉钢（冶炼时吹氧）。

6.1.2 碳钢牌号及用途

1. 普通碳素结构钢

（1）牌号 根据 GB/T 221—2008《钢铁产品牌号表示方法》和 GB/T 700—2006《碳素结构钢》的规定，钢的牌号由三个部分组成：

1）化学元素符号：用来表示钢中所含化学元素种类，其中用 RE 表示钢中的稀土元素总含量。

2）汉语拼音字母：用来表示产品的名称、用途、冶炼方法等特点，常采用的缩写字母及含义。

3）阿拉伯数字：用来表示钢中主要化学元素含量（质量分数）或产品的主要性能参数或代号。

常见碳素结构钢的牌号、化学成分及性能见表6-1。这类钢主要应保证力学性能，所以在其牌号中体现了其力学性能。通用结构钢采用代表屈服强度的拼音字母 Q 加屈服强度（单位为 MPa）表示，数字表示屈服强度值。牌号后面标注字母 A、B、C、D，则表示钢材

表6-1 碳素结构钢的牌号、化学成分及性能（GB/T 700—2006）

牌号	等级	化学成分(质量分数,%),不大于					脱氧方法	力学性能			冲击试验(V型缺口)	
		C	Mn	Si	S	P		R_{eH} /MPa	R_m /MPa	$A(\%)$, 不小于 (厚度 $\leqslant$40mm)	温度 /℃	吸收能量/J, 不小于
Q195	—	0.12	0.50	0.30	0.040	0.035	F、Z	195	315~430	33	—	—
Q215	A	0.15	1.20	0.35	0.050	0.045	F、Z	215	335~410	31	—	—
	B				0.045						20	27
Q235	A	0.22	1.40	0.35	0.050	0.045	F、Z	235	370~500	26	—	27
	B	0.20			0.045						20	
	C	0.17			0.040	0.040	Z				0	
	D				0.035	0.035	TZ				-20	
Q275	A	0.24	1.50	0.35	0.050	0.045	F、Z	275	410~540	22	—	27
	B	0.21			0.045		Z				20	
	C				0.040	0.040	Z				0	
	D	0.20			0.035	0.035	TZ				-20	

注：1. 表中 F 沸腾钢，Z 镇静钢，TZ 特殊镇静钢。
2. 表中屈服强度数值为钢材厚度或直径 ≤16mm 时的值。
3. 断后伸长率为厚度或直径 ≤40mm 时的值。

质量等级不同，即硫、磷的质量分数不同。其中，A 级钢硫、磷质量分数最高，D 级钢中杂质元素含量最低。如果后面还有字母 F 或 b，则分别表示沸腾钢或半镇静钢，通常后面省略字母的是镇静钢。例如，Q235-BF 表示屈服强度为 235MPa，质量等级为 B 级的沸腾钢（脱氧方式）。

（2）用途 Q195、Q215A 和 Q215B 钢塑性较好，有一定的强度，可用于承受载荷不大的金属结构、铆钉、垫圈、地脚螺栓、拉杆、螺纹钢筋、冲压件及焊接件等。Q235A、Q235B 通常轧制成钢筋、钢板、钢管及型钢等，可用于桥梁、建筑物等构件，也可用于普通螺钉、螺栓、螺母、铆钉、短轴、齿轮轴、连杆等；Q235C、Q235D 可用于重要的焊接结构件。Q275 强度较高，可轧制成型钢、钢板，用于制造承受中等载荷的零件如键、销、转轴、拉杆、链轮、链环片、螺栓、螺纹钢筋等。

这类钢主要保证力学性能，一般情况下，在热轧状态使用，不再进行热处理。但对某些零件，也可以进行正火、调质、渗碳等处理，以提高其使用性能。

> **小提示**：GB/T 700—2006 对各级别碳素钢的抗拉性能的要求均有提高，对 Q275C、Q275D 级的冲击性能的要求也更高。

2. 优质碳素结构钢

这类钢中硫、磷含量较低（$w_S < 0.035\%$、$w_P < 0.035\%$），夹杂物较少，钢的品质较高，塑性、韧性都比普通碳素结构钢更佳，交货时既要保证化学成分，又要保证力学性能，主要用于制造较为重要的机械零件。

优质碳素结构钢牌号中的两位数字为以万分数表示的碳的名义质量分数，例如，10 钢表示 $w_C = 0.10\%$（万分之十）的优质碳素结构钢；45 钢表示 $w_C = 0.45\%$。不足两位数时，前面补 0。从 10 钢开始，以数字 5 为变化幅度上升一个牌号。与普通碳素钢相似，若数字后带 F（如 08F），则表示为沸腾钢。优质碳素结构钢按含锰量的不同，可分为普通含锰量（$w_{Mn} = 0.35\% \sim 0.8\%$）和较高含锰量（$w_{Mn} = 0.7\% \sim 1.2\%$）。若钢中锰的质量分数较高，则较高含锰量的一组应在牌号后附加符号 Mn，如 30Mn、45Mn 等。优质碳素结构钢中除含常规元素 C、Si 和 Mn 外，通常还含有少量的 Cr、Ni 和 Cu 等，以提高其力学性能。

优质碳素结构钢的牌号、化学成分、力学性能见表 6-2，其中测试性能的试样毛坯尺寸为 25mm。

表 6-2　优质碳素结构钢的牌号、化学成分、力学性能（GB/T 699—2015）

牌号	化学成分(质量分数,%)					力学性能			交货硬度 HBW，≤	
	C	Mn	Si	Cr	其他	R_{eL}/MPa	R_m/MPa	A(%)	未热处理钢	退火钢
08F	0.05～0.11	0.35～0.65		≤0.10		175	295	35	131	—
10	0.07～0.13	0.35～0.65		≤0.15		205	335	31	137	—
20	0.17～0.23					245	410	25	156	—
35	0.32～0.39	0.50～0.80	0.17～0.37	≤0.25	$w_{Ni} \leq 0.30$ $w_{Cu} \leq 0.25$ $w_S \leq 0.035$ $w_P \leq 0.035$	315	530	20	197	—
40	0.37～0.44					335	570	19	217	187
45	0.42～0.50					335	600	16	229	197
60	0.57～0.65					400	675	12	255	229
80	0.77～0.85					930	1080	6	285	241
25Mn	0.22～0.29	0.70～1.00				295	490	22	207	—
45Mn	0.42～0.50					375	620	15	241	217
65Mn	0.62～0.70	0.90～1.20				430	735	9	285	229

优质碳素结构钢的洁净度、均匀度及表面质量都比较好，所以这类钢的塑性和韧性都较高。优质碳素结构钢主要用于制造机器零件，一般都要经过热处理以提高其力学性能。它的产量大，价格便宜，应用广泛。

08、08F 和 10、10F 钢的塑性好，常冷轧成薄板，用于制造仪表外壳、汽车和拖拉机上的冲压件，如汽车和拖拉机驾驶室的蒙皮等。08F 和 10F 钢是在炼钢时只用 Mn 脱氧，因含 Si 量少，脱氧不完全，因此，钢中有大量的 FeO。同时，因钢中有［C］原子，因此会发生 FeO+C=Fe+CO 反应，产生大量的 CO 气体，使钢液沸腾。钢中碳含量少，在钢锭表面附近碳和杂质也较少，钢锭表面质量好、塑性好，因而适用于制作冷轧薄板。只有薄板用沸腾钢，其他结构钢都是用镇静钢。

15、20 和 25 钢的冲压性与焊接性良好，常用于制造受力不大、韧性较高的结构件和零件，也可用作冲压件及焊接件，经过热处理（如渗碳）也可以用于制造活塞销、轴、齿轮和凸轮等零件。渗碳零件的热处理一般是在渗碳后再进行一次淬火（淬火温度 840～920℃）及低温回火。

> **小提示**：为了适应各种专用需求，可在碳素结构钢的基础上，对成分和性能稍加调整，发展为某些专用钢。如锅炉用钢用 g 表示；容器用钢用 R 表示；船舶用钢用 C 表示（分为 2C、3C、4C 和 5C 等）。

35、40、45、50 钢经调质处理后，得到强度与韧性良好配合的综合力学性能。这类钢通常用来制造曲轴、连杆、机床齿轮、机床主轴、套筒等零件。60、65、70、75 和 80 钢主要用来制造弹簧，经适当热处理后，还可用来制造要求弹性好、强度较高的零件，如调速弹簧、柱塞弹簧、弹簧垫圈等，也可用于制造耐磨零件。冷成形弹簧一般只进行低温去应力处理。热成形弹簧一般要进行淬火（850℃）及中温回火（350～500℃）处理。

3. 碳素工具钢

在机械制造业中，用于制造各种刃具、模具及量具的钢称为碳素工具钢。由于工具要求高硬度和高耐磨性且多数刃具还要求热硬性好，所以工具钢的碳含量均较高。工具钢通常采用淬火+低温回火的热处理工艺，以保证高硬度和高耐磨性。碳素工具钢的优点是容易锻造、加工性能良好，而且价格便宜，生产量约占全部工具钢的 60%；缺点是淬透性低，Si、Mn 含量略有改变就会对淬透性产生较大的影响。因此，应严格控制碳素工具钢中的 Si 和 Mn 的含量。

碳素工具钢中 C 的质量分数为 0.65%～1.35%。根据其 S、P 的含量不同，碳素工具钢又可分为优质碳素工具钢和高级优质碳素工具钢两类。根据 GB/T 1299—2014《工模具钢》规定，这类钢的编号原则是在碳或 T 的后面加数字，数字表示钢中平均含碳量（质量分数）的千分之几。例如，T7、T12 分别表示钢中平均含碳量（质量分数）为 0.7% 和 1.2% 的碳素工具钢。若为高级优质碳素工具钢，则在牌号后面加字母 A，例如，T9A 钢表示碳质量分数为 0.9% 的高级优质碳素工具钢。含锰量较高者，在牌号后标注 Mn，如 T8Mn。

碳素工具钢的牌号、化学成分和硬度列于表 6-3 中。

碳素工具钢的毛坯一般为锻造成形，再由毛坯机加工成工具产品。碳素工具钢锻造后，因硬度高，不宜进行切削加工，有较大应力，组织又不符合淬火要求，故应进行球化退火，以改善其可加工性，并为最后淬火做组织准备，退火后的组织应为球状珠光体，其硬度一般小于 217HBW。

机械工程材料

表6-3 碳素工具钢的牌号、化学成分和硬度 (GB/T 1299—2014)

牌号	化学成分(质量分数,%)			试样淬火			交货状态
	C	Mn	Si	淬火温度 /℃	冷却剂	硬度 HRC	退火
		不大于					布氏硬度 HBW
T8	0.75~0.84	0.40	0.35	780~800	水	62	187
T8Mn	0.80~0.90	0.40~0.60					
T10	0.95~1.04	0.40		760~780	水	62	197
T12	1.15~1.24			760~780	水	62	207
T13	1.25~1.35						217

注：表中可供高级优质钢，此时牌号后加"A"。

经热处理（淬火+低温回火）后碳素工具钢具有高硬度、高耐磨性等，因此可用来制造各种刃具、量具、模具等。T7、T8硬度高、韧性较高，可用于制造冲头、錾子、锤子等工具。T9、T10、T11硬度高、韧性适中，可用于制造钻头、刨刀、丝锥、手锯条等刃具及冷作模具等。T12、T13的硬度高、韧性较低，可用于制造锉刀、刮刀等刃具及量规、样套等量具。

4. 铸钢

实际生产中，一些形状复杂、综合力学性能要求较高的大型零件，在工艺上难以用锻造方法成形，因而通常需要用铸钢制造。近年来，随着铸造技术的进步，精密铸造的发展，铸钢件在组织、性能、精度和表面质量等方面都已经非常接近锻钢件，可不经切削加工或在少量切削加工后使用，大量节约了钢材和成本，因此，铸钢的应用更加广泛。目前，铸钢在重型机械制造、运输机械、国防工业等部门应用较多，如轧钢机机架、水压机横梁与气缸、机车车架、铁道车辆转向架中的摇枕、汽车与拖拉机齿轮拨叉、起重机行车车轮、大型齿轮等。

工程上用的铸钢的 w_C = 0.2%~0.6%，若碳含量过高，则塑性不足，凝固时易产生龟裂。铸钢中锰的含量与普通碳钢相近。硅有改善钢液流动性的作用，因此铸钢中 w_{Si} 比普通碳钢稍高，为 0.20%~0.50%。杂质元素硫和磷的质量分数则控制在不大于 0.04%。

表6-4为一般工程用铸造碳钢的牌号、化学成分及力学性能，其数值来自（GB/T 11352—2009《一般工程用铸造碳钢件》）。表中牌号 ZG 分别为"铸"和"钢"的拼音首位字母；第一组数字表示最低屈服强度值；第二组数字表示最低抗拉强度值，单位为 MPa（或 N/mm^2）。

表6-4 工程用铸造碳钢的牌号、化学成分及力学性能 (GB/T 11352—2009)

牌号	化学成分(质量分数,%),不大于					力学性能,不小于			冲击试验
	C	Mn	Si	S	P	R_{eL}/MPa	R_m/MPa	A(%)	吸收能量 K/J
ZG200-400	0.20	0.80	0.60	0.035	0.035	200	400	25	30
ZG230-450	0.30					230	450	22	25
ZG270-500	0.40	0.90				270	500	18	22
ZG310-570	0.50					310	570	15	15
ZG340-640	0.60					340	640	10	10

注：所列各牌号性能适用于厚度为100mm以下的铸件。

小提示：铸钢由于未经受压力加工，组织晶粒粗大，偏析严重，铸造内应力大，因此易形成魏氏组织，使塑性和韧性显著下降。为了消除或减轻这些组织缺陷，应进行完全退火或正火处理，以细化晶粒，消除铸造内应力，改善铸钢的性能。另外，根据工件大小不同，还可采用局部表面淬火（大件，如大齿轮）或调质（小型中碳钢铸件）处理，以改善铸钢的力学性能。

总的来说，除了上述提到的碳钢的优势外，碳钢还存在如下不足之处：

（1）淬透性低 一般情况下，碳钢水淬的最大淬透直径只有 10~20mm。

（2）强度和屈强比较低 普通碳钢 Q235 钢的 R_{eL} 为 235MPa，低合金结构钢 Q345（16Mn）的 R_{eL} 则为 345MPa 以上。40 钢的屈强比仅为 0.43，合金钢 35CrNi3Mo 的屈强比则高达 0.74。

（3）回火稳定性差 碳钢进行调质处理时，为保证较高的强度，采用较低的回火温度，韧性偏低；为保证较好的韧性，采用高的回火温度，但强度又偏低。

（4）碳钢的综合力学性能水平不高，不能满足特殊性能的要求 碳钢在抗氧化、耐腐蚀、耐热、耐低温、耐磨损以及特殊电磁性等方面较差。要提高碳素铸钢的力学性能，则可通过加入合金元素来形成合金铸钢。

小提示：碳钢不能完全满足科学技术和工业发展要求。为了提高钢的性能，在铁碳合金中加入合金元素，得到合金钢。由于合金钢具有比碳钢更优良的性能，因而合金钢的用量在逐年增加。

6.2 合 金 钢

6.2.1 合金化概论

扫码看视频

钢是以 Fe 为基础的 Fe-C 合金，加入的合金元素与 Fe 和 C 之间以及合金元素之间的相互作用是合金结构和组织变化的基础。各种合金元素原子的大小、结构和性质对合金钢的结构和组织起着决定性的作用。其中的关键是合金元素对钢中基本相、Fe-Fe₃C 相图和热处理等分别起着不同的影响和作用。

1. 合金元素与铁、碳的作用

（1）合金元素与铁的作用 几乎所有合金元素都能不同程度地溶入铁素体或奥氏体中，形成合金铁素体或合金奥氏体，以起到固溶强化作用。由图 6-1 可见，硅、锰强化效果最显著，且当锰、硅含量不超过某一数值时（$w_{Mn} < 1.5\%$，$w_{Si} < 0.6\%$），还可提高铁素体的韧性或使韧性不下降，但超过此数值后韧性显著下降；钨、钼无论含量多少，均使铁素体韧性下降；铬、镍含量适当时（$w_{Cr} \leqslant 2\%$，$w_{Ni} \leqslant 5\%$），既能提高铁素体强度，又能提高其韧性。因此，在低合金钢与合金钢中对合金元素含量应有一定限制。

小提示：由于合金奥氏体的强度较高，因此对此类钢进行压力加工时要用较高吨位的设备和较严格的工艺规范。

（2）合金元素与碳的作用 与碳形成碳化物的合金元素称为碳化物形成元素，如钛、

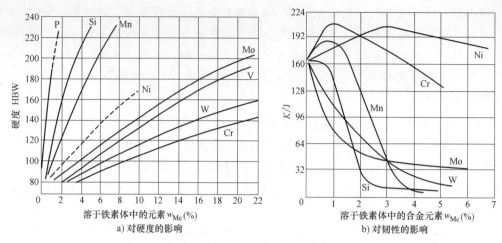

a) 对硬度的影响　　　　　　　b) 对韧性的影响

图 6-1　合金元素对铁素体力学性能的影响（退火状态）

钒、钨、钼、铬、锰、铁等；不与碳形成碳化物的合金元素称为非碳化物形成元素，如镍、硅、铝、氮等。

不同的碳化物形成元素形成的碳化物性质不同。

1）强碳化物形成元素（如钒、钛、铌、锆等）与碳可形成极稳定的特殊碳化物，如 VC、TiC 等，这类碳化物有较高的熔点、硬度和耐磨性，当在钢中弥散分布时，将显著提高钢的强度、硬度和耐磨性，且韧性不降低。

2）中强碳化物形成元素（如铬、钨、钼等），当其含量较高时，与碳可形成稳定性较高的合金碳化物，如 Cr_7C_3、$Cr_{23}C_6$、Fe_3W_3C、Fe_3Mo_3C 等；当其含量较低时，这些合金元素只能置换渗碳体中的铁原子，形成稳定性较差的合金渗碳体，如 $(Fe，W)_3C$、$(Fe，Cr)_3C$ 等，硬度比渗碳体高。

3）弱碳化物形成元素锰、铁等，只能形成合金渗碳体和渗碳体，如 $(Fe，Mn)_3C$、Fe_3C 等。

> **小提示**：一般碳化物越稳定，其硬度越高；碳化物颗粒越细小，对钢的强化效果越显著；使用高速工具钢制作的刃具，因含有大量稳定性高的碳化物，所以硬度高、耐磨性好。
>
> 渗碳体在碳钢中虽然是少数，但它是钢中不可缺少的组成相，其数量、大小、形状和分布状态对钢的性能起着重要的作用。通过热处理虽然可改变 Fe_3C 的形状和分布状态，从而能获得不同的组织和性能，但它使钢性能的变化是有限的。

合金元素加入钢中能溶入铁素体，特别是非碳化物形成元素几乎都能溶入铁素体。而碳化物形成元素除一部分溶入铁素体外，还要溶入渗碳体或与碳形成新的碳化物。根据合金元素与碳亲和能力的强弱，可将其分为以下几种。

1）非碳化物形成元素，如 Si、Cu、Ni、Co 等，它们主要是溶入铁素体，使之强化。

2）碳化物形成元素，如 Fe、Mn、Cr、Mo、W、V、Nb 和 Ti 等，它们又分为以下两种。

① 弱碳化物形成元素，如 Mn 和 Cr 等，除溶入铁素体外，还可形成以下两种合金碳化物。

a. 形成合金 Fe_3C。如（Fe，Mn）$_3$C、（Fe，Cr）$_3$C 等。它们的硬度随 Mn、Cr 含量增加而增大，同时 Fe_3C 的稳定性提高。Mo 由于原子半径较大，溶入后使 Fe_3C 的稳定性降低，而且溶入量很少。V、Nb 和 Zr 等几乎不溶入 Fe_3C。

b. 形成复杂碳化物。当合金元素较多时，除 Mn 外，还可形成特殊的复杂碳化物，如 Cr_7C_3、$Cr_{23}C_6$、Fe_4W_2C 和 $Fe_{21}Mo_2C_6$ 等。

② 强碳化物形成元素，如 V、Nb、Ti、W、Mo 等，还可形成简单碳化物 VC、NbC、TiC、WC 和 Mo_2C 等。由于这些合金元素与碳的亲和力较强，因此它们所形成的碳化物稳定，熔点和硬度都很高。

当碳化物呈细小颗粒状均匀分布于钢的基体时将起弥散强化作用，可显著提高钢的强度、硬度和耐磨性。特别是形成简单碳化物强化效果更好。由于碳化物的种类、数量、大小和分布状态对钢的性能起着重要的作用，因此要特别注意碳化物的形成条件和变化规律，以便更好地掌握钢的性能和正确地使用钢铁材料。

> **小提示：**合金元素在钢中分布的主要形式是溶入铁素体，并使之固溶强化或形成碳化物强化相；其次是形成非金属夹杂物，如 MnS、SiO_2 等；还有些元素以自由状态存在于钢中，如 Pb、Cu、Be 等。

2. 合金元素对 Fe-Fe_3C 相图的影响

合金元素不仅对钢中基本相有影响，而且对钢中相平衡关系也有很大的影响。合金元素的加入，主要表现在使 Fe-Fe_3C 相图发生变化，特别是 A 区范围、S 点和 E 点位置的变化。

（1）扩大 A 区的元素 将合金元素 Mn、Ni 和 Co 等加入钢中可使 GS 线向左下方移动，扩大 A 相区，A_1 和 A_3 线下降，如图 6-2a 所示。当钢中加入大量的扩大 A 区的元素时能使 A_3 点降到室温，例如，当 $w_{Mn}>13\%$（ZGMn13，耐磨钢，也称高锰钢）时可在室温下获得奥氏体组织的钢。而 C 和 N 等元素加入后使 A 区扩大，但由于溶解度小，所以 A 区的扩展有限。正是由于这种扩展使钢在固态时出现相变，才使钢的热处理得以进行。

（2）缩小 A 区的元素 将合金元素 Cr、W、Mo、V、Ti、Al、Si 等元素加入钢中，可使 A 区缩小或使 δ 相和 α 相区相连，A_3 和 A_1 点上升。当上述元素含量很多时，可使钢在高温或室温下得到稳定的铁素体组织，例如，当 $w_{Cr}>13\%$ 时 A 区消失，可在室温下得到单相铁素体，这种钢称为铁素体钢。而 B、Nb、Zr 和 Ta 等虽使 A 区缩小（其中 B 的作用显著），但因溶解度小，使 A 区不封闭。图 6-2 所示为合金元素 Mn 和 Cr 对 Fe-Fe_3C 相图的影响。

> **小提示：**当钢中含有大量能扩大奥氏体相区的元素时，可在室温形成单相奥氏体组织，这种钢称为奥氏体钢。相反，当钢中含有大量能缩小奥氏体相区的元素时，可在室温形成单相铁素体组织，这种钢称为铁素体钢。单相奥氏体和单相铁素体具有耐腐蚀、耐热等性能，是不锈、耐蚀、耐热钢中常见的组织。

（3）对 S、E 点的影响 大多数合金元素均可使 S、E 点左移。S 点左移表明共析点碳含量降低，使碳含量相同的碳钢与合金钢具有不同的组织和性能。例如，钢中 $w_{Cr}=12\%$ 时，可使 S 点左移至 $w_C=0.4\%$ 附近，这样 $w_C=0.4\%$ 的合金钢便具有共析成分。E 点左移表明出现莱氏体的碳含量降低，有可能在钢中会出现莱氏体。例如，高速工具钢中的 $w_C<2.11\%$，但在铸态组织中却出现了合金莱氏体。

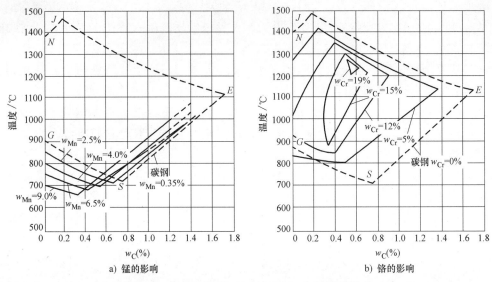

图 6-2 合金元素 Mn、Cr 对 Fe-Fe$_3$C 相图的影响

由于合金元素使钢的 S、E 点发生变化，必然导致钢的相变点发生相应的变化。由图 6-3 可知，除锰、镍外，其他合金元素均不同程度地使共析温度升高，因此大多数低合金钢与合金钢的奥氏体化温度比相同碳含量的碳钢更高。

3. 合金元素对钢热处理的影响

（1）对钢在加热时奥氏体化的影响 低合金钢和合金钢的奥氏体化过程与碳钢相同，即包括奥氏体形核与长大、剩余碳化物溶解、奥氏体均匀化等过程。奥氏体化过程与碳的扩散能力有关，除 Co、Ni 等元素外，大多数合金元素均会使碳的扩散能力

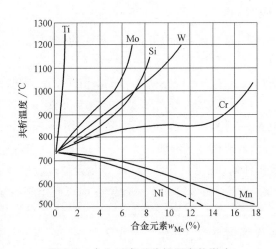

图 6-3 合金元素对共析温度的影响

降低，尤其是强碳化物形成元素（如 V）所形成的特殊碳化物，能阻碍碳的扩散。这种碳化物稳定性大，又难以分解，因此使奥氏体均匀化过程变得困难。所以大多数低合金钢与合金钢为获得成分均匀的奥氏体，需提高加热温度和延长保温时间。

合金元素（除 Mn、P 外）均会不同程度地阻碍奥氏体晶粒长大，尤其是强碳化物形成元素（如 Ti、V、Nb 等）更为显著，它们形成的碳化物在高温下较稳定，且呈弥散质点分布在奥氏体晶界上，能阻碍奥氏体晶粒长大。因此，低合金钢与合金钢经热处理后的晶粒比相同碳含量的碳钢晶粒更细小，其性能较高。

（2）对过冷奥氏体转变的影响 由于固溶于奥氏体中的合金元素（Co、Al 除外）均会不同程度地阻碍碳的扩散，使奥氏体稳定性增加，过冷奥氏体等温转变曲线右移，提高了淬透性。Si、Ni、Mn 等合金元素使过冷奥氏体等温转变曲线右移，但形状不变，如图 6-4a 所示；Cr、Mo、W 等碳化物形成元素不但使过冷奥氏体等温转变曲线右移，且使过冷奥氏体

等温转变曲线分离成两个"鼻尖"，如图 6-4b 所示。

实践证明，只有合金元素完全溶于奥氏体中，才能提高淬透性。反之，则会使钢的淬透性降低。另外，多种合金元素同时加入钢中，对提高淬透性的作用比单纯加入某一种合金元素（此元素含量与多种合金元素含量相等）更显著。因此，淬透性好的钢，大多采用多元少量的合金化原则。

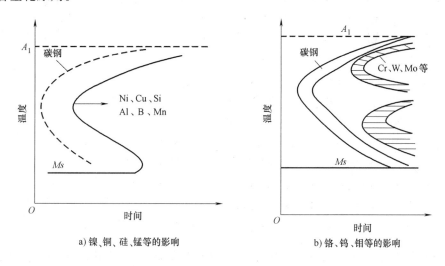

图 6-4　合金元素对过冷奥氏体等温转变曲线的影响

合金元素对 Ms 点和 Mf 点也有显著影响。大多数合金元素（Co、Al 除外）均会使 Ms 点和 Mf 点降低，其中锰的作用最显著，如图 6-5 所示，从而增加了淬火后钢中残留奥氏体量，如图 6-6 所示。

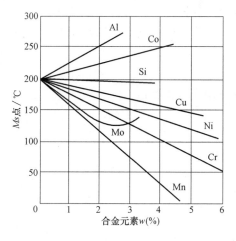

图 6-5　合金元素对 Ms 点的影响

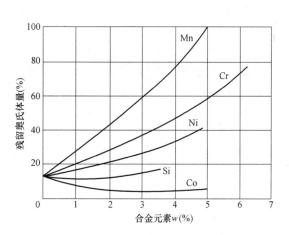

图 6-6　合金元素对残留奥氏体量的影响

（3）对回火转变的影响　合金元素对回火转变的影响如下。

1）可提高钢的耐回火性（回火稳定性）。耐回火性是指淬火钢在回火时抵抗软化的能力。大多数合金元素（尤其是强碳化物形成元素）对原子扩散起阻碍作用，延缓了马氏体分解。因此，在相同回火温度下，低合金钢与合金钢的硬度和强度比相同碳含量的碳钢更高，即合金元素可提高钢的耐回火性。如图 6-7 所示，当 9SiCr 钢和 T10 钢要求硬度相同时，9SiCr 钢要在较高温度下回火。

2）产生二次硬化含有较多铬、钼、钨、钒等碳化物形成元素的合金钢，在 500～600℃ 回火时，将从马氏体中析出特殊碳化物，如 Cr7C3、Mo2C、W2C、VC 等。这类碳化物硬度高、颗粒细小、数量多、分散均匀，使钢回火后硬度有所提高，此现象称为二次硬化。二次硬化实质上是一种弥散强化。另外，某些合金钢在 500～600℃ 回火冷却过程中，部分残留奥

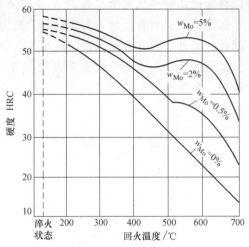

图 6-7　合金钢（0.35%C-Mo）中加入钼后对回火硬度的影响

氏体将转变为马氏体或贝氏体，提高了钢的硬度，也是产生二次硬化的一个原因。

请你思考：根据合金元素在钢中的作用，在设计新钢种时，如何正确选用合金元素并合理控制元素含量以得到目标组织类型及优异性能？

6.2.2　合金钢的分类

1. 按用途分类

合金钢按用途可分为合金结构钢、合金工具钢和特殊性能钢三类。其中，合金结构钢又可分为合金渗碳钢、调质钢、弹簧钢、轴承钢；合金工具钢又可分为合金刃具钢、合金量具钢、合金模具钢，而合金模具钢又可分为冷作模具钢、热作模具钢；特殊性能钢可分为不锈钢、耐磨钢、耐热钢。

2. 按合金元素含量（质量分数）分类

合金钢按合金元素含量可分为低合金钢、中合金钢和高合金钢。

1）低合金钢：合金元素总含量低于 5%。

2）中合金钢：合金元素总含量 5%～10%。

3）高合金钢：合金元素总含量高于 10%。

3. 按所含合金元素种类分类

合金钢按所含合金元素种类可分为铬钢、锰钢、镍钢、铬锰钢、硅锰钢等。

4. 按金相组织分类

合金钢按金相组织可分为珠光体钢、马氏体钢、贝氏体钢、奥氏体钢。

5. 按主要质量等级分类

合金钢按主要质量等级可分为优质合金钢和特殊质量合金钢。

1）优质合金钢是指在生产过程中需要特别控制质量和性能的合金钢，但生产控制和质量要求不如特殊质量合金钢严格。优质合金钢主要包括：一般工程结构用合金钢，合金钢筋

钢，铁道用合金钢，硫及磷的质量分数大于 0.35% 的耐磨钢和硅锰弹簧钢等。

2）特殊质量合金钢是指在生产过程中需要特别严格控制质量和性能的合金钢。除优质合金钢以外的合金钢均称为特殊质量合金钢。特殊质量合金钢主要包括：压力容器合金钢、合金结构钢、合金弹簧钢、轴承钢、合金工具钢、高速工具钢、不锈钢、耐热钢等。

6.2.3 低合金结构钢

1. 低合金高强度结构钢

低合金高强度结构钢又称高强度低合金钢（High-Strength Low-Alloy，HSLA）。低合金高强度结构钢是一种低碳工程结构用钢，合金元素含量较少，一般在 3% 以下，主要用于制造桥梁、船舶、车辆、锅炉、高压容器、输油输气管道、大型钢结构等。用它来代替普通碳钢，可大大减轻结构质量，保证使用可靠、耐久。

（1）性能要求 低合金高强度结构钢对性能的要求如下：

1）高强度。屈服强度在 300MPa 以上，强度高才能减轻结构自重、节约钢材和减少消耗。因此，在保证塑性和韧性的条件下，应尽量提高其强度。

2）高韧性。用低合金高强度结构钢制造的大型工程结构一旦发生断裂，往往会带来灾难性的后果，所以许多在低温下工作的构件必须具有良好的低温韧性，即具有较高的解理断裂抗力或较低的韧脆转变温度。而大型的焊接结构，因不可避免地存在各种缺陷（如焊接冷、热裂纹），所以必须具有较高的断裂韧度。

3）良好的焊接性能和冷成形性能。大型结构大都采用焊接制造，焊接前往往要冷成形，焊接后又不易进行热处理，因此要求钢应具有很好的焊接性能和冷成形性能。此外，许多大型结构（如桥梁、容器）在大气环境中、在海洋（如船舶）中使用，要求钢应具有较高的耐蚀性。

（2）合金化及性能特点 这类钢的低含碳量满足工程构件用钢的工艺性能要求，加入以 Mn 为主的少量合金元素，可达到提高力学性能的目的。锰资源丰富，有显著强化铁素体的效果，还可降低钢的冷脆温度，使珠光体数量增加，进一步提高强度；在此基础上加入极少量强碳化物元素如 V、Ti、Nb 等，可阻止晶粒长大，产生第二相强化，不但会提高钢的强度，还会消除钢的过热倾向。如 Q235 钢、16Mn、15MnV 钢的碳含量相当，但向 Q235 中加约 1% 的 Mn（实际只相对多加 0.5%~0.8%）时，就成为 16Mn 钢，强度增加约 50%（为 350MPa），在 16Mn 基础上加入 V（0.04%~0.12%），强度又增加至 400MPa；且在合金化过程中材料的其他性能也有所改善，大大提高了构件的可靠性和紧凑性，减少了原材料和能源的消耗，其经济效益和社会效益得到了大幅提高。常见低合金高强度结构钢的化学成分见表 6-5，其数值来自 GB/T 1591—2008《低合金高强度结构钢》。

（3）命名及编号 低合金高强度结构钢的命名和编号依据 GB/T 221—2008。与碳素结构钢相似，低合金高强度结构钢的编号原则是以屈服强度的"屈"字汉语拼音的首字母开头，加上屈服强度值。如 Q420 表示屈服强度为 420MPa 的低合金高强度结构钢。后面的字母 B、C、D 分别表示质量等级，品质依次升高，杂质元素含量依次降低。常见低合金高强度结构钢的力学性能见表 6-6，其数值来自 GB/T 1591—2018。

表 6-5　低合金高强度结构钢的化学成分（GB/T 1591—2008）

牌号	质量等级	化学成分（质量分数，%）												
		C①	Si	Mn	P	S	Nb	V	Ti	Cr	Ni	Cu	N	Mo
		不大于												
Q355	B	0.24	0.55	1.60	0.035	0.035	—	—	—	0.30	0.30	0.40	0.012	—
	C	0.22			0.030	0.030							0.012	
	D	0.22			0.025	0.025							—	
Q390	B	0.20	0.55	1.70	0.035	0.035	0.05	0.13	0.05	0.30	0.50	0.40	0.015	0.10
	C				0.030	0.030								
	D				0.025	0.025								
Q420	B	0.20	0.55	1.70	0.035	0.035	0.05	0.13	0.05	0.30	0.80	0.40	0.015	0.20
	C				0.030	0.030								
Q460	C	0.20	0.55	1.80	0.030	0.030	0.05	0.13	0.05	0.30	0.80	0.40	0.015	0.20

① 公称厚度或直径大于 40mm。

表 6-6　低合金高强度结构钢的力学性能（GB/T 1591—2018）

牌号		上屈服强度 R_{eH}/MPa，不小于						抗拉强度 R_m/MPa		断后伸长率（纵向）A(%)，不小于		
钢级	质量等级	公称厚度或直径/mm										
		≤16	>16~40	>40~63	>63~80	>80~100	>100~150	≤100	100~150	≤40	40~63	63~100
Q355	B、C、D	355	345	335	325	315	295	470~630	450~600	22	21	20
Q390	B、C、D	390	380	360	340	340	320	490~650	470~620	21	20	20
Q420	B、C	420	410	390	370	370	350	520~680	500~650	20	19	19
Q460	C	460	450	430	410	410	390	550~720	530~700	18	17	17

学习案例：

早在 20 世纪 60 年代就已开始设计超低碳的珠光体钢。但由于经济上及生产上的困难，只能开发质量分数约为 18% 的较高碳含量的少珠光体钢。尽管碳的含量低，但与质量分数大约为 1.5% 的 Mn 以及相应的晶粒细化元素一起，可生产屈服强度为 550MPa 及韧脆转变温度为 -70℃ 的钢种。超低碳含量（$w_C = 0.02\% \sim 0.04\%$）也用于具有针状铁素体或贝氏体组织，并赋予钢优异的力学性能。

分析：铁素体-珠光体低合金高强度结构钢的设计从高的 R_{eL} 和低的冷脆转变温度的最佳组合角度来说，这类钢的设计要求任何一种给定的强化机制或化学成分的单位 R_{eL} 增量，其冷脆转变温度的变化是越低越好。

1）晶粒尺寸越细越好。

2）要避免产生珠光体，要求 w_C 尽可能低，能够达到规定的转变温度，氧化物的体积分数不宜过大。

3）如果需要的韧性损失最少，那么强度的提高原则是宁可用析出强化也不用位错强化。

4）除锰和镍外，要避免固溶强化。锰较为常用，但其质量分数要限制到 1.6%；镍不常用，是因为它的价格昂贵。

5）自由氮及残余元素含量必须最低，因为它们有脆化作用。

6）铝是比较特别的，因为铝在固溶时提高韧-脆转变温度，但少量的铝（$w_{Al} \approx 0.04\%$）将结合氮生成 AlN，从而去除氮而降低韧-脆转变温度。此外，AlN 可细化晶粒尺寸，从而继续降低韧-脆转变温度。因此，铝处理钢是取得低的韧-脆转变温度值所不可缺少的，这与连铸材料要求必须是完全脱氧一样的原理。

> **小提示**：这类钢一般在热轧空冷状态下使用，不需要进行专门的热处理。在有特殊要求时，如为了改善焊接区性能，可进行一次正火处理。

（4）发展趋势　低合金高强度结构钢由于具有强度高、韧性好，焊接性能和加工性能优异，合金元素消耗量少，并且不需要进行复杂的热处理等优势，已越来越受到人们的重视。目前，这类钢的发展趋势是：

1）通过微合金化与合理的轧制工艺结合，实行控制轧制和控制冷却，以达到更高的强度。在钢中加入少量的微合金化元素，如 V、Ti、Nb 等，通过控制轧制时的再结晶过程，使钢晶粒细化，达到既提高强度，又改善塑性、韧性的最佳效果。

2）通过合金化改变基体组织，提高强度。在钢中加入较多 Cr、Mn、Mo、Si、B 等，使钢在热轧空冷的条件下得到贝氏体，甚至是低碳马氏体组织，在冷却过程中发生自回火过程，甚至不需要专门进行回火。

3）超低碳化。为保证韧性和焊接性能，将碳含量进一步降低，甚至降到 10^{-6} 数量级，此时必须采用真空冶炼或真空去气的先进冶炼工艺。

由于我国的微合金化元素资源十分丰富，所以低合金高强度结构钢在我国具有极其广阔的发展前景。

2. 易切削结构钢

在钢中加入一定数量的一种或一种以上的 S、P、Pb、Ca、Se、Te 等易切削元素，可以改善钢的切削性。由于钢中加入的易切削元素使钢的切削抗力减小，同时易切削元素本身的特性和所形成的化合物起润滑切削刀具的作用，易断屑，减轻了刀具的磨损，从而降低了工件的表面粗糙度，提高了刀具寿命和生产效率。

（1）分类　根据 GB/T 8731—2008《易切削结构钢》的要求，易切削钢根据添加的改善切削性能的元素不同分为不同的系别。常见的系别有硫系、铅系、锡系和钙系，它们的化学成分及硬度要求见表 6-7。

表 6-7　常见易切削钢的化学成分及硬度（GB/T 8731—2008）

| 系别 | 牌号 | 化学成分（质量分数,%） | | | | | | 布氏硬度 HBW |
		C	Si	Mn	S	P	其他	
硫系	Y12	≤0.09	0.15~0.35	0.70~1.00	0.10~0.20	0.08~0.15	—	≤170
	Y15	0.10~0.18	≤0.15	0.8~1.20	0.23~0.33	0.05~0.10	—	≤170

（续）

系列	牌号	化学成分(质量分数,%)						布氏硬度 HBW
		C	Si	Mn	S	P	其他	
硫系	Y30	0.27~0.35	0.15~0.35	0.70~1.00	0.08~0.15	≤0.06	—	≤187
	Y40Mn	0.37~0.45	0.15~0.35	1.20~1.55	0.20~0.30	≤0.05	—	≤229
铅系	Y08Pb	≤0.09	≤0.15	0.75~1.05	0.26~0.35	0.04~0.09	Pb:0.15~0.35	≤165
	Y12Pb	≤0.15	≤0.15	0.70~1.10	0.26~0.35	0.04~0.09	Pb:0.15~0.35	≤170
锡系	Y08Sn	≤0.09	≤0.15	0.75~1.20	≤0.05	0.05~0.07	Sn:0.09~0.25	≤165
	Y15Sn	0.13~0.18	≤0.15	0.40~0.70	≤0.05	0.05~0.07	Sn:0.09~0.25	≤165
钙系	Y45Ca	0.42~0.50	0.20~0.40	0.60~0.90	0.04~0.08	≤0.04	Ca:0.002~0.006	≤241

（2）编号　易切削钢的编号原则是：以字母 Y 开头，字母 Y 取自"易"的拼音首字母，并以此以区别于优质碳素结构钢；紧随字母 Y 之后是数字，表示钢中含碳量，以平均碳含量（质量分数）的万分之几表示。例如，Y30 表示平均 $w_C = 0.3\%$ 的易切削钢。另外，当锰含量较高时，需在牌号后标注 Mn，如 Y40Mn。铅系、锡系和钙系易切削钢与其标注方式类似，应在各自的牌号后面分别加上各自的元素符号。如 Y12Pb 表示平均 $w_C = 0.12\%$ 的铅系易切削钢。

（3）性能特点　易切削钢的性能特点如下。

1）加工性能好：产品具有切削流畅，材质优良，加工稳定，金相组织好，化学成分稳定、偏差小，钢质纯度净，夹杂物含量低，不易损伤刀具等特点；在车床切削时，可大幅提高刀具使用寿命和生产效率。

2）电镀性能好：产品的电镀性能好，能替代铜制品，大大降低产品成本。

3）表面质量好：经加工后的工件表面质量好。

（4）应用　易切削钢主要用于：①强度较高的小型零件；②结构复杂或不易加工的零件；③受力较小而对尺寸和粗糙度要求严格的仪器仪表、手表零件、汽车、机床和缝纫机上的零件；④其他各种机器上使用的对尺寸精度和粗糙度要求严格，而对力学性能要求相对较低的标准件，如齿轮、轴、螺柱、阀门、衬套、销钉、管接头、弹簧座垫及机床丝杠、塑料成型模具、外科和牙科手术用具等。

3. 低合金刃具钢

为了克服碳素工具钢淬透性低、热硬性低、耐磨性低等缺点，在碳素工具钢的基础上加入少量的合金元素，一般不超过 3%~5%，就形成了低合金刃具钢。

低合金刃具钢牌号的表示方法与合金结构钢基本相同，不同的是牌号中元素前的数字用一位数字表示平均含碳量的千分之几，而且 $w_C \geq 1\%$ 时不标注。

（1）成分及钢种　低合金刃具钢的 $w_C = 0.75\%~1.50\%$，含碳量高主要是为了保证钢的高硬度，保证形成足够的所需合金碳化物，因而耐磨性高。而合金元素含量相对比较高的钢，主要是为了保证钢具有足够的淬透性。通常钢中加的合金元素有 Si、Mn、Cr、Mo、V、W 等。其中，Si、Mn、Cr、Mo 的主要作用是提高淬透性；Si、Mn、Cr 可强化铁素体；Cr、Mo、V、W 可细化晶粒，使钢进一步强化，提高钢的强度；作为碳化物形成元素，Cr、Mo、V、W 等在钢中可形成合金渗碳体和特殊碳化物，从而提高钢的硬度和耐磨性。常用低合金刃具钢的牌号、化学成分、热处理与用途见表6-8，其中数据来自 GB/T 1299—2014。

表 6-8　低合金刃具钢的牌号、化学成分、热处理与用途（GB/T 1299—2014）

牌号	化学成分（质量分数，%）					热处理			交货状态硬度 HBW	应用举例
						淬火				
	C	Mn	Si	Cr	W	淬火加热温度/℃	冷却介质	硬度 HRC ≥		
9SiCr	0.85~0.95	0.30~0.60	1.20~1.60	0.95~1.25	—	820~860	油	≥62	197~241	板牙、丝锥、钻头、铰刀、齿轮铣刀、冲模、冷轧辊等
8MnSi	0.75~0.85	0.8~1.10	0.30~0.60		—	800~820	油	≥60	≤229	慢速切削硬金属用的刀具如铣刀、车刀、刨刀等；高压力工作用的刻刀等各种量规与量块等
Cr06	1.30~1.45	≤0.40	≤0.40	0.50~0.70	—	780~810	水	≥64	187~241	—
Cr2	0.95~1.10	≤0.40	≤0.40	1.30~1.65	—	830~860	油	≥62	179~229	车刀、铣刀、插刀、铰刀，测量工具、样板，凸轮销、偏心轮、冷轧辊等
9Cr2	0.80~0.95	≤0.4		1.30~1.70	—	820~850	油	≥62	179~217	—

在低合金刃具钢中，9SiCr 应用的最多，如用它制作丝锥、板牙等。由于 Cr、Si 同时加入，淬透性明显提高，油淬直径可达 40~50mm；同时还能强化铁素体，尤其是硅的强化作用显著；另外 Cr 还能细化碳化物，使之均匀分布，因而耐磨性提高，不易崩刃；Si 还能提高回火稳定性，使钢在 250~300℃ 仍保持 60HRC 以上。9SiCr 可采用分级或等温淬火方式减少变形，因此常用来制作形状复杂的、要求变形小的刀具。

小提示：Si 使钢在加热时容易脱碳，退火后硬度偏高，造成切削加工困难，热处理时要予以注意。

（2）热处理　热处理包括如下两个工序：

1）预备热处理：锻造后进行球化退火。

2）最终热处理：淬火+低温回火，其组织为回火马氏体+未溶碳化物+残留奥氏体。

与碳素工具钢相比较，低合金刃具钢由于合金元素的加入，淬透性提高了，因此可采用油淬火，淬火后的硬度与碳素工具钢处在同一范围，但淬火变形、淬火开裂倾向小。

6.2.4　合金结构钢

合金结构钢是在优质碳素结构钢的基础上，特意加入一种或几种合金元素而形成的能满足更高性能要求的钢种。合金结构钢可以根据其热处理特点和主要用途分为合金渗碳钢、合金调质钢和弹簧钢。

合金结构钢是用来制造各种机器零件和金属工程结构的钢材，常用的抗拉强度、屈服强

扫码看视频

度、断后伸长率、断面收缩率和冲击韧性等力学性能指标是判断结构钢在工作条件下性能的重要依据。合金结构钢是合金钢中用途最广、用量最大的钢种。

在设计和生产中，根据工作条件可把合金结构钢分为工程构件用钢和机器零件用钢。在国民经济各部门中所需要的各种构件用钢称为工程结构钢，这种钢热处理简单或使用时不用热处理，其力学性能一般由钢铁厂保证，经常要求其焊接性能好，所以其碳含量要低。而各种机器零件用钢称为机械结构钢，其热处理较复杂，一般不需要焊接，其碳含量和合金元素可在较大范围内变化。

1. 合金渗碳钢

渗碳钢是指经渗碳、淬火和低温回火后使用的结构钢。渗碳钢基本上都是低碳钢和低碳合金钢。渗碳钢主要用于制造高耐磨性、高疲劳强度和要求具有较高心部韧性（即表硬心韧）的零件，如各种变速齿轮及凸轮轴等。

合金渗碳钢是在低碳渗碳钢（如 15 钢和 20 钢）的基础上发展起来的。低碳渗碳钢淬透性低，经渗碳、淬火和低温回火后，虽可获得较高的表面硬度，但心部强度低，因此它只适用于制造受力不大的小型渗碳零件。而对于性能要求高，尤其是对整体强度要求高或截面尺寸较大的零件，则应选用合金渗碳钢。

（1）渗碳钢的编号　渗碳钢的牌号依次由两位数字、元素符号和数字组成。前两位数字表示钢中平均含碳量（质量分数）的万分数，元素符号表示钢中所含的合金元素，元素符号后的数字表示该合金元素平均含量的百分数（若平均含量小于 1.5% 时，元素符号后不标出数字；若平均含量为 1.5%~2.4%、2.5%~3.4% 等时，则在相应的合金元素符号后标注 2、3 等）。机械结构用合金钢按冶金质量（即钢中磷、硫含量）不同分为优质钢、高级优质钢（牌号后加 A）和特级优质钢（牌号后加 E）。如 20CrMnTi 钢，表示钢中平均 $w_C = 0.2\%$，w_{Cr}、w_{Mn}、w_{Ti} 均小于 1.5%（不标出数字），是优质钢；25Cr2Ni4WA 钢，表示钢中平均 $w_C = 0.25\%$、$w_{Cr} = 2\%$、$w_{Ni} = 4\%$、$w_W < 1.5\%$，A 表示钢中磷、硫含量较少，质量好，是高级优质钢。

（2）渗碳钢的使用条件及性能要求　渗碳钢用于制造汽车、拖拉机变速齿轮，内燃机凸轮轴、活塞销等零件。这类零件工作时常会遭受强烈摩擦磨损和较大的交变载荷，特别是强烈的冲击载荷，对其性能的要求如下：

1）应具有较高的强度和塑性，以抵抗拉伸、弯曲、扭转等变形破坏。

2）表面应具有较高的硬度和耐磨性，以抵抗磨损及表面接触疲劳破坏。

3）应具有较高的韧性，以承受强烈的冲击作用。

4）当外载荷是循环作用时，零件应具有好的抗疲劳破坏能力。

（3）主要钢种　合金渗碳钢按其淬透性大小分为以下三类。常用合金渗碳钢的牌号化学成分、热处理工艺、力学性能及其应用见表 6-9，表中数据来自 GB/T 3077—2015《合金结构钢》。

1）低淬透性合金渗碳钢：典型钢种为 20Cr。这类钢的淬透性低，心部强度较低，只适用于制造受冲击载荷较小的耐磨件，如小轴、活塞销、小齿轮等。

2）中淬透性合金渗碳钢：典型钢种为 20CrMnTi，其回火态的显微组织如图 6-8 所示。这类钢有良好的力学性能和工艺性能，淬透性较高，过热敏感性较小，渗碳过渡层比较均匀，渗碳后可直接淬火，热处理变形较小。因此这类钢大量用于制造承受高速中载、要求抗冲击和耐磨损的零件，特别是汽车、拖拉机上的重要零件。为了节约铬，我国采用过

20Mn2TiB、20MnVB 等钢种，它们的缺点是淬透性不够稳定，热处理变形稍大且缺乏规律。

3）高淬透性合金渗碳钢：典型钢种为 18Cr2Ni4WA 和 20Cr2Ni4A。这类钢含有较多的 Cr、Ni 等元素，不但淬透性很高，而且具有很好的韧性，特别是低温冲击韧性。它主要用于制造大截面、高载荷的重要耐磨件，如飞机、坦克中的曲轴及重要齿轮等。

（4）合金化特点 合金渗碳钢的 w_C 通常为 0.10% ~ 0.25%，以保证心部具有足够的塑性和韧性。渗碳钢要达到外硬里韧碳含量低，并且经过渗碳后其表面和整体力学性能均匀，就要求其具备较高的淬透性。渗碳钢中常使用合金元素有

图 6-8 20CrMnTi 的显微组织

Cr、Ni、Mn、Si、B、Ti、V、Mo、W 等，其中 Cr、Ni、Mn、B 等可提高材料淬透性，也可强化铁素体；而 Ti、V、W、Mo 等碳化物形成元素通过形成细小弥散的稳定碳化物可细化晶粒，提高强度、韧性，如碳含量基本相同的 20、20Cr、20CrMnTi 钢，其淬透性依次增加，且强韧性也依次提高，用其制造的零件性能也大大提高。

（5）热处理和组织性能 合金渗碳钢热处理工艺为渗碳后直接淬火，再低温回火。低淬透性渗碳钢在水中的临界淬透直径为 20 ~ 35mm，中淬透性渗碳钢在油中的临界淬透直径为 25 ~ 60mm，高淬透性渗碳钢在油中的临界淬透直径在 100mm 以上。对渗碳时容易过热的 20Cr、20Mn2 等需先经正火消除过热组织，然后进行淬火和低温回火。热处理后，表面渗碳层的组织由合金渗碳体与回火马氏体及少量残留奥氏体组成，硬度为 60 ~ 62HRC。心部组织与钢的淬透性及零件截面尺寸有关。完全淬透时为低碳回火马氏体，硬度为 40 ~ 48HRC。多数情况下是屈氏体、回火马氏体和少量铁素体，硬度为 25 ~ 40HRC。心部韧性一般都高于 700kJ/m^2。

2. 合金调质钢

合金调质钢是指经调质后使用的钢。它主要用于制造要求综合力学性能好的重要零件，如机床主轴、汽车半轴、连杆等。

（1）化学成分 强度与韧性的匹配为原则，其成分特点如下：

1）中碳。合金调质钢中碳含量为中碳范围：$w_C = 0.25\% ~ 0.50\%$，以 0.40% 居多。若碳含量过低，则不易淬硬，回火后强度不够；若碳含量过高，则韧性差。由于合金元素代替了部分碳的强化作用，故碳含量可偏低。

2）调质钢中合金元素的作用。调质钢的合金化经历了由单一元素到多元素复合加入发展过程，从 40→40Mn→40CrMn→40CrMnMo 或 40→40Cr→40CrNi→40CrNiMo 发展，合金元素主要作用如下：

① 提高淬透性。在碳钢的基础上常单独或多元复合加入提高淬透性的元素如 Mn、Si、Cr、Ni、B 等，钢的淬透性增大，不仅使零件在截面上得到均匀的力学性能，而且能使用较缓和的冷却介质淬火，大幅度减小淬火变形开裂的倾向。除 B 以外，上述元素均能强化铁素体，当它们的含量在一定范围内时，还可提高铁素体的韧性。

② 固溶强化。合金元素溶入铁素体形成置换固溶体，能使基体得到强化。虽然这种强

表6-9　常用合金渗碳钢的牌号、化学成分、热处理工艺、力学性能及其应用（GB/T 3077—2015）

类别	牌号	C	Mn	Si	Cr	其他	第1次淬火温度/℃	第2次淬火温度/℃	冷却介质	回火温度/℃	回火冷却介质	R_m/MPa	R_{eL}/MPa	A(%)	KU/J	应用举例
低淬透性	20Mn2	0.17~0.24	1.40~1.80	0.17~0.37	—	—	850或880	—	水、油	200或440	水、空气	785	590	10	47	小轴、活塞销等小型渗碳件
低淬透性	20MnV	0.17~0.24	1.30~1.60	0.17~0.37	—	—	880	—	水、油	200	水、空气	785	590	10	55	锅炉、高压容器、高压管道等，可在450~475℃工作
低淬透性	20Cr	0.18~0.24	0.50~0.80	0.17~0.37	0.70~1.00	—	880	780~820	水、油	200	水、空气	835	540	10	47	机床变速箱齿轮、齿轮轴、活塞销、凸轮和蜗杆等
中淬透性	20CrMn	0.17~0.23	0.90~1.20	0.17~0.37	0.90~1.20	—	850	—	油	200	水、空气	930	735	10	47	齿轮、轴、蜗杆、活塞销等
中淬透性	20CrMnTi	0.17~0.23	0.80~1.10	0.17~0.37	1.00~1.30	Ti:0.04~0.10	880	870	油	200	水、空气	1080	850	10	55	汽车、拖拉机上的齿轮、齿轮轴、十字销头等
中淬透性	20MnVB	0.17~0.23	1.20~1.60	0.17~0.37	B:0.0008~0.0035	V:0.07~0.12	860	—	油	200	水、空气	1080	885	10	55	制造重型机床的齿轮和轴、汽车齿轮等
高淬透性	20Cr2Ni4	0.17~0.23	0.30~0.60	0.17~0.37	1.25~1.65	Ni:3.25~3.65	880	780	油	200	水、空气	1180	1080	10	63	大截面渗碳件，如大型齿轮、轴等
高淬透性	12Cr2Ni4	0.10~0.16	0.30~0.60	0.17~0.37	1.25~1.65	Ni:3.25~3.65	860	780	油	200	水、空气	1080	835	10	71	高负荷的齿轮、蜗轮、轴等
高淬透性	18Cr2Ni4WA	0.13~0.19	0.30~0.60	0.17~0.37	1.35~1.65	W:0.8~1.2; Ni:4.0~4.5	950	850	空气	200	水、空气	1180	835	10	78	大型渗碳齿轮、轴类、飞机发动机齿轮等

注：1. 钢中硫、磷含量不大于0.035%。
2. 表中为毛坯厚度为15mm的力学性能。

化效果不如提高淬透性，但仍是有效的。在常用合金元素中以 Si、Mn、Ni 的强化效果最显著。

③ 防止第二类回火脆性。调质钢的高温回火温度正好处于第二类回火脆性温度范围内，钢中所含的 Mn、Ni、Cr、Si、B 元素会增大回火脆性倾向。为了防止和消除回火脆性的影响，除在回火后采用快速冷却的方法，还可在钢中加入 Mo 或 W，使第二类回火脆性大幅减弱，这对于截面较大的调质钢尤其有意义。

④ 细化晶粒。在钢中加入碳化物形成元素 W、Mo、Al、V、Ti 可以有效地阻止奥氏体晶粒在淬火加热时长大，使最终组织细化，提高韧性，从而降低钢的韧脆转变温度。

（2）热处理及组织特点　合金调质钢的热处理及组织特点如下：

1）热处理。为改善合金调质钢锻造后的组织、可加工性和消除应力，切削加工前应进行退火或正火。合金调质钢淬透性较高，一般使用油淬，淬透性特别大时甚至可以使用空冷，这能减少热处理缺陷。最终热处理一般为淬火、高温回火，以获得良好的综合力学性能，其组织为回火索氏体。对于某些零件不仅要求有良好的综合力学性能，而且在某些部位还要求硬度高、耐磨性好。因此，对这些零件在调质后还要进行感应淬火或渗氮。

$w_C \leqslant 0.30\%$ 的合金调质钢也可在中、低温回火状态下使用，其组织分别为回火托氏体和回火马氏体。例如，锻锤锤杆采用中温回火；凿岩机活塞和混凝土振动器的振动头等，采用低温回火。

调质钢在退火或正火状态下使用时，其力学性能与相同碳含量的碳钢差别不大，只有通过调质，才能获得优于碳钢的性能。

2）组织特点。合金调质钢的热处理主要是毛坯的预备热处理（退火或正火）以及粗加工件的调质处理。预备热处理可以改善锻造件组织缺陷，获得细小索氏体组织。最终热处理组织为回火索氏体，其组织具有以下特点：

① 在铁素体上弥散分布的碳化物起弥散强化作用，溶于铁素体中的合金元素起固溶强化作用，从而保证钢具有较高的屈服强度和疲劳强度。

② 组织均匀性好，减少了裂纹在局部薄弱地区形成的可能性，使钢具有良好的塑形和韧性。

③ 作为基体组织的铁素体，是从淬火马氏体转变而成的，其晶粒细小，使钢的冷脆倾向大幅度减小。

> **学习案例**：以 40Cr 钢为例分析其热处理工艺规范。
>
> **分析：**
>
> 40Cr 作为拖拉机上连杆、螺栓材料，其加工工艺路线为下料→锻造→退火→粗机加工→调质→精机加工→装配。预备热处理采用退火（或正火）目的是改善锻造组织，消除缺陷，细化晶粒；调整硬度、便于切削加工；为淬火做好组织准备。调质工艺采用 830℃加热、油淬，得到马氏体组织，然后在 525℃回火。为防止第二类回火脆性，在回火的冷却过程中采用水冷，最终使用状态下的组织为回火索氏体。

（3）常用合金调质钢　合金调质钢在机械制造业中是用量最大的一类钢种，常用合金调质钢的牌号、化学成分、热处理、力学性能及用途见表 6-10，其中数据来自 GB/T 3077—2015。常用合金调质钢按淬透性高低分为以下三类：

表6-10 常用合金调质钢的牌号、化学成分、热处理、力学性能及用途（GB/T 3077—2015）

类别	牌号	化学成分（质量分数，%）					热处理			力学性能（不小于）				应用举例
		C	Mn	Si	Cr	其他	淬火加热温度/℃	冷却介质	回火加热温度/℃	R_m/MPa	R_{eL}/MPa	A(%)	KU/J	
低淬透性	45Mn2	0.42~0.49	1.40~1.80		—	—	840	油	550	885	735	10	47	机床齿轮、钻床主轴、蜗杆等
	35SiMn	0.32~0.40	1.10~1.40	0.17~0.37	—	—	900	水	570	885	735	15	47	代替40Cr制造轴类、连杆螺栓、机床齿轮和销子等
	45MnB	0.42~0.49	1.10~1.40		—	B:0.0005~0.0035	840	油	500	1030	835	9	39	轴、半轴、活塞杆和螺栓等
	40Cr	0.37~0.44	0.50~0.80		0.80~1.10	—	850	油	520	980	785	9	47	重要调质件，如机床齿轮、轴类、螺栓和蜗杆等
	40CrMn	0.37~0.45	0.90~1.20		0.90~1.20	—	840	油	550	980	835	9	47	冲击不大的齿轮、轴、离合器等
中淬透性	30CrMnSi	0.27~0.34	0.80~1.10	0.90~1.20	0.80~1.10	Ti:0.04~0.10	880	油	520	1080	885	10	39	飞机起落架、螺栓、天窗盖和冷气瓶等
	35CrMo	0.32~0.40	0.40~0.70	0.17~0.37	0.80~1.10	Mo:0.15~0.25	850	油	550	980	835	12	63	大截面齿轮、高负荷传动轴等
高淬透性	40CrNiMo	0.37~0.45	0.90~1.20		0.90~1.20	Mo:0.20~0.30	850	油	600	980	785	10	63	卡车后桥半轴、齿轮轴等
	37CrNi3	0.34~0.41	0.30~0.60		1.20~1.60	Ni:3.00~3.50	820	油	500	1130	980	10	47	高强韧性的大型重要零件，如汽轮机叶轮、转子轴等
	25Cr2Ni4W	0.21~0.28	0.30~0.60	0.17~0.37	1.35~1.65	W:0.80~1.20 Ni:4.00~4.50	850	油	550	1080	930	11	71	大截面、高负荷的重要调质件，如大汽轮机主轴、叶轮等

注：1. 钢中硫、磷含量不大于0.035%。

2. 表中为毛坯厚度为25mm的力学性能。

1）低淬透性合金调质钢。这类钢中的合金元素较少，淬透性较差，但经调质后，强度比碳钢高，且工艺性能较好。油淬临界直径最大为30~40mm，可用于制造截面较大的零件，如曲轴、连杆等。加入Mo不仅可使淬透性显著提高，而且可以防止回火脆性。这类钢最典型的钢种是40Cr，常用的牌号有40MnVB、42SiMn。

2）中淬透性合金调质钢。这类钢的淬透性较高，经调质后，强度高。油淬临界直径最大为40~60mm，钢中含有较多合金元素，主要用于制作截面较大、承受较大载荷的零件。常用牌号有40CrMn、35CrMo、38CrMoAl、40CrNi等。

3）高淬透性合金调质钢。这类钢合金元素含量比前两类调质钢多，淬透性高，油淬临界直径为60~100mm，多为铬镍钢，经调质后，强度高且韧性好，主要用于制作大截面、承受重载荷的重要零件，如汽轮机主轴、叶轮和航空发动机轴等。常用牌号有40CrMnM、25Cr2Ni4WA等。

（4）工作条件及性能要求　调质钢广泛用于制造汽车、拖拉机、机床和其他机器上的重要零件，如齿轮、轴类件、连杆、高强螺栓等，大多数情况下需承受交互载荷或较复杂的工作载荷，因此要求具有高水平的综合力学性能。但由于不同零件受力状况不同，其性能要求也有所差别。截面受力均匀的零件（如连杆），要求整个截面都应有较高的强韧性；截面受力不均匀的零件（如承受扭转或弯曲应力的传动轴），则要求受力较大的表面区应有较好的性能，对心部要求稍低。调质钢在性能上的要求具体如下：

1）应有较高的屈服强度、疲劳极限和良好的塑韧性，即要求综合力学性能好。

2）局部表面要求应具有一定的耐磨性。

3）应具有好的淬透性。

3. 弹簧钢

弹簧钢是因其主要用于制造弹簧而得名的。弹簧钢应具有高的弹性极限、高的疲劳强度和足够的塑性与韧性。

弹簧钢一般为高碳钢、中碳合金钢和高碳合金钢，以保证弹性极限及一定韧性。高碳弹簧钢（如65、70、85钢）的碳含量通常较高，以保证高的强度、疲劳强度和弹性极限，但其淬透性较差，不适于制造大截面弹簧。由于合金弹簧钢有合金元素的强化作用，w_C通常为0.45%~0.70%，w_C过高会导致塑性、韧性下降较多。合金弹簧钢中含有Si、Mn、Cr、B、V、Mo、W等合金元素，既可提高淬透性，又可提高强度和弹性极限，可用于制造截面尺寸较大、对强度要求高的重要弹簧。

弹簧钢的热处理、弹簧成形方法与弹簧钢的原始状态密切相关：①冷成形（冷卷、冲压等）弹簧，因弹簧钢已经冷变形强化或热处理强化，只需进行低温去应力退火处理即可；②热成形弹簧通常要经淬火、中温回火热处理（得到回火屈氏体），以获得高弹性极限。

目前，已有低碳马氏体弹簧钢的应用。对耐热、耐蚀应用场合，应选不锈钢、耐热钢、高速钢等高合金弹簧钢或其他弹性材料（如铜合金等）。

弹簧钢是一种专用结构钢，主要用于制造各种弹簧和类似弹簧性能零件。

（1）使用条件及性能要求　在机器设备中，这类零件主要是利用弹性变形吸收能量以缓和振动和冲击，或依靠弹性储能来起驱动作用。根据工作要求，弹簧钢应具有以下性能：

1）应具有高的弹性极限和屈强比，以保证弹簧具有高的弹性变形能力和弹性承载能力。

2）应具有高的疲劳极限，以便在交变载荷下工作。另外，弹簧钢表面不应有脱碳、裂纹、折叠、斑疤和夹杂等缺陷。

3）足够的塑性和韧性，以免受冲击时发生脆断。

此外，弹簧钢还应有较好的淬透性，不易脱碳和过热，容易绕卷成形，以及在高温和腐蚀性工作条件下具有好的环境稳定性等。

（2）化学成分特点　合金弹簧钢的化学成分具有以下特点：

1）为保证高的弹性极限和疲劳极限，弹簧钢的 w_C 应比调质钢高，一般为 0.45%～0.7%，w_C 过高，会导致塑性、韧性降低，易发生脆断，抗疲劳能力也下降。

2）加入以 Si、Mn 为主要提高淬透性的元素，同时也提高屈强比，强化铁素体基体和提高回火稳定性。

3）加入 Cr、W、V 为辅加合金元素，克服 Si、Mn 钢的不足（过热、石墨化倾向）。此外，弹簧钢的净化对疲劳强度有很大的影响，所以弹簧钢均为优质钢或高级优质钢。

（3）弹簧钢的热处理　弹簧的加工方法分为热成形和冷成形。热成形方法一般用于大中型弹簧和形状复杂的弹簧，热成形后再进行淬火和中温回火。冷成形方法则适用于小尺寸弹簧，用已强化的弹簧钢丝冷成形后再进行去应力退火。

1）热成形弹簧。以 60Si2Mn 制造汽车板簧为例，热成形弹簧的制造工艺路线（主要工序）是：扁钢剪断→机械加工（倒角钻孔等）→加热压弯→淬火中温回火→喷丸。板簧的成形往往是和结合热处理进行的，钢材加热到热加工温度，先进行压弯，当温度下降到 840～870℃ 时入油淬火。为了防止氧化脱碳，提高弹簧的表面质量和疲劳强度，应尽量快速加热，且最好在盐浴炉或有保护气体的炉中进行。弯片降温应控制在 30～50℃ 范围内。淬火后的板簧应立即回火，回火温度在 500℃ 左右，因为此温度仍处于第二类回火脆性区，回火后应快速冷却。回火组织为回火屈氏体，硬度为 42～45HRC。板簧经热处理后再进行喷丸，使其表面强化并形成残余压应力，以减少表面缺陷的不良影响，提高疲劳强度。

弹簧钢采用等温淬火可获得下贝氏体，以提高钢的韧性和冲击强度，减小热处理变形。

2）冷成形弹簧。已强化的弹簧钢丝用冷成形方法制造弹簧的工艺路线（主要工序）是：绕簧→去应力退火→磨端面→喷丸→第二次去应力退火→发蓝。这类弹簧钢丝按强化工艺可分为三种：铅浴等温冷拔钢丝、冷拔钢丝和油淬回火钢丝。这三种钢丝在成形后应进行低温退火，退火温度一般为 50～300℃，时间为 1h，以消除应力，稳定尺寸。因冷成形产生包辛格效应而导致弹性极限下降的现象也可采用低温退火消除。

（4）典型钢种与牌号　常用弹簧钢的牌号、化学成分、力学性能及用途见表 6-11，其中数据来自 GB/T 1222—2016《弹簧钢》。合金弹簧钢大致分为以下两类。

1）以 Si、Mn 元素合金化的弹簧钢。代表性钢种有 65Mn 和 60Si2Mn 等。它们的淬透性显著优于碳素弹簧钢，可制造截面较大的弹簧。Si、Mn 复合合金化的性能比只用单一元素 Mn 要好。这类钢主要用于制造汽车、拖拉机及机车上的板簧和螺旋弹簧。

2）含 Cr、V、W 等元素的弹簧钢。最有代表性的钢种是 50CrVA。Cr、V 的复合加入，不仅使钢具有较高的淬透性，而且具有较高的高温强度、韧性和较好的热处理工艺性能。因此，这类钢可用于制造在 350～400℃ 下承受重载的较大型弹簧，如阀门弹簧、高速柴油机气门弹簧等。

表 6-11　常用弹簧钢的牌号、化学成分、力学性能及用途（摘自 GB/T 1222—2016）

牌号	化学成分（质量分数，%）						力学性能（不小于）					应用举例
	C	Si	Mn	Cr	其他	P	S	R_m /MPa	R_{eL} /MPa	A (%)	Z (%)	
						不大于						
65Mn	0.62~ 0.70	0.17~ 0.37	0.90~ 1.20	≤0.25	—	0.030	0.030	980	785	8	30	一般机器上的弹簧，或拉成钢丝制造小型机械弹簧等
55SiCr	0.51~ 0.59	1.20~ 1.60	0.50~ 0.80	0.50~ 0.80	—	0.025	0.020	1450	1300	6	25	代替40Cr制造轴类、连杆螺栓、机床齿轮和销子等
55CrMn	0.52~ 0.60	0.17~ 0.37	0.65~ 0.95	0.65~ 0.95	—	0.025	0.020	1225	1080	9	20	轴、半轴、活塞杆和螺栓
60Si2Mn	0.56~ 0.64	1.50~ 2.00	0.70~ 1.00	≤0.35	—	0.025	0.020	1570	1375	5	20	重要调质件，如机床齿轮、轴类、螺栓和蜗杆等
60Si2Cr	0.56~ 0.64	1.40~ 1.80	0.40~ 0.70	0.70~ 1.00	—	0.025	0.020	1765	1570	6	20	冲击不大的齿轮轴、离合器等
60CrMn	0.56~ 0.64	0.17~ 0.37	0.70~ 1.00	0.70~ 1.00	—	0.025	0.020	1225	1080	9	20	飞机起落架、螺栓、天窗盖和冷气瓶等
60CrMnB	0.56~ 0.64	0.17~ 0.37	0.70~ 1.00	0.70~ 1.00	B: 0.0008~ 0.0035	0.025	0.020	1225	1080	9	20	大截面齿轮、高负荷传动轴等

小提示：弹簧钢通常采用电炉冶炼，加入脱氧剂硅、铝，注入钢锭模后，通过锻压或轧制，便得到各种形状的钢材和锻件。

我国大连钢厂、上海钢厂、重庆钢厂是生产弹簧钢的主要厂家。目前有少量出口任务，质量稳定，主要输往东南亚等地区。我国主要从日本、瑞士、巴西等国进口弹簧钢。在进口弹簧钢中发现的质量问题有：内部裂纹、端部裂纹、锈蚀、麻坑、结疤、短重、短尺等。

4. 滚动轴承钢

滚动轴承钢主要用来制造滚动轴承滚动体（如滚珠、滚柱、滚针）、内外套圈等，属专用结构钢。化学成分上属于高碳合金钢，也可用于制造精密量具、冷冲模、机床丝杠等耐磨件。

（1）工作条件及性能要求　轴承元件工况复杂、苛刻，工作时实际受载面积很小，常需承受高集中度的交变载荷作用。因此对滚动轴承钢的性能要求很严，主要有以下几方面。

1）高的接触疲劳强度。轴承元件（如滚珠与套圈）运转时为点或线接触，接触处的压应力高达 $1500\sim5000MPa$；应力交变次数 1min 达几万次甚至更多，往往会造成接触疲劳破坏，产生麻点或剥落。

2）应具有高硬度和耐磨性。滚动体和套圈之间不但有滚动摩擦，还有滑动摩擦，轴承常常因过度磨损破坏，因此滚动轴承钢必须具有高而均匀的硬度，一般为 62~64HRC。

3）应具有足够的韧性和淬透性。

4）在大气和润滑介质中应具有一定的耐腐蚀能力。

5）应具有良好的尺寸稳定性。

（2）化学成分特点　滚动轴承钢的化学成分特点如下：

1）碳含量高。为了保证轴承钢的高硬度、高耐磨性和高强度，碳含量应较高，一般为 $0.95\%\sim1.10\%$。

2）为基本合金元素提高淬透性，Cr 呈细密、均匀状分布，以提高钢的耐磨性特别是接触疲劳强度。但含 Cr 量过高会增大残留奥氏体量和碳化物分布的不均匀性，使钢的硬度和疲劳强度反而降低。因此 Cr 的适宜含量为 $0.40\%\sim1.65\%$。

3）Cr 和 Mn 可进一步提高淬透性，用于制造大型轴承。Si 还可以提高钢的回火稳定性。V 部分溶于奥氏体中，部分形成碳化物碳化钒，以提高钢的耐磨性并防止过热。无铬钢中皆含有钒。

4）高的冶金质量　根据规定滚动轴承钢的 $w_S<0.02\%$，$w_P<0.027\%$。由于非金属夹杂对滚动轴承钢接触疲劳性能影响大，因此滚动轴承钢一般用真空高频冶炼、自耗电极真空电弧冶炼以及真空脱氧处理，可有效提高轴承钢的冶金质量。

（3）滚动轴承钢的牌号及热处理　滚动轴承钢的牌号及热处理如下。

1）牌号。滚动轴承钢的牌号依次由"滚"字汉语拼音首字母 G、合金元素符号 Cr 和数字组成。其中数字表示平均含铬量的千分数。如 GCr15 表示平均 $w_{Cr}=1.5\%$ 的滚动轴承钢。若钢中含有其他合金元素，应依次在数字后面写出元素符号，如 GCr15SiMn 表示平均 $w_{Cr}=1.5\%$、$w_{Si}<1.5\%$、$w_{Mn}<1.5\%$ 的轴承钢。无铬滚动轴承钢的编号方法与结构钢相同。

2）热处理。滚动轴承钢的热处理主要为球化退火、淬火和低温回火。

① 球化退火。目的不仅是降低钢的硬度，以便于切削加工，更重要的是获得细的球状珠光体和均匀分布的细粒状碳化物，为零件的最终热处理做组织准备。在退火前原始组织中网状碳化物级别超过3级，应先进行正火消除，再进行球化退火。

② 淬火和低温回火。淬火温度要求十分严格，温度过高会过热，晶粒长大，使韧性和疲劳强度降低；温度过低，奥氏体溶解碳化物不足，使钢的淬透性和淬硬性均不够。淬火温度应控制在840℃左右。淬火后立即回火，回火温度为（160±5）℃，时间为2.5~3h。滚动轴承钢经过淬火回火后的组织为极细的回火马氏体、均匀分布的细粒状碳化物以及少量的残留奥氏体。

（4）典型钢种和牌号 我国滚动轴承钢分为以下两类：

1）铬轴承钢。最常用的为GCr15，用于制造中、小轴承的内、外套圈及滚动体，此外也常用来制造冲模、量具、丝锥等。GCr15的显微组织如图6-9所示。GCr15量块的热处理工艺曲线如图6-10所示。

图6-9 GCr15的显微组织

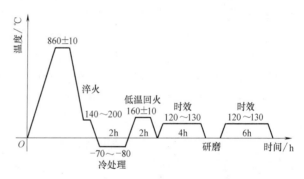

图6-10 GCr15量块的热处理工艺曲线

2）添加Mn、Si、Mo、V的滚动轴承钢。如GCr15SiMn在添加Si和Mn后淬透性得到提高；为了节约Cr，可添加Mo、V得到无铬滚动轴承钢，如GSiMnMoV和GSiMnMoVRe等。

表6-12为常见滚动轴承钢牌号、化学成分及退火硬度，其中数据来自GB/T 18254—2016《高碳铬轴承钢》。

表6-12 常见滚动轴承钢牌号、化学成分及退火硬度（GB/T 18254—2016）

牌号	化学成分(质量分数,%)					退火硬度 HBW
	C	Si	Mn	Cr	Mo	
G8Cr15	0.75~0.85	0.15~0.35	0.20~0.40	1.30~1.65	≤0.10	179~207
GCr15	0.95~1.05	0.15~0.35	0.25~0.45	1.40~1.65	≤0.10	179~207
GCr15SiMn	0.95~1.05	0.45~0.75	0.95~1.25	1.40~1.65	≤0.10	179~217
GCr15SiMo	0.95~1.05	0.65~0.85	0.20~0.40	1.40~1.70	0.30~0.40	179~217
GCr18Mo	0.95~1.05	0.20~0.40	0.25~0.40	1.65~1.95	0.15~0.25	179~207

小提示：除了高碳轴承钢外，渗碳轴承钢也越来越受到人们的重视。轴承的内、外套圈及滚动体经渗碳、淬火、低温回火后，表面具有高硬度、高耐磨及较高的抗接触疲劳性能，而心部仍具有较高的冲击韧度。此外，渗碳轴承钢的加工性能很好，可以采用冲压技术，提高材料的利用率；经渗碳淬火后，在表层形成有利的残留压应力，可提高轴承的使用寿命。因此，渗碳轴承钢已部分取代了高碳铬轴承钢。

6.2.5 合金工具钢

1. 概述

为了克服碳素工具钢淬透性较低等缺点，在碳素工具钢基础上加入 Cr、Mn、Si、W、Mo、V 等合金元素就形成了合金工具钢，也称合金刃具钢。加入 Cr、Mn、Si 等元素的主要作用是提高钢的淬透性，Si 还能提高钢的回火稳定性；加入 W、Mo、V 等元素的主要作用是提高钢的硬度、热硬性和耐磨性（弥散强化），并能防止淬火加热时奥氏体晶粒长大，具有细晶强韧化作用。

扫码看视频

工业生产中使用的工具多种多样，用得最多的是刃具、模具、量具等。刃具材料除要求具有适当的强度和韧性，主要要求具有高硬度和高耐磨性，且必须在高温条件下具有高硬度，通常称为热硬性。冷作模具材料必须具有高强度、高硬度、高耐磨性和足够的韧性；热作模具还必须具有良好的抗热疲劳性（耐急冷、急热性）、导热性，以及一定的抗氧化、耐腐蚀的能力。量具材料则应具有较高的硬度和耐磨性及一定的强度和韧性，以减少磨损和破坏；同时还应具有较高的组织稳定性，以免发生失效或其他相变变形影响尺寸精确性。

2. 合金工具钢的分类及牌号

合金工具钢包括量具与刃具用钢、冷作模具钢、热作模具钢和塑料模具钢。这类钢的牌号表示方法与机械结构用合金钢相似。区别在于：若钢中平均 $w_C < 1\%$ 时，牌号以一位数字为首，表示平均含碳量的千分数；若钢中平均 $w_C \geq 1\%$ 时，则牌号前不写数字。例如，9Mn2V 表示平均 $w_C = 0.9\%$、$w_{Mn} = 2\%$、$w_V < 1.5\%$ 的量具、刃具钢；又如，CrWMn 表示平均 $w_C \geq 1\%$（牌号前不写数字），w_{Cr}、w_W、w_{Mn} 均小于 1.5% 的冷作模具钢。

3. 高速工具钢

高速工具钢是一类具有很高耐磨性和很高热硬性的工具钢，在高速切削条件下（如 50~80m/min）刃部温度达到 500~600℃时仍能保持很高的硬度，使刃口保持锋利，从而保证高速切削，因而称作高速工具钢。

高速工具钢是含有多种合金元素的高合金钢。这类钢以其制作的刀具能进行高速切削得名。高速钢的热硬性和耐磨性均优于碳素刃具钢和低合金刃具钢，因此应用广泛。

（1）高速工具钢的牌号　高速工具钢的牌号表示方法与合金工具钢基本相同，主要区别是部分牌号的钢即使 $w_C < 1\%$，其牌号前也不标出数字。例如，W18Cr4V 表示平均 $w_W = 18\%$、$w_{Cr} = 4\%$、$w_V < 1.5\%$ 的高速工具钢，其 $w_C = 0.7\% \sim 0.8\%$。

（2）化学成分和合金化　高速工具钢的化学成分特点如下：

1）碳含量高。高速工具钢的 w_C 在 0.70% 以上，最高可达 1.60%，可保证钢在淬火、回火后具有高硬度和高耐磨性。碳含量高一方面可保证钢与合金元素形成足量碳化物，细化晶粒，增大耐磨性；另一方面可保证基体溶入足量的碳，获得足够强度和硬度的马氏体基体。但碳含量也不宜过高，否则会产生严重的碳化物偏析，降低钢的塑韧性。

> **小提示：**研究表明，高速工具钢中碳含量只有与碳化物形成元素满足合金碳化物分子式中的定比关系时，才可获得最佳的二次硬化效果。

2）加入 Cr 提高淬透性。在奥氏体化过程中 Cr 溶入奥氏体，会大幅提高钢的淬透性；回火时形成细小的碳化物，可提高材料的耐磨性。几乎所有高速工具钢 w_{Cr} 都为 4%。

3）加入 W、Mo 造成二次硬化，保证高的热硬性。退火状态下，W 或 Mo 主要以 M_6C 型的碳化物形式存在。淬火加热时，一部分碳化物溶于奥氏体中，淬火后固溶于马氏体中，在 560℃ 左右回火时（对此钢仍得到回火马氏体），碳化物以 VC、W_2C 或 Mo_2C 形式弥散析出，产生二次硬化效应，可显著提高钢的热硬性、硬度和耐磨性。这种碳化物在 500~600℃ 的温度范围内非常稳定，硬度很高，不易聚集长大，从而使钢产生良好的热硬性。

4）加入 V 提高耐磨性和热硬性。形成的碳化物非常稳定，极难溶解，硬度极高（如 VC 的硬度可达 2700~2990HV）且颗粒细小，分布均匀，因此 V 对提高钢的硬度和耐磨性有很大作用。V 也产生二次硬化作用，但因总含量不高，对提高热硬性的作用不大。淬火加热时，未溶的碳化物能起到阻止奥氏体晶粒长大及提高耐磨性的作用。

5）加入 Co 显著提高热硬性和二次硬度。Co 可明显改善钢的耐磨性、导热性和磨削加工性。

（3）加工及热处理特点　高速工具钢的加工、热处理要点如下。

1）高速钢工具的锻造。高速工具钢中含有大量合金元素，虽然一般 $w_C<1\%$，但它属于莱氏体钢。铸态组织中含大量呈鱼骨状分布的粗大共晶碳化物（图 6-11），这些碳化物会大大降低钢的力学性能，特别是韧性。这些碳化物不能用热处理来消除，只能依靠锻打来击碎，并使其均匀分布。因此高速工具钢锻造具有成形和改善碳化物的双重作用，是非常重要的加工过程。为得到小块均匀碳化物，高速工具钢需经过反复多次镦拔。高速工具钢的塑性、导热性较差，锻后必须进行缓冷和球化退火，消除内应力，以免开裂。锻造退火后获得的退火组织为索氏体加粒状碳化物（图 6-12），可进行机械加工。

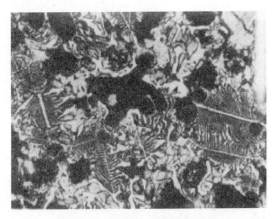

图 6-11　W18Cr4V 的铸态组织

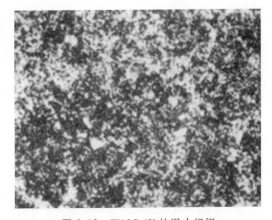

图 6-12　W18Cr4V 的退火组织

2）淬火+回火。高速工具钢的优越性能需要经正确淬火+回火处理后才能获得。其淬火温度高达 1220~1280℃，以保证足够碳化物溶入奥氏体，使奥氏体固溶碳和合金元素的含量高，淬透性非常好；淬火后马氏体硬度高且较稳定；同时应避免钢过热或过烧。但合金元素多也使高速工具钢的导热性差，传热速率低，淬火加热时必须中间预热（一次预热 800～850℃，或者两次预热 500～600℃、800～850℃）；而冷却也多用分级淬火、高温淬火或油淬方式。正常淬火组织为隐晶马氏体+粒状碳化物+20%～25%的残留奥氏体，如图 6-13 所示。

为保证得到高硬度及热硬性，高速工具钢需要在二次硬化峰值温度或稍高温度（通常为 550～570℃）时，进行多次回火（一般为 3 次）。回火的主要目的是消除大量残留奥氏体。回火时，从残留奥氏体中析出合金碳化物，使奥氏体中合金元素含量减少，马氏体转变点上升，并在回火后冷却的过程中，使一部分残留奥氏体转变为马氏体。每回火一次，残留奥氏体的含量就降低一次。第一次回火后残留奥氏体的含量剩余 15%～18%，第二次回火后残留奥氏体的含量降为 3%～5%，第三次回火后残留奥氏体的含量仅剩余 1%～2%。高速钢回火后的组织为回火马氏体+碳化物+少量残留奥氏体，如图 6-14 所示。

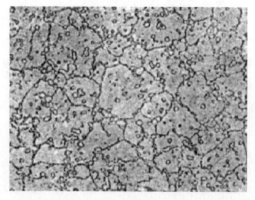

图 6-13　W18Cr4V 的淬火组织

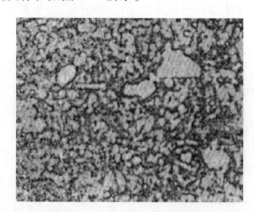

图 6-14　W18Cr4V 的回火组织

W18Cr4V 盘形齿轮铣刀生产工艺及热处理曲线如图 6-15 所示。它的热处理特点为采用二次预热、1280℃淬火加热、分级淬火、560℃三次回火。

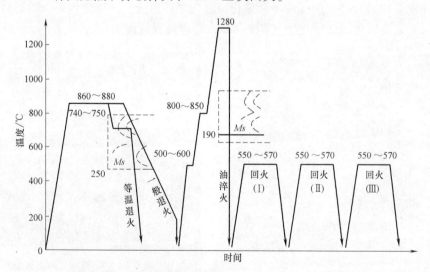

图 6-15　W18Cr4V 盘形齿轮铣刀生产工艺及热处理曲线

（4）典型钢种和牌号　常用高速工具钢的牌号、化学成分、热处理和用途见表 6-13，其中数据来自 GB/T 9943—2008《高速工具钢》。高速工具钢可分为通用型高速工具钢和高性能高速工具钢两类。通用型高速工具钢的 $w_C = 0.7\% \sim 0.9\%$，具有较高的硬度和耐磨性，强度高，磨削性良好，因此广泛用于制造各种形状复杂的刀具。根据高速工具钢的主要成分，通用型高速工具钢又可分为钨系高速工具钢和钼系高速工具钢两种。

表 6-13　常用高速工具钢的牌号、化学成分、热处理及用途（GB/T 9943—2008）

牌号	化学成分(质量分数,%)							热处理				应用举例
	C	Mn	Si	Cr	W	V	Mo	淬火	交货硬度	回火		
								淬火温度/℃	退火态 HBW	温度/℃	硬度 HRC	
W18Cr4V	0.73~0.83	0.10~0.40	0.20~0.40	3.80~4.50	17.20~18.70	1.00~1.20	—	1260~1280	≤255	550~570	≥63	可用于制造一般高速切削用车刀，刨刀、钻头、铣刀等
W6Mo5Cr4V2	0.80~0.90	0.15~0.40	0.20~0.45	3.80~4.40	5.50~6.75	1.75~2.20	4.50~5.50	1210~1230	≤255	540~560 (3次)	≥64	可用于制造要求耐磨性和韧性很好配合的切削刀具，如丝锥、钻头等；并适合于采用轧制、扭制热变形加工成形新工艺制造钻头
W6Mo5Cr4V3	1.15~1.25	0.15~0.40	0.20~0.45	3.80~4.50	5.90~6.70	2.70~3.20	4.70~5.20	1200~1220	≤262	540~560 (3次)	≥64	可用于制造要求耐磨性和热硬性较高的，耐磨性和韧性配合较好的，形状较为复杂的刀具，如拉刀、铣刀等
W9Mo3Cr4V	0.77~0.87	0.20~0.40	0.20~0.40	3.80~4.40	8.50~9.50	1.30~1.70	2.70~3.30	1220~1240	≤255	540~560	≥64	—

小提示：高速钢的毛坯锻造不仅是为了成形，更重要的目的是击碎粗大碳化物，改善碳物分布状态，以提高刀具质量，延长使用寿命。对锻造成形后的高速钢件必须预先进行退火处理，机械加工后再进行淬火和回火处理。

6.2.6　合金模具钢

用来制造各种模具的钢称为合金模具钢。用于冷态金属成形的合金模具钢称为冷作模具钢，如各种冲模、冷挤压模、冷拉模的钢种等。这类模具工作时的实际温度一般不超过300℃。用于热态金属成形的合金模具钢称为热作模具钢，如制造各种热锻模、热挤压模、压铸型的钢种等。这类模具工作时型腔表面的工作温度可达600℃以上。

1. 冷作模具钢

（1）化学成分特点　冷作模具钢的化学成分特点如下：

1）碳含量高。冷作模具钢的碳含量多在 1.0% 以上，有时甚至可到 2.0%，以保证高硬度（一般为 60HRC）和高耐磨性。

2）加入 W、Cr、Mo、V 等合金元素，可形成难溶碳化物，提高耐磨性，尤其 Cr，典型的 Cr12 和 Cr12MoV 含铬量高达 12%。Cr 与 C 形成 Cr_7C_3 碳化物，显著提高了钢的耐磨性和淬透性。Mo、V 可进一步细化晶粒，使碳化物分布均匀，提高耐磨性和韧性。冷作模具钢的牌号、化学成分及性能见表 6-14，表中数据来自 GB/T 1299—2014《工模具钢》

表 6-14　冷作模具钢的牌号、化学成分及性能（GB/T 1299—2014）

牌号	化学成分（质量分数,%）							淬火处理		退火交货状态
	C	Mn	Si	Cr	W	Mo	V	淬火温度/℃	洛氏硬度HRC	布氏硬度HBW
9Mn2V	0.85~0.95	1.7~2.00	≤0.40	—	—	—	0.10~0.25	780~810	≥62	≤229
9CrWMn	0.85~0.95	0.90~1.20	≤0.40	0.50~0.80	0.50~0.80	—	—	800~830	≥62	197~241
CrWMn	0.90~1.05	0.80~1.10	≤0.40	0.90~1.20	1.20~1.60	—	—	800~830	≥62	207~255
Cr4W2MoV	1.12~1.15	0.40~0.70	0.40~0.70	3.50~4.00	1.90~2.60	0.80~1.20	0.80~1.10	960~980	≥60	≤269
6Cr4W3MoVNb	0.60~0.70	≤0.40	≤0.40	3.80~4.40	2.50~3.50	1.80~2.50	0.80~1.20	1100~1160	≥60	≤255
Cr12	2.00~2.30	≤0.40	≤0.40	11.50~13.00	—	—	—	950~1000	≥60	217~269
7Cr7Mo2V2Si	0.68~0.78	0.70~1.20	≤0.40	6.50~7.50	—	1.90~2.30	1.80~2.20	1100~1150	≥60	≤255
Cr12MoV	1.45~1.70	≤0.40	≤0.40	11.00~12.50	—	0.40~0.60	0.15~0.30	950~1000	≥58	207~255
6W6Mo5Cr4V	0.55~0.65	≤0.40	≤0.40	3.70~4.30	6.00~7.00	4.50~5.50	0.70~1.10	1180~1200	≥60	≤269

注：1. 6Cr4W3MoVNb 中另含 w_{Nb} = 0.20%~0.35%。
　　2. 表中各牌号钢的淬火冷却介质均为油。

（2）加工及热处理特点　冷作模具钢热处理特点与低合金刃具钢类似，热处理方案有以下两种：

1）一次硬化法：在较低温度（950~1000℃）下淬火，然后低温（150~180℃）回火，硬度可达 61~64HRC，使钢具有较好的耐磨性和韧性，适用于重载模具。

2）二次硬化法：在较高温度（1100~1150℃）下淬火，然后在 510~520℃温度范围内进行多次（一般为 3 次）回火，产生二次硬化，使硬度达 60~62HRC。二次硬化后的冷作模具钢热硬性和耐磨性较高，但韧性较差，适用于在 400~450℃温度下工作的模具或者需要进行碳氮共渗的模具。Cr12 型钢热处理后组织为回火马氏体、碳化物和残留奥氏体。

> **小提示**：对于形状复杂的模具，有时需要进行 250~300℃的分级淬火，特别复杂的形状，需要进行多次分级淬火。

（3）典型钢种及牌号　大部分要求不高的冷作模具可采用低合金刃具钢制造，如 9Mn2V、9SiCr、CrWMn 等。大型冷作模具用 Cr12 型钢制造。目前应用最普遍的、性能较好的为 Cr12MoV。这种钢的热处理变形很小，适合于制造重载和形状复杂的模具。图 6-16 为硬度对三种常见冷作模具钢抗压屈服强度的影响。

2．热作模具钢

（1）化学成分特点　热作模具钢的化学成分特点如下。

1）碳含量适中。热作模具钢的 w_C 一般为 0.3%～0.6%，以保证高强度、韧性、硬度（35～52HRC）和较高的热疲劳抗力。

2）加入较多提高淬透性的元素 Cr、Ni、Mn、Si 等。Cr 是提高淬透性的主要元素，同时和 Ni 一起可提高钢的回火稳定性。Ni 在强化铁素体的同时还可增加钢的韧性，并与 Cr、Mo 一起提高钢的淬透性、耐热疲劳性能和整体性能均匀性，并有固溶强化作用。

3）加入产生二次硬化的 Mo、W、V 等元素，Mo 还能防止第二类回火脆性，提高高温强度和回火稳定性。

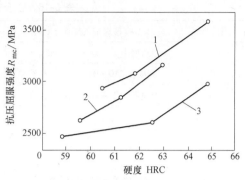

图 6-16　硬度对三种常见冷作模具钢抗压屈服强度的影响

1—W6Mo5Cr4V2　2—Cr12MoV　3—Cr5Mo1V

（2）加工及热处理特点　热作模具钢中热锻模具钢的热处理与调质钢相似，淬火后高温（550℃左右）回火，获得回火索氏体和回火屈氏体组织。热挤压模具钢淬火后在略高于二次硬化峰值温度（600℃左右）下回火，获得的组织为回火马氏体和粒状碳化物，与高速钢类似，多次回火可保证热硬性。

> **小提示**：适当提高典型热作模具钢 3Cr2W8V 的回火温度，降低硬度，可以提高钢的断裂韧度，有助于提高热挤压模具钢的耐热疲劳性能并防止模具的早期脆断。

（3）典型钢种及牌号　热锻模具钢对韧性的要求较高，而对热硬性的要求不高，典型钢种有 5CrMnMo 和 5CrNiMo（在截面尺寸较大时使用）等。热作模具钢受冲击载荷较小，但对热强度的要求较高，常用钢种有 3Cr2W8V 等。各类常用热作模具钢的牌号、化学成分及性能见表 6-15，其数据来自 GB/T 1299—2014。合金热作模具钢的选材应用见表 6-16。

表 6-15　常用热作模具钢的牌号、化学成分及性能（GB/T 1299—2014）

牌号	化学成分（质量分数，%）							淬火处理	退火交货状态的钢材硬度　HBW
	C	Mn	Si	Cr	Mo	V	其他	温度/℃	
5CrMnMo	0.50～0.60	1.20～1.60	0.25～0.60	0.60～0.90	1.15～0.30	—	—	820～850	197～241
5CrNiMo		0.50～0.80	≤0.40	0.50～0.80		—	Ni:1.40～1.80	830～860	
5CrNi2MoV		0.60～0.90	0.10～0.40	0.80～1.20	0.80～1.20	0.05～0.15	Ni:0.35～0.55	850～880	≤255
8Cr3	0.75～0.85	≤0.40	≤0.40	3.20～3.80	3.20～3.80	—	—		207～255
4Cr5W2VSi	0.32～0.42		0.80～1.20	4.50～5.50	4.50～5.50	0.60～1.00	W:1.60～2.40	1030～1050	≤229
5Cr5WMoSi	0.50～0.60	0.20～0.50	0.75～1.10	4.75～5.50	4.75～5.50		W:1.0～1.50	990～1020	≤248
4CrMnSiMoV	0.35～0.45	0.80～10.10	0.80～1.10	1.30～1.50	1.30～1.50	0.20～0.40	—	870～930	≤255
4Cr5MoWVSi	0.32～0.40	0.20～0.50	0.32～0.40	4.70～5.50	4.75～5.50	0.20～0.50	W:1.10～1.60	1000～1030	≤235

注：淬火处理的硬度根据需方要求，并在合同中注明，可提供实测值。

表 6-16　合金热作模具钢的选材应用

模具类型	模具规格及工作条件	常用材料	硬度　HRC
热锻模	高度小于 250mm 小型热锻模	5CrMnMo	39~47
	高度在 250~400mm 中型热锻模		
	高度大于 400mm 小型热锻模	5CrNiMo	35~39
	高寿命热锻模	3Cr2W8V、4Cr5MoSiV 4Cr5MoSiV1、4Cr5W2Si	40~45
	热镦模	3Cr2W8V、4Cr5MoSiV1、 4Cr5W2Si、基体钢	39~45
	精密锻造、高速锻模	3Cr2W8V	45~54
压铸型	压铸铝、镁、锌合金	3Cr2W8V、4Cr5MoSiV 4Cr5MoSiV1、4Cr5W2VSi	43~50
	压铸铜和黄铜	3Cr2W8V、4Cr5MoSiV 4Cr5MoSiV1、4Cr5W2VSi	35~40

6.2.7　合金量具钢

量具是机械制造工业中的测量工具，合金量具钢用于制造各种测量工具，如卡尺、千分尺、千分尺、量块、塞规等。合金量具钢应具有高硬度、高耐磨性和高的尺寸稳定性。

合金量具钢多为高碳钢和高碳合金钢。很多碳素工具钢和合金刃具钢都可作为合金量具钢使用。低碳钢（如 20 钢）经渗碳、淬火及低温回火后，或中碳钢（如 50 钢）经表面淬火及低温回火后，也可用于要求不太高的量具，如平样板、卡规等；接触腐蚀介质的量具可用 4Cr13、9Cr18 等不锈钢制造。

对于碳素工具钢和合金工具钢制造的量具，通常在淬火及低温回火状态下使用；为了获得高的尺寸稳定性，可在淬火后回火前进行冷处理，还可在精磨后进行时效处理。

1. 化学成分特点

合金量具钢的成分与低合金刃具钢相同，即含碳量高（0.9%~1.5%）和加入提高淬透性的元素 Cr、W、Mn 等。

2. 热处理特点

淬火和低温回火时要采取措施提高组织的稳定性，以保证尺寸稳定性。合金量具钢在进行热处理时应注意以下几点。

1）在保证硬度的前提下应尽量降低淬火温度，以减少残留奥氏体量。

2）淬火后应立即进行-70~-80℃的冷处理，使残留奥氏体尽可能地转变为马氏体，然后进行低温回火。

3）精度要求高的量具在淬火、冷处理和低温回火后需进行 120~130℃、几至几十小时的时效处理，使马氏体正方度降低、残留奥氏体稳定和残余应力消除。为了去除磨加工中产生的应力，还要在 120~150℃保温 8h 进行第二次（或多次）时效处理。

3. 性能要求

量具在使用过程中要求测量精度高，不能因磨损或尺寸不稳定影响测量精度，因此对其性能的主要要求有以下两点。

1）高硬度（大于 56HRC）和高耐磨性。

2）高的尺寸稳定性，即热处理变形要小，在存放和使用过程中尺寸不发生变化。

4．典型钢种及牌号

合金量具钢的选用见表 6-17。尺寸小、形状简单、精度较低的量具选用高碳钢制造；复杂的精密量具一般选用低合金刃具钢；精度要求高的量具选用 CrMn、CrWMn、GCr15 等制造。

表 6-17　合金量具钢的选用

量具	牌号
平样板或卡板	10、20 或 50、55、60、60Mn、65Mn
一般量规与量块	T10A、T12A、9SiCr
高精度量规与量块	Cr、CrMn、GCr15
高精度且形状复杂的量规与量块	CrWMn（低变形钢）
耐蚀量具	4Cr13、9Cr18（不锈钢）

合金量具钢没有专用钢。GCr15 钢冶炼质量好，耐磨性及尺寸稳定性好，是优秀的量具材料。渗碳钢及氮化钢可在渗碳及氮化后制作精度不高但耐冲击的量具。

6.3　特殊性能钢

扫码看视频

特殊性能钢是指除具有一定的力学性能外，还具有特殊物理、化学性能的钢种。这种类型的合金钢主要有不锈钢、耐热钢和耐磨钢等。

6.3.1　不锈钢

不锈钢是指在自然环境或一定工业介质中具有较高耐蚀性的钢种。

1．金属腐蚀的一般概念

腐蚀通常可分为化学腐蚀和电化学腐蚀两种类型。金属在电解质中的腐蚀称为电化学腐蚀，金属在非电解质中的腐蚀称为化学腐蚀。

大部分金属的腐蚀都属于电化学腐蚀。电化学腐蚀实际是电池原理。图 6-17 为 Fe-Cu 电池示意图。铁和铜在电解质 H_2SO_4 溶液中构成了一个电池，由于铁电极的电位低，为阳极，铜电极的电位高，为阴极，所以阳极上铁被腐蚀，阴极上释放出氢气。

对于同一种合金，由于组成合金的相或组织不同，也会形成微电池，造成电化学腐蚀。例如，钢组织中的珠光体是由铁素体（F）和渗碳体（Fe_3C）两相组成的，在电解质溶液中会形成微电池，由于铁素体电极的电位低，为阳极，因此会被腐蚀；而渗碳体电极的电位较高，为阴极，所以不会被腐蚀，如图 6-18 所示。在观察碳钢的显微组织时，要把抛光的试样磨面放在硝酸酒精溶液中浸蚀，使铁素体腐蚀后，才能在显微镜下观察到珠光体的组织，就是利用电化学腐蚀的原理实现的。

小提示：电化学腐蚀是金属被腐蚀的主要原因。

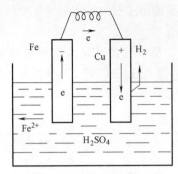

图 6-17 Fe-Cu 电池示意图

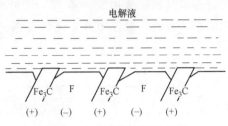

图 6-18 珠光体腐蚀示意图

提高金属的抗电化学腐蚀能力，通常采取以下措施。

1）尽量使金属在获得均匀的单相组织条件下使用，这样金属在电解质溶液中只有一个极。如在钢中加入 $w_{Ni}>24\%$ 的 Ni，会使钢在常温下获得单相的奥氏体组织。

2）加入合金元素，提高金属基体的电极电位。如在钢中加入 $w_{Cr}>13\%$ 的 Cr，则铁素体的电极电位由 -0.56V 提高到 0.2V，从而使金属的耐蚀性提高。

3）加入合金元素，使金属表面腐蚀后形成一层致密的氧化膜，又称钝化膜，把金属与介质分隔开，从而防止金属进一步的腐蚀。

2. 常用不锈钢

根据 GB/T 1220—2007《不锈钢棒》，不锈钢按正火后组织的不同，分为马氏体型不锈钢、铁素体型不锈钢、奥氏体型不锈钢和奥氏体-铁素体型不锈钢四种。其中奥氏体-铁素体型的不锈钢韧性强、抗应力腐蚀性较好。常用不锈钢的牌号、化学成分、热处理、力学性能及用途见表 6-18。

不锈钢牌号的表示方法与合金结构钢相同。例如，40Cr13 表示钢中平均 $w_C = 0.4\%$、$w_{Cr} = 13\%$ 的不锈、耐蚀钢。

（1）马氏体不锈钢 常用钢号有 12Cr13、20Cr13、30Cr13 和 40Cr13 等。它们的 $w_C = 0.1\% \sim 1.0\%$，其 $w_{Cr} = 13\% \sim 18\%$。这类钢的淬透性很好，在空冷时可得到马氏体组织，因此称为马氏体不锈钢。Cr 是提高耐蚀性的主要元素，其原因：一是 Cr 溶入基体可提高电极电位，使耐蚀性增加，即使是有条件形成微电池，基体金属也能成为阴极而受到保护；二是溶入基体后 Cr 能使钢的表面形成一层致密的 Cr_2O_3 薄膜，使钢与介质隔开，保护钢不被腐蚀。基体中含 Cr 量越多，其电极电位就越高，$w_{Cr}>13\%$ 的钢耐蚀性增加显著。钢中的碳含量取决于对性能的要求，碳含量多，钢中强度和硬度高，但耐蚀性差。因为碳含量多，碳化物也多，固溶体含铬量就少，电极电位就低，同时形成微电池也就越多，所以耐蚀性就越差。

Cr13 型不锈钢具有足够的耐蚀性。但因为铬单一的合金化，所以只有在氧化性介质（如在大气、水蒸气和氧化性酸等）中有较好的耐蚀性，而在非氧化性介质（如硫酸、盐酸和碱溶液等）中不能很好地形成钝化薄膜，因此耐蚀性很低。

由于钢中加入了大量的 Cr，使共析点 S 的位置大幅左移，结果使共析点成分由 $w_C = 0.8\%$ 变为 $w_C \approx 0.30\%$。因此一般把 12Cr13、20Cr13 当作亚共析钢，作为结构钢使用；而把 30Cr13、40Cr13 当作共析钢和过共析钢，作为工具钢使用。

表6-18 常用不锈钢的牌号、化学成分、热处理、力学性能及用途

类别	牌号	化学成分(质量分数,%)			热处理/℃		力学性能(不小于)				硬度HBW	用途举例
		C	Cr	其他	淬火	回火	R_{eL}/MPa	R_m/MPa	A(%)	Z(%)		
马氏体型	12Cr12	0.15	11.50~13.50	Si:1.00 Mn:1.00	950~100 油冷	700~750 快冷	345	540	22	55	≥159	可用于制作抗弱腐蚀介质并承受冲击载荷的零件,如汽轮机叶片、水压机阀、螺栓、螺母等
	20Cr13	0.16~0.25	12.00~14.00	Si:1.00 Mn:1.00	920~980 油冷	600~750 快冷	440	640	20	50	≥192	
	30Cr13	0.26~0.35	12.00~14.00	Si:1.00 Mn:1.00	920~980 油冷	600~750 快冷	540	735	12	40	≥217	可用于制作具有较高硬度和耐磨性的医疗器械、量具、滚动轴承等
	40Cr13	0.36~0.45	12.00~14.00	Si:0.60 Mn:0.80	1050~1100 油冷	200~300 空冷	—	—	—	—	≥50 (HRC)	
	95Cr18	0.90~1.00	17.00~19.00	Si:0.80 Mn:0.80	1000~1050 油冷	200~300 油、空冷	—	—	—	—	≥55 (HRC)	可用于制作不锈切片机械刀具、剪切刀具、手术刀具、高耐磨、耐蚀件等
铁素体型	10Cr17	0.12	16.00~18.00	Si:1.00 Mn:1.00	退火 780~850 空冷或缓冷		205	450	22	50	≤183	可用于制作硝酸工厂、食品工厂的设备
奥氏体型	06Cr19Ni10	0.08	18.00~20.00	Ni:8.00~11.00	固溶 1010~1150 快冷		205	520	40	60	≤187	具有良好的耐蚀性及耐晶间腐蚀性能,可作为良好的化学工业用耐蚀材料
	12Cr18Ni9	≤0.15	17.00~19.00	Ni:8.00~10.00	固溶 1010~1150 快冷		205	520	40	60	≤187	可用于制作耐酸、冷磷酸、有机酸及盐、碱溶液腐蚀的设备零件
奥氏体-铁素体型	022Cr25Ni6Mo2N	≤0.03	24.00~26.00	Ni:5.50~6.50 Mo:1.20~2.50 N:0.10~0.20 Si:≤1.00 Mn:≤2.00	固溶 950~1200 快冷		450	620	20	—	≤260	抗氧化性、耐点腐蚀性好、强度高,可作为耐海水腐蚀材料等
	022Cr19Ni5Mo3Si2N	≤0.03	18.00~19.50	Ni:4.50~5.50 Mo:2.50~3.00 Si:1.30~2.00 Mn:1.00~2.00 N:0.05~0.12	固溶 920~1150 快冷		390	590	20	40	≤290	适用于含有氯离子的环境,用于炼油、化肥、造纸、石油、化工等工业热交换器和冷凝器等

12Cr13 和 20Cr13 钢的热处理一般为调质处理，它在 1000~1050℃ 加热后油冷（或水冷），然后在 700~790℃ 温度范围内回火，得到回火索氏体（S）组织。其 R_m 可达 600MPa 以上，常用于制作汽轮机叶片、水压机阀、蒸汽管附件和非切削用的医疗工具等。

30Cr13 和 40Cr13 钢的热处理采用 1050℃ 加热，经油冷后，再在 200~300℃ 温度范围内回火，得到回火马氏体（M），具有较高的强度和硬度。其硬度达 50HRC，常用于制作防锈的医疗器械、医用切削刀具和热液压泵轴等。

（2）铁素体不锈钢 常用的铁素体不锈钢的 $w_C < 0.15\%$，$w_{Cr} = 12\% ~ 30\%$，也属于 Cr 不锈钢，典型牌号有 10Cr17、10Cr17Mo 等。由于碳含量相应地降低，含铬量又相应地提高，钢从室温加热到高温（960~1100℃），其显微组织始终是单相铁素体组织。图 6-19 为 9Cr-OSD（氧化物弥散强化）铁素体不锈钢的显微组织。其耐蚀性、塑性、焊接性均优于马氏体不锈钢。对于高铬铁素体不锈钢，其抗氧化性介质腐蚀的能力较强，随含铬量增加，耐蚀性逐步提高。钢中加入 Ti 能细化晶粒，稳定 C 和 N，改善钢的韧性和焊接性。

铁素体不锈钢由于加热和冷却时不发生相变，因此不能用热处理方法使钢强化。若在加热过程中晶粒粗化，只能应用冷塑性变形及再结晶来改善组织和性能。

这类钢若在 450~550℃ 停留，会引起钢的脆化，称为"475℃脆性"。通过加热到约 600℃ 再快冷，可以消除脆化。此外，应注意这类钢在 600~800℃ 长时间加热还会产生硬而脆的 σ 相，使材料产生 σ 相脆性。

另外，在 925℃ 以上急冷时，会产生晶间腐蚀倾向和晶粒显著粗化带来的脆性，可经过 650~815℃ 短时回火消除。

图 6-19 9Cr-OSD 铁素体钢的显微组织

这类钢的强度显然比马氏体不锈钢低，主要用于制造耐蚀零件，广泛用于硝酸和氮肥工业中。

（3）奥氏体不锈钢 在 $w_{Cr} = 18\%$ 的钢中加入 $w_{Ni} = 8\% ~ 11\%$ 的 Ni，就是 18-8 型的奥氏体不锈钢，如典型的 12Cr18Ni9。这类钢由于 Ni 的加入，扩大了奥氏体区域，从而在室温下就能得到亚稳定的单相奥氏体组织。由于含有较高的 Cr 和 Ni，显微组织为单相的奥氏体组织，如图 6-20 所示，因而具有比铬不锈钢更高的化学稳定性和更好的耐蚀性，是目前应用最多的一类不锈钢。

18-8 型不锈钢，在退火状态下为奥氏体+碳化物的组织，碳化物的存在对钢的耐蚀性有很大损伤，故通常采用固溶处理的方法，即把钢加热到 1100℃ 后水冷，使碳化物溶解在高温下所得到的奥氏体中，再通过快速冷却，在室温下获得单相的奥氏体组织。

这类钢不仅耐蚀性很好，而且钢的冷热加工性和焊接性也很好，广泛用于制造化工生产中的某些设备及管道等。

奥氏体不锈钢还具有一定的耐热性，但在 450~850℃ 加热，或在焊接时，由于在晶界析出铬的碳化物 $Cr_{23}C_6$，使晶界附近的含铬量降低，在介质中会引起晶间腐蚀。因此常在钢中

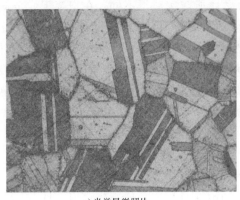
a) 光学显微照片

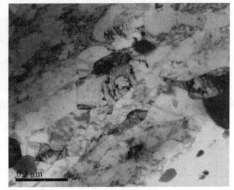
b) 透射电镜照片

图 6-20　奥氏体不锈钢的显微组织

加入稳定碳化物元素 Ti、Nb 等，使之优先与 C 结合形成稳定性高的 TiC 或 NbC，从而可防止产生晶间腐蚀倾向。另外，由于 TiC 和 NbC 在晶内析出，呈弥散分布，且高温下不易长大，所以可以提高钢的高温强度。如常用的 12Cr18Ni9，既是无晶间腐蚀倾向的不锈钢，也是可在 600~700℃高温下长期使用的耐热钢。

为了防止晶间腐蚀，也可以进一步降低钢的碳含量，即生产超低碳的不锈钢，如 06Cr19Ni10，02Cr17Ni7 等（其 w_C 分别为 0.08%和 0.03%）。对于已产生晶间腐蚀倾向的零件，也可通过固溶处理消除晶间腐蚀。

> **小提示：**尽管奥氏体不锈钢是一种性能优良的耐蚀钢，但在有应力的情况下或在某些介质中，特别是在含有氯化物的介质中，常产生应力腐蚀破裂，一般介质的温度越高，钢越容易产生应力腐蚀破裂。这也是奥氏体不锈钢的一个缺点。

6.3.2　耐热钢

在高温的介质中能保持足够的强度和抗氧化性能的钢称为耐热钢。它主要用于汽轮机、动力机械、锅炉、石油化工和航空等领域。

1. 钢的耐热性

钢的耐热性包括高温抗氧化性和高温强度两方面。高温抗氧化性是指钢在高温下对氧化作用的抗力，而高温强度则是指钢在高温下承受机械负荷的能力。因此，耐热钢既要求高温抗氧化性能好，又要求高温强度高。

（1）高温抗氧化性　金属的高温抗氧化性，通常不是说在高温下不氧化，而是指在高温下金属表面迅速氧化后形成一层致密的氧化膜，使钢不再继续氧化。一般碳钢在高温下很容易氧化，这主要是由于在高温下钢的表面生成疏松多孔的氧化亚铁 FeO，容易剥落，而且氧原子不断地通过 FeO 扩散，使钢继续氧化。为了提高钢的抗氧化性能，一般是采用合金化方法，加入 Cr、Si、Al 等元素，使钢在高温下与氧接触时，在表面上形成致密且高熔点的氧化膜（如 Cr_2O_3、SiO_2、Al_2O_3），牢固地覆盖在钢的表面，使钢在高温气体中的氧化过程难以继续进行。例如，在钢中加 $w_{Cr} = 15\%$ 的 Cr，其抗氧化温度可达 900℃；在钢中加 $w_{Cr} = 20\% \sim 25\%$ 的 Cr，其抗氧化温度可达 1100℃。

（2）高温强度　金属在高温下所表现的力学性能与室温下不同。在室温下，金属的强度值与载荷作用的时间无关；但在高温下，当工作温度高于再结晶温度、工作应力大于此温度下的弹性极限时，随时间的延长，金属会发生极其缓慢的塑性变形，这种现象称作蠕变。在高温下，金属的强度是用蠕变强度和持久强度来表示。蠕变强度是指金属在一定温度下，一定时间内，产生一定变形量所能承受的最大应力。例如，$\sigma_{0.1/1000}^{600} = 88\text{MPa}$，表示在 600℃下，1000h 内，引起 0.1%变形量时所能承受的最大应力值为 88MPa。持久强度是指金属在一定温度下，一定时间内，所能承受的最大断裂应力。例如，$\sigma_{100}^{800} = 186\text{MPa}$，表示在 800℃下，约 100h 所能承受的最大断裂应力为 186MPa。

为了提高钢的高温强度，通常采用以下几种措施：

1）固溶强化。固溶体的热强性首先取决于固溶体自身的晶体结构，由于面心立方的奥氏体晶体结构比体心立方的铁素体排列得更紧密，因此奥氏体耐热钢的高温强度高于铁素体为基的耐热钢。在钢中加入合金元素，形成单相固溶体，可提高原子结合力，减缓元素的扩散，若提高再结晶温度，能进一步提高高温强度。

2）析出强化。在固溶体中沉淀析出稳定的碳化物、氮化物、金属间化合物，也是提高耐热钢高温强度的重要途径之一。如加入 Nb、Ti、V 等，形成 NbC、TiC、VC 等，在晶内弥散析出，阻碍位错的滑移，可提高塑变抗力和高温强度。

3）强化晶界。材料在高温下（大于等强温度 T_e）的晶界强度低于晶内强度，晶界成为薄弱环节，如图 6-21 所示。通过加入 Mo、Zr、V、B 等晶界吸附元素，降低晶界表面能，使晶界碳化物趋于稳定，使晶界强化，从而提高钢的高温强度。

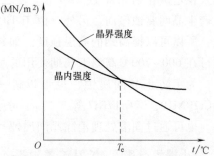

图 6-21　金属强度与温度的关系

2. 常用的耐热钢

（1）牌号　常用耐热钢的牌号、化学成分、热处理、力学性能及用途见表 6-19 表中数据来自 GB/T 1221—2007《耐热钢棒》。

（2）分类　耐热钢按组织不同可分为以下四类。

1）珠光体型耐热钢。这类钢合金元素总含量小于 5%，是低合金耐热钢。常用牌号有 15CrMo、12CrMoV、25Cr2MoVA、35CrMoV 等，主要用于制作锅炉炉管、耐热紧固件、汽轮机转子、叶轮等。此类钢的使用温度应小于 600℃。

2）马氏体型耐热钢。这类钢通常是在 Cr13 型不锈钢的基础上加入一定量的 Mo、V、W 等元素。Mo、W 可提高再结晶温度，V 可提高高温强度。此类钢的使用温度应小于 650℃，为保持在使用温度下钢的组织和性能稳定，需进行淬火和回火处理。此类钢常用于制作承受载荷较大的零件，如汽轮机叶片等。常用牌号有 12Cr13 和 12Cr11MoV。

3）奥氏体型耐热钢。这类钢含有较多的 Cr 和 Ni。Cr 可提高钢的高温强度和抗氧化性，Ni 可促使钢形成稳定的奥氏体组织。此类钢的工作温度为 650～700℃，常用于制造锅炉和汽轮机零件。常用牌号有 12Cr18Ni9 和 45Cr14Ni14W2Mo。12Cr18Ni9 作耐热钢使用时，要进行固溶处理和时效处理，以进一步稳定组织。

表6-19 常用耐热钢牌号、化学成分、热处理、力学性能及用途（GB/T 1221—2007）

类别	牌号	化学成分（质量分数，%）					热处理/℃		力学性能			用途
		C	Si	Mn	Cr	其他	淬火	回火	$R_{p0.2}$ /(N/mm²)	R_m /(N/mm²)	布氏硬度 HBW	
奥氏体型	5Cr21Mn9Ni4N	0.48~0.58	≤0.35	8.00~10.00	20.00~22.00	N：0.35~0.50	1100~1200 空冷	730~780	560	885	≥302	可用于制作经受高温强度为主的汽油机及柴油机用排气阀
	2Cr21Ni12N	0.15~0.28	0.75~1.25	1.00~1.60	20.00~22.00	N：0.15~0.30	1050~1150 空冷	750~800	430	820	≤269	可用于制作抗氧化为主的汽油机及柴油机用排气阀
	2Cr23Ni13	≤0.20	≤1.00	≤2.00	22.00~24.00	—	1030~1150	—	205	560	≤201	它是可承受980℃以下反复加热的抗氧化钢，可用于制作加热炉部件、重油燃烧器
	20Cr25Ni20	≤0.25	≤1.50	≤2.00	24.00~26.00		1030~1180	—	205	590	≤201	它是可承受1035℃以下反复加热的抗氧化钢，可用于制作炉用部件、喷嘴、燃烧室
马氏体型	42Cr9Si2	0.35~0.50	2.00~3.00	≤0.70	8.00~10.00	Ni：≤0.60	1020~1040 油冷	700~780 油冷	590	885	—	有较高的热强性，可用于制作内燃机进气阀，轻负荷发动机的排气阀
	40Cr10Si2Mo	0.35~0.45	1.90~2.60	≤0.70	9.00~10.50	Ni：≤0.60 Mo：0.70~0.90	1010~1040 油冷	720~760 空冷	685	885	—	有较高的热强性，可用于制作内燃机进气阀，轻负荷发动机的排气阀
	14Cr11MoV	0.11~0.18	≤0.50	≤0.60	10.00~11.50	Ni：≤0.60 V：0.25~0.40 Mo：0.50~0.70	1050~1100 油冷	720~740 空冷	490	685	—	有较高的热强性及良好的减振性及组织稳定性，可用于制作透平叶片及导向叶片
	15Cr12WMoV	0.12~0.18	≤0.50	0.50~0.90	11.00~13.00	Mo：0.50~0.70 Ni：0.40~0.80 V：0.18~0.30 W：0.70~1.10	1000~1050 油冷	680~700 空冷	585	735	—	有较高的热强性及良好的减振性及组织稳定性，可用于制作透平叶片、紧固件、转子及轮盘
	12Cr13	≤0.15	≤1.00	≤1.00	11.50~13.50	Ni：≤0.60	950~1000 油冷	700~750 快冷	345	540	≥159	可用于制作800℃以下耐氧化用部件

4）铁素体型耐热钢。这类钢主要含有 Cr，可提高钢的抗氧化性。钢经退火后可制作在 900℃以下工作的耐氧化零件，如散热器等。常用牌号有 10Cr17 等，10Cr17 可长期在 580~650℃温度范围内使用。

6.3.3 耐磨钢

广义上讲，表面强化结构钢、工具钢和滚动轴承钢等具有高耐磨性的钢种都可称为耐磨钢，但这里所指的耐磨钢主要是在强烈冲击载荷或高压力的作用下发生表面硬化而具有高耐磨性的高锰钢，如车辆履带、挖掘机铲斗、破碎机颚板和铁轨分道岔等。

常用的高锰钢的牌号有 ZGMn13（ZG 是铸钢两字汉语拼音的首字母）等，这种钢的 $w_C = 0.8\% \sim 1.4\%$，可保证钢的耐磨性和强度；$w_{Mn} = 11\% \sim 14\%$，锰是扩大奥氏体区的元素，它与碳配合，使钢在常温下呈现单相奥氏体组织，因此高锰钢又称为奥氏体锰钢。

为了使高锰钢具有良好的韧性和耐磨性，必须对其进行水韧处理，即将钢加热到 1000~1100℃，保温一定时间，使碳化物全部溶解，然后在水中冷却。由于碳化物来不及析出。在室温下可获得均匀单一的奥氏体组织。此时钢的硬度很低（约为 210HBW），韧性却很高。当工件在工作中受到强烈冲击或强大压力时，高锰钢表面层的奥氏体会产生变形出现加工硬化现象，并且会发生马氏体转变及碳化物沿滑移面析出现象，使硬度显著提高，能迅速达到 500~600HBW，耐磨性也大幅增加，心部则仍然是奥氏体组织，保持原来的高塑性和高韧性状态。注意，高锰钢经水韧处理后，不可再回火或在高于 300℃ 的温度下工作，否则碳化物又会沿奥氏体晶界析出而使钢脆化。

高锰钢常用于制作球磨机衬板、破碎机颚板、挖掘机斗齿、坦克或某些重型拖拉机的履带板、铁路道岔和防弹钢板等。但在一般机器工作条件下，材料只承受较小的压力或冲击力，不能产生或仅有较小的加工硬化效果，也不能诱发马氏体转变，此时高锰钢的耐磨性甚至低于一般的淬火高碳钢或铸铁。

6.4 铸铁的石墨化

扫码看视频

铸铁是 $w_C > 2.11\%$ 的铁碳合金，并且还含有较多的 Si、Mn 和一定的 S、P 等元素。铸铁是一种使用历史悠久的重要工程材料。我国在春秋时期已发明了生铁冶炼技术，并用其制造生产工具和生活用具，比西欧各国早近两千年。现在，铸铁仍是工程上最常用的金属材料，广泛应用在机械制造、冶金、矿山、石油化工、交通等行业。

铸铁的性能与其组织中所含的石墨有密切的关系。本节从石墨的形成过程开始，讨论各类铸铁的组织、性能及用途。

1. Fe-Fe₃C 和 Fe-G 双重相图

铸铁的石墨化就是铸铁中 C 原子析出和形成石墨的过程。一般认为石墨既可以从铁液中析出，也可以从奥氏体中析出，还可以由渗碳体分解得到。石墨是碳的一种结晶形态，具有六方晶格，原子呈层状排列，如图 6-22 所示。石墨本身的强度和塑性非常低。

铸铁中碳以石墨和渗碳体两种形式出现，石墨是稳定相，渗碳体是一个亚稳定相，它在热力学上是不稳定的，在一定条件下将分解为石墨，即 $Fe_3C \longrightarrow 3Fe + C$。因此描述铁碳合金结晶过程和组织转变的相图实际上有两个，一个是 Fe-Fe₃C 系相图（铁-碳合金亚稳定系相图），另一个是 Fe-G（石墨）系相图（铁-碳合金稳定系相图）。研究铸铁时，通常把两者叠合在一起，可得到铁碳合金的双重相图，如图 6-23 所示。图中实线表示 Fe-Fe₃C 系相图，部分实线再加上虚线表示 Fe-G 系相图，虚线与实线重合的线条以实线表示。

由图 6-23 中可见：虚线都位于实线的上方或左上方；在 Fe-G 系相图中，碳在液态合金、奥氏体和铁素体中的溶解度都比在 Fe-Fe₃C 系相图中的溶解度小；发生石墨转变的共晶温度和共析温度都比发生渗碳体转变的共晶温度和共析温度高。当铸铁自液态冷却到固态时，若按 Fe-Fe₃C 系相图结晶，可得到白口铸铁；若按 Fe-G 系相图结晶，便会析出石墨，即发生

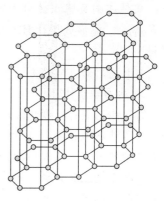

图 6-22　石墨的晶体结构

石墨化过程。当铸铁自液态冷却到室温时，既按 Fe-Fe₃C 系相图，同时又按 Fe-G 系相图进行，则固态由铁素体、渗碳体及石墨三相组成。

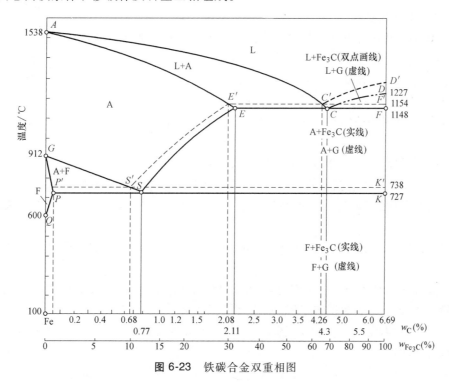

图 6-23　铁碳合金双重相图

综上所述，按 Fe-Fe₃C 系相图进行结晶，可得到白口铸铁；按 Fe-G 系相图进行结晶，将析出和形成石墨，即发生石墨化过程。

2．热力学条件

1）当合金温度高于 1154℃时，由于共晶液体的亥姆霍兹自由能最低，因此不会发生任何相变。

2）当合金过冷到 1154~1148℃时，共晶液体亥姆霍兹自由能高于（奥氏体+石墨）共晶体的亥姆霍兹自由能 F_{A+G}，因此会发生液体——→奥氏体+石墨的共晶转变。

3）当合金过冷到 1148℃温度以下时，共晶液体的亥姆霍兹自由能高于（奥氏体+石

墨）共晶体的亥姆霍兹自由能 F_{A+G}，也高于（奥氏体+渗碳体）共晶体的亥姆霍兹自由能 F_{A+Fe_3C}，而形成奥氏体+石墨，亥姆霍兹自由能差更大，热力学条件对铸铁石墨化有利。

由上述可知，从热力学上讲，碳在结晶过程中倾向于形成石墨。

3. 动力学条件

铸铁能否进行石墨化除取决于热力学条件外，还取决于和石墨化有关的动力学条件。共晶成分铸铁的液相 $w_C = 4.3\%$，渗碳体的 $w_C = 6.69\%$，而石墨的 $w_C \approx 100\%$，液相与渗碳体的碳含量差较小。从晶体结构的相似程度来分析，渗碳体的晶体结构比石墨更接近于液相。因而，液相结晶时有利于渗碳体晶核的形成。与此相反，石墨形核和长大时，不仅需要碳原子通过扩散而集中，还要求铁原子从石墨长大的前沿做相反方向扩散，故石墨较难长大。而渗碳体的结晶长大过程主要依赖碳原子的扩散，并不要求铁原子做长距离的迁移，所以长大速度快。可见，结晶形核和长大过程的动力学条件都有利于渗碳体的形成。当结晶冷却速度（过冷度）增大时，动力学条件的影响表现得更为强烈。

4. 铸铁的石墨化过程

铸铁中碳原子析出并形成石墨的过程称为石墨化。石墨既可以从液体和奥氏体中析出，也可以通过渗碳体分解来获得。灰铸铁和球墨铸铁中的石墨主要是从液体中析出；可锻铸铁中的石墨则完全由白口铸铁经长时间退火，由渗碳体分解得到。灰铸铁的石墨化过程按 Fe-G 系相图进行（图 6-23）。

蠕墨铸铁和球墨铸铁的石墨化过程和灰铸铁的石墨化过程类似，只是石墨的形态有所不同而已。

铸铁的石墨化过程可以分为高温、中温、低温三个阶段。

1）高温石墨化阶段包括：低于液相线 CD 以下温度冷却自液体中析出的一次石墨 G_I 和低于共晶线 ECF（温度 1154℃）的共晶成分（C 点 $w_C = 4.26\%$）发生共晶反应结晶出共晶石墨 G。

2）中温石墨化阶段包括：低于共晶线 ECF 以下冷却沿 ES 线从奥氏体中析出二次石墨。G_{II}。

3）低温石墨化阶段包括：略低于共析线 PSK 以下（温度 738℃）的共析成分（S 点 $w_C = 0.68\%$）奥氏体发生共析转变析出石墨 G。

理论上讲，在温度线 PSK 以下冷却至室温，还可能从铁素体中析出三次石墨，但因为数量极微，常忽略。

在高温、中温阶段，碳原子的扩散能力强，石墨化过程比较容易进行；在低温阶段，碳原子的扩散能力较弱，石墨化过程进行困难。在高温、中温和低温阶段石墨化过程都没有实现，碳以 Fe_3C 形式存在的铸铁称为白口铸铁。在高温、中温阶段，石墨化过程得以实现，碳主要以 G 形式存在的铸铁称为灰铸铁。在高温阶段石墨化过程得以实现，而中温、低温阶段石墨化过程没有实现，碳以 G 和 Fe_3C 两种形式存在的铸铁称为麻口铸铁。

如果按照平衡过程转变，铸铁成形后由铁素体与石墨（包括一次、共晶、二次、共析石墨）两相组成。在实际生产中，由于化学成分、冷却速度等各种工艺制度不同，各阶段石墨化过程进行的程度也不同，从而可获得各种不同金属基体的铸态组织，铸铁石墨化过程进行的程度与铸铁组织的关系见表 6-20。

表 6-20　铸铁石墨化过程进行的程度与铸铁组织

类别	第一阶段石墨化	第二阶段石墨化	第三阶段石墨化	组织特征	组织
白口铸铁	不进行	不进行	不进行	有 L'd 无 G	$L'd+P+Fe_3C_{II}$ $L'd$ $L'd+Fe_3C_I$
麻口铸铁	部分进行	部分进行	不进行	有 L'd 有 G	$L'd+P+G$
灰铸铁	充分进行	充分进行	充分进行 部分进行 不进行	无 L'd 有 G	$F+G$ $F+P+G$ $P+G$

1）第一阶段石墨化形成一次石墨和共晶石墨，即 $L_{C'} \longrightarrow G$（一次），$L_{C'} \longrightarrow A_{E'}+G$（共晶）。

2）第二阶段石墨化，奥氏体析出二次石墨，即 $A_{E'} \longrightarrow G$（二次）。

3）第三阶段石墨化形成共析石墨和 F 中析出三次石墨，即 $A_{E'} \longrightarrow F_{P'}+G$（共析），$F \longrightarrow G$（三次）。

> **小提示：** 在生产中，调整碳、硅含量是控制铸铁组织和性能的基本措施。

5. 影响石墨化的因素

铸铁的组织取决于石墨化进行的程度，为了获得所需的组织，就必须恰当地控制铸铁的石墨化。实践证明，铸铁的化学成分和结晶时的冷却速度是影响石墨化和铸铁显微组织的主要因素。

（1）化学成分的影响

1）C 和 Si 是强烈促进石墨化的元素，C、Si 的含量越高，越容易获得灰铸铁组织。这是因为随碳含量的增加，液态铸铁中结晶出的石墨越多、越粗大，故促进了石墨化；Si 与 Fe 的结合力较强，削弱了 Fe 与 C 原子间的结合力，Si 还会使共晶点的碳含量降低，共晶转变温度升高，有利于石墨的析出。但 C、Si 含量过高时，易生成过多且粗大的石墨，降低铸件的性能。因此，灰铸铁中的 C、Si 含量一般控制范围是 $w_C = 2.5\% \sim 4.0\%$，$w_{Si} = 1.0\% \sim 2.5\%$。

2）S 是强烈阻碍石墨化的元素。S 使铸铁白口化，而且还降低铸铁的铸造性能和力学性能，故应严格控制其含量，一般为 $w_S < 0.15\%$。

3）Mn 是阻碍石墨化的元素。但 Mn 可与 S 形成 MnS，减弱 S 的有害作用，间接促进石墨化。故铸铁中含 Mn 量应适当，一般为 $w_{Mn} = 0.5\% \sim 1.4\%$。

4）P 是微弱促进石墨化的元素，可提高铁液的流动性。当 $w_P > 0.3\%$ 时，会形成磷共晶体。磷共晶体硬而脆，会降低铸铁的强度，增加铸铁的冷裂倾向，但可提高铸铁的耐磨性。所以，若要求铸铁有较高强度时，则 $w_P < 0.12\%$；若要求铸铁有较高耐磨性时，则 $w_P = 0.5\%$。一般，铸铁中 $w_P < 0.3\%$。

（2）冷却速度的影响　铸铁的石墨化程度还取决于冷却速度。冷却速度越慢，越利于碳原子的扩散，促使石墨化进行；冷却速度越快，析出渗碳体的可能性就越大。这是由于渗碳体的碳含量（$w_C = 6.69\%$）比石墨（$w_C = 100\%$）更接近于合金的碳含量（$w_C = 2.5\% \sim 4.0\%$）。

影响铸铁冷却速度的因素主要有浇注温度、铸件壁厚、铸型材料等。当其他条件相同时，提高浇注温度，可使铸型温度升高，冷却速度减慢；铸件壁厚越大或铸型材料导热性越差，冷却速度越慢。

由图 6-24 可见，铸件壁越薄，C、Si 含量越低，越容易形成白口组织。因此，调整 C、Si 含量及冷却速度是控制铸铁组织和性能的重要措施。

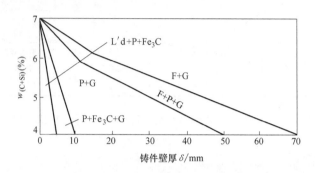

图 6-24 不同 C、Si 含量，不同壁厚（冷却速度）铸件的组织

6.5 常用铸铁

6.5.1 铸铁的分类

扫码看视频

1. 按碳存在的形式分类

按碳存在的形式可将铸铁分为以下三类：

（1）灰口铸铁 在灰铸铁中的碳主要以石墨形式存在，断口呈灰色。工业上的铸铁大多是这一类铸铁，其力学性能虽然不高，但生产工艺简单，价格低廉，故在工业上广泛应用。

（2）白口铸铁 白口铸铁的第一、第二阶段的石墨化全部被抑制，完全按图 6-23 中实线结晶，除少量溶于铁素体外，碳都以渗碳体形式存在，断口呈白色。白口铸铁的组织形貌如图 6-25 所示。这类铸铁组织中都存在共晶莱氏体，硬而脆，很难切削加工，主要用作炼钢原料。但由于它的耐磨性高，也可铸造出表面有一定深度的白口层，而中心为灰铸铁的铸件，称为冷硬铸铁件。冷硬铸铁适用于要求耐磨的零件，如轧辊、球磨机的磨球及犁铧等。

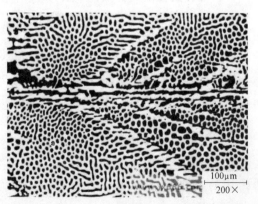

a) 过共晶　　　　　　　　　　　　　　b) 共晶

图 6-25 白口铸铁的组织形貌

（3）麻口铸铁　麻口铸铁中的碳部分以渗碳体和部分以石墨形式共存，断口呈灰白色。这种铸铁有较大脆性，工业上很少应用。

2. 按石墨的形态分类

铸铁中石墨的形状、大小和分布情况，称为石墨的形态。常见的铸铁石墨形态有 20 余种，可将其归纳为片状、球状、絮状及蠕虫状四大类，如图 6-26 所示。灰口铸铁又可据此相应分为普通灰铸铁、球墨铸铁、可锻铸铁及蠕墨铸铁四类。

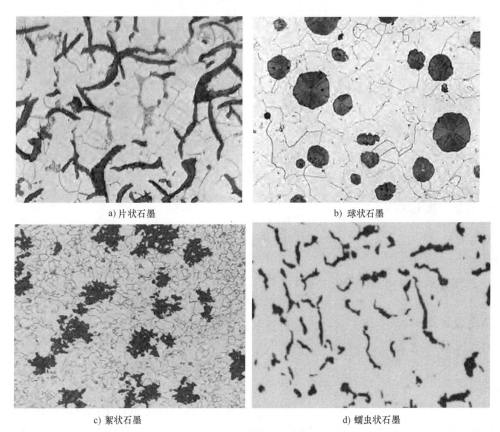

a) 片状石墨　　　　　　　　　　b) 球状石墨

c) 絮状石墨　　　　　　　　　　d) 蠕虫状石墨

图 6-26　铸铁石墨形态

铸铁中石墨的形态、尺寸及分布状况对力学性能的影响很大，见表 6-21。铸铁中石墨状况主要受铸铁的化学成分及工艺过程的影响。通常铸铁中石墨形态（片状或球状）在铸造后即形成，也可将白口铸铁退火，让其中部分或全部的碳化物转化为团絮状形态的石墨。

表 6-21　各种铸铁的力学性能

材料种类	组织	抗拉强度 R_m/MPa	屈服强度 R_{eL}/MPa	抗弯强度 σ_{bb}/MPa	伸长率 A(%)	冲击韧度 a_K /(J/cm²)	硬度 HBW
铁素体灰铸铁	F+ G片	100~150	—	260~330	<0.5	1~11	143~229
珠光体灰铸铁	P+ G片	200~250	—	400~470	<0.5	1~11	170~240
孕育铸铁	P+ G细片	300~400	—	540~680	<0.5	1~11	207~296
铁素体可锻铸铁	F+G团	300~370	190~280	—	6~12	15~29	120~163
珠光体可锻铸铁	P+ G团	450~700	280~560	—	2~5	5~20	152~270

（续）

材料种类	组织	抗拉强度 R_m/MPa	屈服强度 R_{eL}/MPa	抗弯强度 σ_{bb}/MPa	伸长率 $A(\%)$	冲击韧度 a_K /（J/cm²）	硬度 HBW
铁素体球墨铸铁	F+ G球	400~500	250~350	—	5~20	>20	147~241
珠光体球墨铸铁	P+G球	600~800	420~560	—	>2	>15	229~321
白口铸铁	P+Fe₃C+L'd	230~480	—	—	—	—	375~530
铁素体蠕墨铸铁	F+ G虫	>286	>204	—	>3	—	>120
珠光体蠕墨铸铁	P+G虫	>393	>286	—	>1	—	>180
45 钢	F+P	610	360	—	16	80	<229

3. 按化学成分分类

按化学成分又可将铸铁分为以下两类。

（1）普通铸铁　普通铸铁即常规元素的铸铁，如普通灰铸铁、高强度灰铸铁（球墨铸铁、可锻铸铁、蠕墨铸铁）等。

（2）合金铸铁　合金铸铁又称为特殊性能铸铁，是向普通灰铸铁或球墨铸铁中加入一定量的合金元素（如 Cr、Ni、Cu、Al、Pb 等）制成的铸铁。

6.5.2　灰铸铁

灰铸铁价格便宜，是应用最为广泛的一种铸铁，在各类铸铁的总产量中，灰铸铁的产量占 80% 以上。

1. 灰铸铁的化学成分和组织特征

在生产中，为浇注出合格的灰铸铁件，一般应根据所生产的铸铁牌号、铸铁壁厚、造型材料等因素来调节铸铁的化学成分，这是控制铸铁组织的基本方法。

灰铸铁的成分大致范围为：$w_C = 2.5\% \sim 4.0\%$，$w_{Si} = 1.0\% \sim 3.0\%$，$w_{Mn} = 0.25\% \sim 1.0\%$，$w_S = 0.02\% \sim 0.20\%$，$w_P = 0.05\% \sim 0.50\%$。具有上述成分范围的铁液在进行缓慢冷却凝固时，将发生石墨化，析出片状石墨。其断口呈灰色，所以称为灰铸铁。

普通灰铸铁的组织是由片状石墨和钢的基体两部分组成的。根据不同阶段石墨化程度的不同金属基体可分为铁素体、铁素体+珠光体和珠光体三种，相应地便有三种不同基体组织的灰铸铁，它们的显微组织如图 6-27 所示。

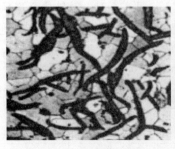

a) 铁素体　　　　　　　　　b) 铁素体+珠光体　　　　　　　c) 珠光体

图 6-27　不同基体组织的灰铸铁显微组织

灰铸铁的金属基体和碳钢的组织相似，依化学成分、工艺条件和热处理状态不同，可以分别获得铁素体、珠光体、索氏体、屈氏体、马氏体等组织，其性能也和钢的组织类似。

2. 灰铸铁的牌号

我国灰铸铁的牌号用"灰铁"二字的汉语拼音的首字母"HT"和一组数字来表示,其中数字表示最低抗拉强度值。例如,HT100 表示最低抗拉强度为 100MPa 的灰铸铁。灰铸铁的牌号、化学成分及金相组织见表 6-22。

表 6-22　灰铸铁的牌号、化学成分及金相组织

牌号	主要壁厚/mm	化学成分(质量分数,%)					金相组织	
		C	Si	Mn	P	S	石墨	基体
HT100	—	3.4~3.9	2.1~2.6	0.5~0.8	<0.3	<0.15	初晶石墨,长度250~1000μm,无定向分布,w_C=12%~15%	珠光体30%~70%(粗片状),铁素体30%~70%
HT150	<30	3.3~3.5	2.0~2.4	0.5~0.8	<0.2	≤0.12	片状石墨,长度120~150μm,无定向分布,w_C=7%~11%	珠光体40%~90%(中粗片状),铁素体10%~60%,二元磷共晶<7%
	30~50	3.2~3.5	1.9~2.3	0.5~0.8	<0.2	≤0.12		
	>50	3.2~3.5	1.8~2.2	0.6~0.9	<0.2	≤0.12		
HT200	<30	3.2~3.5	1.6~2.0	0.7~0.9	<0.15	≤0.12	80%~90%片状石墨,10%~20%过冷石墨;长度60~250μm,无定向分布,w_C=6%~9%	珠光体>95%(中片状),铁素体<5%,二元磷共晶<4%
	30~50	3.1~3.4	1.5~1.5	0.8~1.0	<0.15	≤0.12		
	>50	3.0~3.3	1.4~1.6	0.8~1.0	<0.15	≤0.12		
HT250	<30	3.0~3.3	1.4~1.7	0.8~1.0	<0.15	≤0.12	85%~90%片状石墨,5%~15%过冷石墨;长度60~250μm片状石墨,长度120~150μm过冷石墨;无定向分布,w_C=4%~7%	珠光体>98%(中细片状),二元磷共晶<2%
	30~50	2.9~3.2	1.3~1.6	0.9~1.1	<0.15	≤0.12		
	>50	2.8~3.1	1.2~1.5	1.0~1.2	<0.15	≤0.12		
HT300	<30	2.9~3.2	1.4~1.7	0.8~1.0	<0.15	≤0.12	85%~95%片状石墨,5%~20%过冷石墨;长度30~120μm,w_C=3%~6%	珠光体>98%(中细片状),二元磷共晶<2%
	30~50	2.9~3.2	1.2~1.5	0.9~1.1	<0.15	≤0.12		
	>50	2.8~3.1	1.1~1.4	1.0~1.2	<0.15	≤0.12		
HT350	<30	2.8~3.1	1.3~1.6	1.0~1.3	<1.0	≤0.10	75%~90%片状石墨;10%~25%过冷石墨;长度30~120μm,w_C=2%~4%	珠光体>98%(细片状),二元磷共晶<1%
	30~50	2.8~3.1	1.2~1.5	1.0~1.3	<1.0	≤0.10		
	>50	2.7~3.0	1.1~1.4	1.1~1.4	<1.0	≤0.10		

3. 灰铸铁的性能

(1) 灰铸铁的组织对性能的影响　灰铸铁的组织由金属基体和片状石墨组成,其性能取决于金属基体和片状石墨的数量、大小和分布。由于石墨的强度极低,在铸铁中相当于裂缝或空洞,减少铸铁基体的有效承载面积,片状石墨端部易引起应力集中,因此灰铸铁的抗拉强度、塑性和韧性都低于碳素铸钢,特别是塑性、韧性几乎为零。

铁素体的强度、硬度低,而塑性、韧性高。所以,铁素体基体灰铸铁强度低;而由于石墨片割裂金属基体,导致伸长率和冲击韧性均很低。

珠光体具有较高的强度、硬度和耐磨性,故珠光体基体灰铸铁的强度、硬度和耐磨性均优于铁素体基体灰铸铁,而塑性、韧性相差无几,所以珠光体基体灰铸铁获得了广泛的

使用。

在实际生产中，获得100%珠光体基体组织的灰铸铁是比较困难的。故通常灰铸铁铸态的基体组织都是珠光体+铁素体组织。

（2）灰铸铁的性能　与普通碳钢相比，灰铸铁的性能具有如下特点：

1）力学性能低。灰铸铁的抗拉强度和塑性、韧性都远远低于钢。这是由于灰铸铁中片状石墨（相当于微裂纹）的存在，不仅在其尖端处引起应力集中，而且破坏了基体的连续性，所以灰铸铁抗拉强度很差，塑性和韧性几乎为零。一般说来，石墨数量越多，石墨"共晶团"越粗大，石墨片的长度越长，石墨的两端越尖锐，则抗拉强度降低的数值越大。灰铸铁的金属基体中珠光体数量越多，珠光体中Fe_3C片层越细密，则抗拉强度值越高。通常灰铸铁经孕育处理，细化组织，可提高抗拉强度。随着共晶度的增加，试棒直径（相当于壁厚）增加，铸铁的石墨数量和石墨化倾向增大，抗拉强度就随之下降。

但灰铸铁在受压时，石墨片破坏基体连续性的影响则大为减轻，其抗压强度是抗拉强度的2.5~4倍。所以常用灰铸铁制造机床床身、底座等耐压零部件。

2）耐磨性与减振性好。灰铸铁的耐磨性比普通碳钢好。这是因为灰铸铁件中有石墨的存在，即铸件工作表面的石墨易脱落而成为滑动面的润滑剂，从而能起减磨作用。此外，石墨脱落后所形成的显微孔洞能储存润滑油，而且显微孔洞还是磨耗后所产生的微小磨粒的收容所。物体吸收振动能的能力称为减振性。灰铸铁的减振性比普通碳钢大6~10倍。抗拉强度越低，减振性越好。所以，灰铸铁适合用作减振材料，可用于机床床身，有利于提高被加工零件的精度。

3）工艺性能好。由于灰铸铁碳含量高，接近于共晶成分，故熔点比较低，流动性良好，铸造断面收缩率小（一般从铁液注入铸型凝固冷却至室温其断面收缩率为0.5%~1%），铸件内应力小，因此适用于铸造结构复杂或薄壁铸件。另外，由于石墨在切削加工时易形成断屑，所以灰铸铁的可加工性优于普通碳钢，故灰铸铁被广泛应用。

4. 灰铸铁的孕育处理

灰铸铁的孕育处理是指在液态铁中加入一种物质（孕育剂）以促进外来晶核的形成或激发自身晶核的产生，增大晶核数量，使石墨的析出能在比较小的过冷度下开始进行。这样可提高石墨析出的倾向，并得到均匀分布的细小的石墨，从而使铸铁具有良好的力学性能和加工性能。通常把经过孕育处理的灰铸铁称为孕育铸铁。

硅铁是最常使用的孕育剂，使用量占孕育剂总用量的70%~80%。我国硅铁一般分为硅质量分数为45%、75%和85%三种，其中在铸造生产中比较多的使用硅的质量分数为75%的硅铁作为孕育剂，硅铁的粒度一般为3~10mm。对于壁厚为20~50mm的铸件，硅铁加入量为铁液质量的0.3%~0.7%。表6-23中HT250、HT300、HT350属于较高强度的孕育铸铁，在铸造之前向铁液中加入孕育剂，当孕育剂加入后立即形成SiO_2的固体小质点，铸铁中的碳以这些小质点为核心形成细小的片状石墨。结晶时石墨晶核数目增多，石墨片尺寸变小，且更为均匀地分布在基体中。所以铸铁显微组织是在细珠光体基体上分布着细小片状石墨。

生产中最常用的孕育剂加入方法为包内冲入法，其做法是将孕育剂预先放入包内，然后冲入铁液。这种方法的优点是操作简单，缺点是孕育剂易氧化，烧损大，孕育至浇注间隔时间长，孕育衰退严重。

铸铁经孕育处理后不仅强度有较大提高，而且塑性和韧性也有所改善。同时，由于孕育剂的加入，还可使冷却速度对铸铁的影响显著减少，从而使各部位都能得到均匀一致的组织。所以孕育铸铁常用来制造力学性能要求较高、截面尺寸变化较大的铸件。如气缸、曲轴、凸轮、机床床身等。

> **小提示：**常用的孕育剂为 $w_{Si} = 75\%$ 的硅铁合金或 $w_{Si} = 60\% \sim 65\%$、$w_{Ca} = 40\% \sim 35\%$ 的硅钙合金。孕育剂的加入量与铁液成分、铸件壁厚及孕育方法等有关，一般为铁液重量的 $0.2\% \sim 0.7\%$。

5. 灰铸铁的热处理

热处理只能改变灰铸铁的基体组织，不能改变石墨的形态和分布，不能从根本上消除片状石墨的有害作用，对提高灰铸铁整体力学性能作用不大。因此灰铸铁热处理的目的是用来消除铸件内应力、改善可加工性和提高表面耐磨性等。

（1）消除内应力退火 消除内应力退火又称人工时效。对于一些形状复杂和各部位壁厚不均匀以及尺寸稳定性要求较高的重要铸件，如机床床身、柴油机气缸等，浇注时因各个部位和表里的冷却度不同而存在温度差，以致引起弹-塑性转变的不同时，从而产生内应力。内应力在随后的机械加工过程中重新分布，也会进一步引起变形。为了防止变形和开裂，必须进行消除内应力退火。

消除内应力退火，通常是将铸件以 $60 \sim 100 ℃/h$ 的速度缓慢加热到弹-塑性转变温度区（$350 \sim 450℃$）以上，保温一段时间，使铸件各部位和表里温度均匀，残余应力在此加热温度下得到松弛和稳定化。然后以 $20 \sim 40℃/h$ 的冷却速度缓慢冷却至 $200℃$ 左右出炉空冷，此时铸件的内应力基本消除。

（2）消除铸件白口组织、降低硬度的退火 灰铸铁件表层和薄壁处产生白口组织难以切削加工，需要进行退火以降低硬度。退火在共析温度以上进行，使渗碳体分解成石墨，所以又称高温退火。

（3）正火 正火的目的是增加铸铁基体的珠光体组织，提高铸件的强度、硬度和耐磨性，并可作为表面热处理的预备热处理，改善基体组织。

通常把铸件加热到 $850 \sim 900℃$，若有游离渗碳体时应加热到 $900 \sim 960℃$。保温时间根据加热温度、铸铁化学成分和铸件大小而定，一般为 $1 \sim 3h$。冷却方式一般采用空冷或喷雾冷却。冷却速度越快，基体组织中珠光体量越多，组织越弥散，强度、硬度越高，耐磨性越好。

（4）表面淬火 有些铸件（如机床导轨、缸体内壁等）因需要提高硬度和耐磨性，可进行表面淬火处理，采用高、中频淬火法把铸件表面快速加热到 $900 \sim 1000℃$，然后进行喷水冷却。结果表面层获得一层淬硬层，其组织为马氏体+石墨，淬火后表面硬度可达 $50 \sim 55HRC$，可使机床导轨的寿命提高约 1.5 倍。

6.5.3 球墨铸铁

球墨铸铁是铁液经球化处理而不是在凝固后经过热处理，使石墨大部分或全部呈球状，有时少量为团絮状的铸铁。由于石墨呈球状，对基体的割裂作用最小，故使铸铁的力学性能得到改善。改变石墨形态是大幅度提高铸铁力学性能的根本途径，而球状石墨则是最为理想的一种石墨形态。球状石墨对金属基体的损坏、减小有效承载面积，以及引起应力集中等危害作用均比片状石墨的灰铸铁要小得多。因此，具有比灰铸铁高得多的强度、塑性和韧性，并保持有耐磨、减振、缺口不敏感等灰铸铁的特性。

为此，在浇注前向铁液中加入球化剂和孕育剂进行球化处理和孕育处理，则可获得石墨呈球状分布的铸铁，称为球墨铸铁。另外，球墨铸铁还可以像钢一样进行各种热处理以改善金属基体组织，进一步提高力学性能。

> **小提示**：常用的球化剂有镁、稀土和稀土镁合金，我国普遍采用的是稀土镁合金。将稀土元素、镁、硅和铁熔化制成的稀土镁合金作为球化剂，综合了镁和稀土的优点，球化效果好。但镁和稀土元素都会强烈阻碍铁液的石墨化。为提高铁液石墨化能力，避免产生白口，并使石墨球细小、形状圆整、分布均匀，在球化处理后还应进行孕育处理。常用的孕育剂为 $w_{Si}=75\%$ 的硅铁合金。

1. 球墨铸铁的化学成分和组织特征

球墨铸铁化学成分的选择应当在有利于石墨球化的前提下，根据铸件壁厚的大小、组织与性能的要求来决定。通常情况下，球墨铸铁中都含有 C、Si、Mn、P、S、Mg 等元素，其中 C 和 Si 是球墨铸铁成分中的主要元素。球墨铸铁的碳当量一般控制在 4.3%～4.6% 范围内，若碳当量过低，则会导致石墨球化不良；若碳当量过高，则易出现石墨漂浮现象。因此，球墨铸铁的碳当量一般选在共晶成分或略高于共晶成分，以利于铁液的石墨化，且铁液的流动性也较好，铸造厚铸件形成缩孔、缩松的倾向也减小。C、Si、Mn、S、P 是球墨铸铁主要化学成分元素，其化学成分的特点是，含 C、Si 量较高，含 Mn 量较低，含 S、P 量低，并且有残留的球化剂 Mg 和 RE 元素，由于球化剂的加入将阻碍石墨球化，并使共晶点右移，造成流动性下降，所以必须严格控制 Mg 和 RE 的含量。

> **小提示**：球墨铸铁的成分要求比灰铸铁严格，其成分为 $w_C=3.6\%～4.0\%$，$w_{Si}=2.0\%～2.8\%$，$w_{Mn}=0.6\%～0.8\%$，$w_S\leqslant0.07\%$，$w_P<0.1\%$，$w_{RE}=0.02\%～0.04\%$，$w_{Mg}=0.03\%～0.05\%$。

球墨铸铁的显微组织由球状石墨与金属基体两部分组成。其中的球状石墨通常是孤立地分布在金属基体中的，石墨的圆整度越好，球径越小，分布越均匀，则球墨铸铁的力学性能也越高。球墨铸铁的金属基体组织除了受化学成分的影响外，还与铁液处理、凝固条件以及热处理有关。随着成分和冷却速度的不同，球墨铸铁在铸态下的金属基体可分为铁素体、珠光体+铁素体和珠光体三种，如图 6-28a～c 所示。

球墨铸铁中石墨球越圆整、球径越小、分布越均匀，其力学性能越好。铁素体球墨铸铁的塑性、韧性较好，强度、硬度较低；珠光体球墨铸铁与铁素体球墨铸铁相比，强度、硬度较高，耐磨性好，但塑性、韧性较差。若经合金化和热处理后，还可获得下贝氏体、马氏体、托氏体、索氏体等基体组织，改善了力学性能，以满足工业生产需要。贝氏体基体和马氏体基体的显微组织如图 6-28d、e 所示。

2. 球墨铸铁的牌号、用途及性能

（1）牌号和用途　球墨铸铁的牌号由 QT（"球铁"汉语拼音首字母）和其后的两组数字组成，两组数字分别表示最低抗拉强度和最低伸长率。例如，QT600-3 表示 $R_m\geqslant600MPa$、

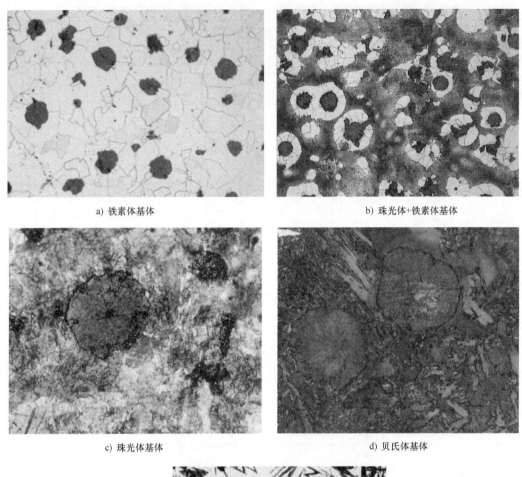

a) 铁素体基体

b) 珠光体+铁素体基体

c) 珠光体基体

d) 贝氏体基体

e) 马氏体基体

图 6-28 球墨铸铁的显微组织

$A\geqslant 3\%$的球墨铸铁。常见球墨铸铁的牌号、组织类型、力学性能和用途见表6-23，其中数据来自 GB/T 1348—2019《球墨铸铁件》。

球墨铸铁应用广泛，可代替铸钢、锻钢和可锻铸铁来制造一些受力复杂、性能要求高的重要零件。例如，用珠光体球墨铸铁代替 45 钢和 35CrMo 钢制造拖拉机曲轴、连杆、凸轮轴、齿轮及蜗杆等；用铁素体球墨铸铁制造阀门、机座和汽车后桥壳等。

（2）力学性能 由于球墨铸铁的力学性能主要取决于基体组织的性能，所以球墨铸铁可通过合金化和热处理强化的方法进一步提高它的力学性能。因此，球墨铸铁可以在一定条

表 6-23　球墨铸铁的牌号、组织类型、力学性能和用途（GB/T 1348—2019）

材料牌号	铸件壁厚 t /mm	抗拉强度（min）/MPa	屈服强度（min）/MPa	断后伸长率（min）（%）	主要基体组织	主要用途
QT350-22	t≤30	350	220	22	铁素体	承受冲击、振动的零件，如汽车、拖拉机的轮毂、驱动桥壳、差速器壳、拨叉，农机具零件，中低压阀门，上、下水及输气管道，压缩机上高低压气缸，电机机壳，齿轮箱，飞轮壳等
	30<t≤60	330	220	18		
	60<t≤200	320	210	15		
QT400-18	t≤30	400	250	18	铁素体	
	30<t≤60	390	250	15		
	60<t≤200	370	240	12		
QT400-15	t≤30	400	250	15	铁素体	
	30<t≤60	390	250	14		
	60<t≤200	370	240	11		
QT450-10	t≤30	450	310	10	铁素体	
	30<t≤60	供需双方商定				
	60<t≤200					
QT500-7	t≤30	500	320	7	铁素体+珠光体	机器座架、传动轴、飞轮、电动机架、内燃机的机油泵齿轮、铁路机车车辆轴瓦等
	30<t≤60	450	300	7		
	60<t≤200	420	290	5		
QT550-5	t≤30	550	350	5	铁素体+珠光体	
	30<t≤60	520	330	4		
	60<t≤200	500	320	3		
QT600-3	t≤30	600	370	3	珠光体+铁素体	载荷大、受力复杂的零件，如汽车、拖拉机的曲轴、连杆、凸轮轴、气缸套，部分磨床、铣床、车床的主轴，机床蜗杆、蜗轮，轧钢机轧辊、大齿轮，小型水轮机主轴，气缸体，桥式起重机大小滚轮等
	30<t≤60	600	360	2		
	60<t≤200	550	340	1		
QT700-2	t≤30	700	420	2	珠光体	
	30<t≤60	700	400	2		
	60<t≤200	650	380	1		
QT800-2	t≤30	800	480	2	珠光体或索氏体	
	30<t≤60	供需双方商定				
	60<t≤200					
QT900-2	t≤30	900	600	2	回火马氏体或托氏体+索氏体	高强度齿轮，如汽车后桥螺旋锥齿轮，大减速器齿轮，内燃机曲轴、凸轮轴等
	30<t≤60	供需双方商定				
	60<t≤200					

件下代替铸钢、锻钢等，可用来制造受力复杂、负荷较大和要求耐磨的铸件。例如，具有高强度与耐磨性的珠光体球铁常用来制造内燃机曲轴、凸轮轴、轧钢机轧辊等；具有高韧性和塑性的铁素体球铁常用来制造阀门、汽车后桥壳、犁铧等。当铁素体球墨铸铁的伸长率达10%～15%时，可用于-30～-37.5℃代替25铸钢制造中压阀门。球墨铸铁在一定范围内可以代替铸钢，制造塑性和韧性要求较高的铸件。

1）抗拉强度。球墨铸铁基体组织的硬度越高，其抗拉强度越高，而伸长率越低。与其他铸铁相比，球墨铸铁不仅具有高抗拉强度，而且其屈服强度也超过任何一种铁碳合金，比钢还要高很多。球墨铸铁的屈强比为 $0.7 \sim 0.8$，几乎为钢的 2 倍。

在一般机械设计中，材料的许用应力是根据材料的屈服强度来确定的，因此，对于承受静负荷的零件，用球墨铸铁代替铸钢，可以减轻机器的重量。

2）抗冲击性能。当用一次冲击试验法测试时，珠光体球墨铸铁的冲击韧性远比 45 钢低，因此，在一些需承受巨大冲击载荷的零件上，珠光体球墨铸铁的应用受到了一定的限制。但当用小能量多次冲击实验法测试时，珠光体球墨铸铁承受小能量多次冲击的强度性能要比 45 钢高，故有些承受小能量冲击载荷的零件可用珠光体球墨铸铁来代替 45 钢。用球墨铸铁制造发动机曲轴，当其冲击值 a_k 达 $8 \sim 15 J/cm^2$ 时，可能获得良好的使用性能。

3）疲劳强度。铸铁的疲劳强度在很大程度上取决于石墨的形状。石墨呈球状的铸铁疲劳强度最高，为团絮状的次之，片状的最低，且随石墨数量增多，铸铁的疲劳强度降低。

此外，球墨铸铁同样具有灰铸铁的某些优点，如较好的铸造性、减振性、减磨性、可加工性及低的缺口敏感性等。但球墨铸铁的过冷倾向较大，易产生白口组织，而且其液态收缩和凝固收缩较大，易形成缩孔和缩松，故其熔炼工艺和铸造工艺都比灰铸铁要高。

3. 球墨铸铁的热处理

球墨铸铁的组织可以看作是钢的组织加球状石墨所组成，钢在热处理相变时的一些原理在球墨铸铁热处理时也都适用。球墨铸铁的力学性能又主要取决于金属基体，热处理可以改变其基体组织，从而显著地改善球墨铸铁的性能。但球墨铸铁中的碳和硅含量远比钢高，这样球墨铸铁热处理时既有与钢相似之处，也有自己的特点。

球墨铸铁是以铁、碳、硅为主的多元铁基合金，共析转变发生在一个温度区间内，在此温度区间内，可以存在铁素体、奥氏体和石墨的三相稳定平衡，也可以存在铁素体、奥氏体和渗碳体的三相亚稳定平衡。在此共析温度区间内的不同温度，都对应着铁素体和奥氏体平衡的相对量。

球墨铸铁虽然碳含量比钢高得多，但通过热处理控制其不同的石墨化程度，不仅可以获得类似于低碳钢的铁素体基体，类似于中碳钢的铁素体+珠光体基体，甚至可获得类似于高碳钢的珠光体基体组织。因此，球墨铸铁经热处理后，既可以获得相当于低碳钢的力学性能，又可获得相当于中、高碳钢的力学性能，这是钢的热处理所达不到的。石墨虽然在热处理过程中也参加相变，但热处理不能改变石墨的形状和分布。因此，石墨的形状对热处理效果有决定性作用。

（1）退火 球墨铸铁的组织中往往包含了铁素体、珠光体、球状石墨，以及由于球化剂增大铸件的白口倾向而产生的自由渗碳体。为了获得单一的铁素体基体，提高铸件塑性，从而改善球墨铸铁的可加工性，消除铸造应力，必须进行退火处理。球墨铸铁的退火可分为消除内应力退火、低温退火和高温退火。

（2）正火 球墨铸铁的正火一般可分为完全奥氏体化正火（高温正火）和不完全奥氏体化正火（低温正火），如图 6-29 所示。球墨铸铁高温正火的目的是增加基体组织中的珠光体量，提高强度、硬度和耐磨性，有时还可以消除游离渗碳体。

高温正火后的基体组织为珠光体或珠光体加少量铁素体。低温正火的目的是获得较高的塑性、韧性与一定的强度，即获得较好的综合力学性能。对于大截面铸件，为了获得珠光体基体，一般要适当降低碳当量。球墨铸铁经过球化处理后本来就有较大的白口倾向，若再降低碳当量，则更容易出现白口。生产实践证明，要获得珠光体球墨铸铁不能只依靠调节化学成分和铸造工艺来实现，还要依赖球墨铸铁的正火处理。球墨铸铁过冷倾向大，所以正火还可以使珠光体细化。

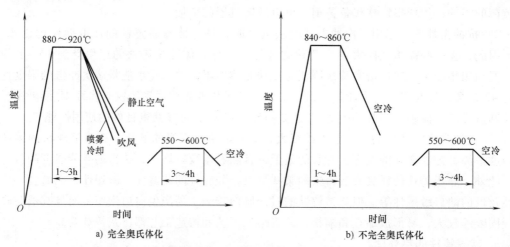

图 6-29　球墨铸铁的正火工艺曲线

（3）调质处理　对于受力比较复杂，要求综合力学性能较高的球墨铸铁件，可采用淬火+高温回火，即调质处理，其工艺为：将球墨铸铁件加热到 850~900℃，使基体转变为奥氏体，在油中淬火得到马氏体，然后经 550~600℃ 回火、空冷，获得回火索氏体+球状石墨。回火索氏体基体不仅强度高，而且塑性、韧性比正火得到的珠光体基体好，且可加工性比较好，故球墨铸铁经调质处理后，可代替部分铸钢和锻钢制造一些重要的结构零件，如连杆、曲轴，以及内燃机车万向轴等。

（4）等温淬火　等温淬火是目前获得高强度和超高强度球墨铸铁的重要热处理方法。球墨铸铁等温淬火后，除获得高强度外，同时具有较高的塑性、韧性，因而具备良好的综合力学性能和耐磨性。等温淬火比普通淬火的内应力小，所以能够防止形状复杂的铸件变形和开裂。

球墨铸铁等温淬火工艺与钢相似，即把铸件加热到临界点 Ac_1 以上 30~50℃，保温一定时间，使基体组织转变为化学成分均匀的奥氏体，然后将铸件迅速淬入到 300℃ 左右的热浴中，等温停留一定时间，使过冷奥氏体等温转变成下贝氏体组织，然后取出空冷，获得下贝氏体和少量残留奥氏体。

（5）感应淬火　对于某些球墨铸铁铸件，如在动载荷与摩擦条件下工作的齿轮、曲轴、凸轮轴及主轴等，它们除要求具有良好的综合力学性能外，还要求工作表面具有较高的硬度和耐磨性及疲劳强度。因此，对于这类球墨铸铁件往往都需要进行表面淬火，如火焰淬火、中频或高频感应淬火等。目前，应用较多的是感应淬火。

球墨铸铁在进行感应淬火时，把铸件表面层快速加热到 900~1000℃，转变为奥氏体加球状石墨，然后喷水冷却或将铸件淬入冷却槽中，使表面层转变为马氏体加球状石墨，而心部仍保持未经淬火的原始组织。从而获得表面具有高硬度、高耐磨性，而心部则仍保持有良好的综合力学性能的铸件。

6.5.4　其他铸铁

1. 蠕墨铸铁

蠕墨铸铁是近年来发展起来的一种新型工程材料，它是经过以稀土为主的蠕化剂变质处理和硅铁的孕育处理后得到的。

（1）蠕墨铸铁的化学成分和组织特征　蠕墨铸铁的石墨具有介于片状石墨和球状石墨的中间形态，在光学显微镜下为互不相连的短片，与灰铸铁的片状石墨类似。所不同的是，其石墨片的长厚比较小，端部较圆（形似蠕虫），所以可以认为，蠕虫状石墨是一种过渡型石墨。球化率为10%的蠕墨铸铁显微组织如图6-30所示。蠕墨铸铁的化学成分一般为：$w_C = 3.4\% \sim 3.6\%$、$w_{Si} = 2.4\% \sim 3.0\%$、$w_{Mn} = 0.4\% \sim 0.6\%$、$w_S \leqslant 0.06\%$、$w_P \leqslant 0.07\%$。

（2）蠕墨铸铁的牌号、性能特点及用途　蠕墨铸铁的牌号用 RuT 表示，牌号后面数字表示最低抗拉强度。

蠕墨铸铁是一种新型高强铸铁材料，它的强度接近于球墨铸铁，并且具有一定的韧性，蠕墨铸铁的耐磨性较好，同时又具有良好的铸造性能和导热性。它可用于制造重型机床床身、气缸套、钢锭模、液压阀等铸件。

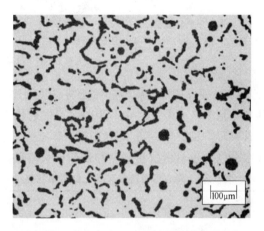

图6-30　球化率为10%的蠕墨铸铁显微组织

2. 可锻铸铁

可锻铸铁是由白口铸铁经长时间石墨化退火而获得的一种高强度铸铁。白口铸铁中的游离渗碳体在退火过程中分解出团絮状石墨，由于团絮状石墨对铸铁金属基体的割裂和引起的应力集中作用比灰铸铁小得多，因此与灰铸铁相比，可锻铸铁的强度和韧性有明显提高，并且具有一定的塑性变形能力，因而称为可锻铸铁或展性铸铁。

（1）可锻铸铁的化学成分和组织特征　由于生产可锻铸铁的先决条件是浇注出白口铸铁，为了保证铸件浇铸后获得纯白口组织，所以可锻铸铁的碳、硅含量不能太高，以便使铸铁完全白口化；但碳、硅含量也不能太低，否则会延长石墨化退火周期，使生产率降低。可锻铸铁的化学成分见表6-24。

表6-24　可锻铸铁的化学成分（质量分数,%）

可锻铸铁名称	w_C	w_{Si}	w_{Mn}	w_S	w_P	w_{Cr}
黑心可锻铸铁	2.3~3.2	1.0~1.6	0.3~0.6	0.05~0.15	0.04~0.1	0.02~0.05
白心可锻铸铁	2.8~3.4	0.3~1.0	0.3~0.8	0.05~0.25	0.04~0.1	0.03~0.1

按热处理条件的不同，将可锻铸铁分为两类：一类是铁素体基体+团絮状石墨的可锻铸铁，它是由白口毛坯经高温石墨化退火而获得，其断口呈黑灰色，也称黑心可锻铸铁，这种铸铁件的强度与塑性均比灰铸铁要高，非常适合铸造薄壁零件，是最为常用的一种可锻铸铁；另一类是珠光体基体或珠光体与少量铁素体共存的基体+团絮状石墨的可锻铸铁件，它

是由白口毛坯经氧化脱碳而得,其断口呈白色,也称白心可锻铸铁,这种可锻铸铁很少应用。两种类型可锻铸铁的显微组织如图6-31所示。

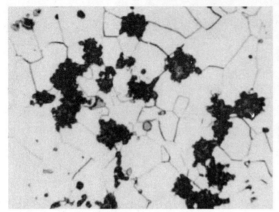

a) 铁素体基体+团絮状石墨 b) 珠光体基体+团絮状石墨

图6-31 可锻铸铁的显微组织

(2)可锻铸铁的牌号、性能特点及用途 可锻铸铁的牌号、力学性能及用途见表6-25,其中数值来自 GB/T 9440—2010《可锻铸铁件》。可锻铸铁的牌号用"可铁"两字的汉语拼音首字母"KT"表示,牌号中"H"表示"黑心","Z"表示珠光体基体,牌号后面两组数字分别表示最低抗拉强度和最低伸长率值。

表6-25 黑心可锻铸铁和珠光体可锻铸铁的牌号、力学性能及用途(摘自 GB/T 9440—2010)

材料牌号	试样直径 $d^{①,②}$/mm	抗拉强度 R_m/MPa min	0.2%屈服强度 $R_{p0.2}$/MPa min	伸长率 A (%) min	布氏硬度 HBW ($L_0=3d$)	主要用途
KTH300-06^③	12 或 15	300	—	6	≤150	可用于制造弯头、三通管件、中低压阀门等
KTH330-08	12 或 15	330	—	8		可用于制造扳手、犁刀、犁柱、车轮毂等
KTH350-10	12 或 15	350	200	10		可用于制造汽车、拖拉机前后轮毂、减速器壳体、制动器及铁道零件等
KTH370-12	12 或 15	370	—	12		
KTZ450-06	12 或 15	450	270	6	150~200	可用于制造载荷较高和耐磨损零件,如曲轴、凸轮轴、连杆、齿轮、活塞环、轴套、万向接头、棘轮、扳手、传动链条等
KTZ550-04	12 或 15	550	340	4	180~230	
KTZ650-02^{④,⑤}	12 或 15	650	430	2	210~260	
KTZ700-02	12 或 15	700	530	2	240~290	

注:① 如果需方没有明确要求,供方可以任意选取两种试棒直径中的一种。

② 试样直径代表同样壁厚的铸件,如果铸件为薄壁件时,供需双方可以协商选取直径为 6mm 或者 9mm 的试样。

③ KTH275-05 和 KTH300-06 为专门用于保证压力密封性能,而不要求高强度或者高延展性的工作条件的。

④ 油淬加回火。

⑤ 空冷加回火。

可锻铸铁中的石墨呈团絮状分布,对金属基体的割裂和破坏较小,石墨尖端引起的应力集中小,可较大程度地发挥金属基体的力学性能。可锻铸铁的力学性能介于灰铸铁与球墨铸铁之间，有较好的耐蚀性。但由于退火时间长，生产效率极低，使用受到限制，故一般用于制造形状复杂，并同时承受冲击、振动及扭转的铸件，如汽车、拖拉机的后桥壳体、轮毂、转向机构等。可锻铸铁也适用于制造在潮湿空气、炉气和水等介质中工作的零件，如水暖材料的三通、低压阀门等。

（3）可锻铸铁的石墨化退火　可锻铸铁的石墨是通过白口铸铁件退火形成的。通常将预制好的白口毛坯加热到 900~1000℃，保温 60~80h，使共晶渗碳体分解为奥氏体+团絮状石墨，然后炉冷至 770~650℃，长时间保温，从奥氏体中析出二次石墨，冷却获得黑心可锻铸铁。若取消第二阶段的 770~650℃长时间保温，只让第一阶段石墨化充分进行，炉冷后便获得白心可锻铸铁。可锻铸铁的石墨化退火工艺曲线如图 6-32 所示。

6.5.5　特殊性能铸铁

工业上除了要求铸铁具有一定的力学性能外，还要求它具有较高的耐磨性、耐热性和耐蚀性。为此，在普通铸铁的基础上加入一定量的合金元素，可制成特殊性能铸铁，主要包括耐磨铸铁、耐热铸铁和耐蚀铸铁。

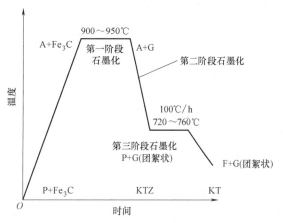

图 6-32　可锻铸铁的石墨化退火工艺曲线

1. 耐磨铸铁

根据工作条件的不同，耐磨铸铁可以分为减摩铸铁和抗磨铸铁两类。耐磨铸铁的显微组织如图 6-33 所示。减摩铸铁用于制造在有润滑条件下工作的零件，如机床床身、导轨和气缸套等，这些零件要求较小的摩擦系数。常用的减摩铸铁有磷铸铁、硼铸铁、钒钛铸铁和铬钼铜铸铁。抗磨铸铁用来制造在干摩擦条件下工作的零件，如轧辊、球磨机磨球等。常用的抗磨铸铁有珠光体白口铸铁、马氏体白口铸铁和中锰球墨铸铁。

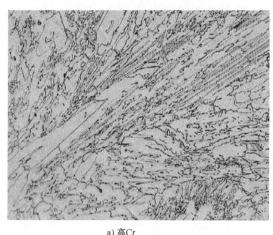

a) 高Cr

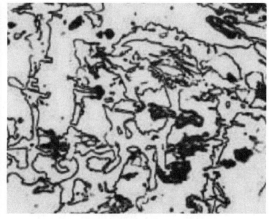

b) 高Mn

图 6-33　耐磨铸铁的显微组织

2. 耐热铸铁

普通灰铸铁的耐热性较差，只能在小于 400℃ 的温度下工作，在高温下工作的炉底板、换热器、坩埚、热处理炉内的运输链条等，必须使用耐热铸铁。耐热铸铁是指在高温下具有良好的抗氧化和抗生长能力的铸铁。氧化是指铸铁在高温下受氧化性气体的侵蚀，在铸件表面发生的化学腐蚀的现象。由于表面形成氧化皮，减少了铸件的有效断面，因而降低了铸件的承载能力。生长是指铸铁在高温下反复加热冷却时发生的体积长大现象。它会造成零件尺寸增大，并使力学性能降低。铸件在高温和负载作用下，由于氧化和生长，最终会导致零件变形、翘曲、产生裂纹，甚至破裂。在铸铁中加入 Al、Si、Cr 等元素，一方面可在铸件表面形成致密的 SiO_2、Al_2O_3、Cr_2O_3 等氧化膜，阻碍继续氧化；另一方面可提高铸铁的临界温度，使基体变为单相铁素体，不发生石墨化过程，从而改善铸铁的耐热性。

耐热铸铁按其成分可分为硅系、铝系、硅铝系及铬系等。其中铝系耐热铸铁的脆性较大，而铬系耐热铸铁的价格较贵，所以我国多采用硅系和硅铝系耐热铸铁。

3. 耐蚀铸铁

普通铸铁的耐蚀性很差，这是因为铸铁本身是一种多相合金，在电解质中各相具有不同的电极电位，其中以石墨的电极电位最高，渗碳体次之，铁素体最低。电位高的相是阴极，电位低的相是阳极，这样就形成了一个微电池，于是作为阳极的铁素体不断被消耗掉，一直深入到铸铁内部。

提高铸铁耐蚀性的主要途径是合金化。在铸铁中加入 Si、Cr、Al、Mo、Cu、Ni 等合金元素形成保护膜，或使基体电极电位升高，可以提高铸铁的耐蚀性。另外，通过合金化，还可获得单相金属基体组织，减少铸铁中的微电池，从而提高铸铁的耐蚀性。目前应用较多的耐蚀铸铁有高硅铸铁、高硅钼铸铁、铝铸铁、铬铸铁等。

本 章 小 结

钢及铸铁的分类及编号小结见表 6-26。

表 6-26 钢及铸铁的分类及编号小结

钢种	分类		编号原则	钢种举例	密度/ (g/cm^3)	常用热处理	应用举例
碳钢	普通碳钢		Q 表示屈服，数字表示最低屈服强度	Q235A	7.85	—	钢筋
	优质碳钢	优质碳素结构钢	两位数字代表碳含量的万分数	45	7.85	调质或正火	小轴
		（优质）碳素工具钢	T 表示碳素工具钢，数字代表碳含量的千分数	T8	7.85	淬火后低温回火	锉刀
铸铁	灰铸铁		HT 表示灰铸铁，数字表示最小抗拉强度	HT150	6.6~7.4	—	端盖
	球墨铸铁		QT 表示球墨铸铁，第一组数字表示最小抗拉强度，第二组数字表示最低伸长率	QT600-3	7.3	调质	曲轴

（续）

钢种	分类		编号原则	钢种举例	密度/(g/cm^3)	常用热处理	应用举例
铸铁	蠕墨铸铁		RuT 表示蠕墨铸铁,数字表示最低抗拉强度	RuT420	7.1	—	发动机缸体和缸盖
	可锻铸铁		KT 表示可锻铸铁,第一组数字表示最低抗拉强度,第二组数字表示最低伸长率	KTH350-06	7.2~7.4	—	桥梁
合金钢	合金结构钢	低合金结构钢	数字表示碳含量的万分数,化学元素符号表示主加元素,后面的数字表示所加元素的百分数	16Mn	7.81	—	桥梁
		渗碳钢		20Cr	7.82	渗碳后淬火、低温回火	活塞销
		调质钢		40Cr	7.82	调质	进气阀
		弹簧钢		55Si2Mn	7.85	淬火后中温回火	汽车板簧
		滚动轴承钢	G 表示滚动轴承钢,数字表示碳含量的千分数	GCr15	7.81	淬火后低温回火	轴承内圈
		易切削结构钢	Y 表示易切削结构钢,数字表示碳含量的万分数	Y30	7.85	调质	切削加工生产线
		刃具钢	数字表示碳含量的千分数,化学元素符号表示主加元素,后面的数字表示所加元素的百分数	9SiCr	7.80	淬火后低温回火	丝锥
			碳含量为 0.7%~1.4%,主加碳化物形成元素 W、Cr、V、Mo	W18Cr4V	8.3~8.7	高温淬火后三次回火	铣刀
		模具钢	数字表示碳含量的千分数,化学元素符号表示主加元素,后面的数字表示所加元素的百分数	Cr12	7.81	整体调质,表面氢化	冲模
				5CrMnMo	7.65	淬火后多次回火	热锻模
	特殊性能钢	不锈钢		12Cr18Ni9	7.5~7.9	固溶处理	医疗器械
		耐热钢		20Cr25Ni2O	7.5~7.9	固溶,1030~1180℃快冷	锅炉吊钩
		耐磨钢		ZGMn13	7.5~7.9	水韧处理	破碎机颚板

扩 展 阅 读

特种性能钢

"手撕钢"是一种宽幅超薄的精密不锈钢带，具有强度高、韧性强、耐腐蚀、抗氧化、屏蔽性强等优异的特性，在军事、航空航天、能源、电子产品、石油化工、计算机、医疗器械、家装五金等领域都有非常广阔的使用前景。但我国在很长时间内不具备该钢材的生产能力，只能依靠高价进口，一克需要数百元。

为自主生产"手撕钢"，太钢技术团队历经十余年攻关，先后进行了700多次试验，攻克170多个设备难题、450多个工艺难题，成功生产出0.02mm的"手撕钢"。2020年，该团队再次突破极限，生产出厚度为0.015mm的"手撕钢"。从生产平平无奇的"大路货"到制造高端先进的"手撕钢"，十年磨一剑的坚守和这份耐住性子、苦练内功的毅力和心气，才让企业具备了应对变局的实力和底气，最终完成转型升级的华丽蝶变。

课 后 测 试

一、名词解释

调质钢　不锈钢　白口铸铁　灰铸铁　麻口铸铁　石墨化

二、选择题

1. 常见的调质钢大都属于（　　　）。

A. 低碳低合金钢　　　B. 中碳低合金钢　　　C. 高碳低合金钢　　　D. 低碳中合金钢

2. 某中载齿轮决定用45钢制造，其最终热处理采用（　　　）方案为宜。

A. 淬火+低温回火　　　　　　　　B. 渗碳后淬火+低温回火

C. 调质后表面淬火　　　　　　　　D. 正火

3. 下列合金钢中，耐蚀性最好的是（　　　）。

A. 20CrMnTi　　　B. 40Cr　　　C. W18Cr4V　　　D. 12Cr18Ni9

4. 滚动轴承钢GCr15的最终热处理应该是（　　　）。

A. 淬火+低温回火　　　　　　　　B. 渗碳+淬火+低温回火

C. 淬火+中温回火　　　　　　　　D. 渗氮+淬火+低温回火

5. 下列各材料中淬火时最容易产生淬火裂纹的材料是（　　　）。

A. 45钢　　　B. 20CrMnTi　　　C. 16Mn　　　D. W18Cr14V

6. 下列各材料中被称为低变形钢且适合作冷作模具的是（　　　）。

A. 9SiCr　　　B. CrWMn　　　C. T12　　　D. 5CrMnMo

7. 下列合金中，含碳量最少的钢是（　　　）。

A. GCr15　　　B. Cr12MoV　　　C. 12Cr13　　　D. 12Cr18Ni9

8. 汽车、拖拉机中的变速齿轮、内燃机上的凸轮轴、活塞销等零件，要求表面具有较高的硬度和耐磨性，而心部要有足够高的强度和韧性，因而这些零件大多采用（　　　）制造。

A. 合金渗碳钢　　　B. 合金调质钢　　　C. 合金弹簧钢　　　D. 合金模具钢

9. 为了保证汽车板簧的性能要求，60Si2Mn钢制成的汽车板簧最终要进行（　　　）处理。

A. 淬火和低温回火　　B. 淬火和中温回火　　C. 淬火和高温回火　　D. 淬火

10. 要使不锈钢不生锈，必须使钢中（　　　）的质量分数≥13%。

A. Cr　　　B. Mn　　　C. Ni　　　D. Ti

三、判断题

1. 高锰钢在各种条件下均能表现出良好的耐磨性。（　　）

2. 硫、磷是钢中的有害元素，随着其含量的增加，会使钢的韧性降低，硫使钢产生冷脆性，磷使钢产生热脆性。（　　）

3. GCr15 钢中 Cr 的质量分数为 15%。（　　）

4. 铸钢用于制造形状复杂、难以锻压成形、要求有较高的强度和塑性，以及承受冲击载荷的零件。（　　）

5. Q345 钢比 Q235 钢强度高。（　　）

6. 同为退火态的 45 钢和 20 钢，塑性前者优于后者。（　　）

7. 渗碳钢不能用来制作量具。（　　）

8. 弹簧钢的最终热处理为淬火加低温回火。（　　）

9. 滚动轴承钢可以用来制作量具。（　　）

10. 40Cr 钢是最常用的合金调质钢，常用于制造机床齿轮、花键轴、顶尖套等。（　　）

11. 向铁液中加入球化剂，冷却后即可得到球墨铸铁。（　　）

12. 向铁液中加入孕育剂，可使灰铸铁的性能提高。（　　）

13. 铁素体基球墨铸铁具有较高的塑性和韧性。（　　）

14. 铸铁热处理过程中可以改变石墨的存在形态。（　　）

15. 可锻铸铁也是由铁液冷却过程中加入孕育剂得到的。（　　）

16. 可锻铸铁可以用锻造的方法生产连杆。（　　）

四、填空题

1. 钢的杂质中有益元素有_____和_____；有害元素有_____和_____，它们分别会使钢产生_____和_____现象。

2. 钢和铁的区别在于_____。

3. 经常用来制造桥梁、船舶的碳钢种类是_____。

4. 60Si2Mn 制造弹簧时需要进行的最终热处理是_____。

5. 要想提高钢的耐电化学腐蚀性，加入 Cr 元素的含量至少要达到_____。

6. 铁碳合金中，碳的存在形式有_____和_____两种。

7. 根据碳在铸铁中存在的形式，铸铁可分为_____、_____和_____。

8. 白口铸铁中的碳以_____的形式存在，灰铸铁中的碳以_____的形式存在。

9. 普通灰铸铁中的石墨呈_____状，球墨铸铁中的石墨呈_____状，可锻铸铁中的石墨呈_____状，蠕墨铸铁中的石墨呈_____状。

10. 常用铸铁中力学性能最好的是_____铸铁。

11. _____可用来制造机床的床身。

12. _____铸铁可以用来制造承受较大载荷的曲轴。

五、简答题

1. 低合金钢、合金钢与碳钢相比，具有哪些特点？

2. 为什么合金钢的淬透性比碳钢高？为什么调质钢属于中碳钢？合金调质钢中有哪些合金元素？

3. 拖拉机变速齿轮，材料为 20CrMnTi 钢，要求齿面硬度 58~64 HRC，分析说明采用何种热处理工艺才能达到这一要求？

4. 为什么合金弹簧钢多用 Si、Mn 作为主要合金元素？为什么合金弹簧钢要采用中温回火？

5. 高速钢经铸造后为什么要反复锻造？锻造后在切削加工前为什么必须退火？为何 W18Cr4V 钢的淬火温度要高达 1280℃？淬火后为什么要经三次 560℃ 回火？

6. 在不锈钢中加入 Cr 有什么作用？对 Cr 的质量分数有何要求？$w_{Cr} = 12\%$ 的 Cr12MoV 钢是否属于不锈钢？为什么？

7. 结构钢能否用来制造工具？试举几个例子说明。

8. 轴承钢为什么要用铬钢？为什么这种钢对非金属夹杂物控制特别严？

9. 某 ϕ10mm 的杆类零件，受中等交变拉压载荷的作用，要求零件沿截面性能均匀一致，可供选用的材料有：16Mn、45 钢、40Cr、T12。要求：①选择合适的材料；②编制简明工艺路线；③说明各热处理工序的主要作用；④指出最终组织。

10. T9 和 9SiCr 钢都属于工具钢，且碳含量基本相同，它们在使用上有何不同？下列工具应分别选用它们中的哪一种？

①机用丝锥；②木工刨刀；③钳工锯条；④铰刀；⑤钳工量具。

11. 说明下列牌号属于哪种钢？并说明其数字和符号含义，每个牌号的用途各举 1~2 个实例。

Q275，20CrMnTi，40Cr，GCr15，60Si2Mn，ZGMn13，W18Gr4V，10Cr18Ni9，10Cr13，9SiCr，Cr12，5CrMnMo，CrWMn，38CrMoAl，W6Mo5Cr4V2，10Cr17。

12. 下列牌号各表示什么铸铁？其符号和数字分别表示什么含义？①HT150；②QT450-10；③KTH300-06；④KTZ550-04；⑤RuT300。

13. 合金元素对淬火钢的回火组织转变有何影响？

14. 现有两块金属，已知其中一块为 45 钢，另一块为 HT150 灰铸铁，应采用哪些方法进行鉴别？

15. 铸铁的石墨形态有几种？试述石墨形态对铸铁性能的影响。

16. 铸铁的石墨化过程是如何进行的？影响石墨化的主要因素有哪些？

17. 试就合金元素与碳的相互作用进行分类，指出：

（1）哪些元素不形成碳化物？

（2）哪些元素为弱碳化物形成元素，性能特点如何？

（3）哪些元素为强碳化物形成元素，性能特点如何？

18. 试述灰铸铁片状石墨的形成机理及其热处理特点。

19. 试述球墨铸铁的组织及热处理特点。

20. 试述蠕墨铸铁的显微组织和性能特点。

21. 可锻铸铁是如何获得的？为什么它只适合制作薄壁小铸件？

第7章

有色金属及其合金

7

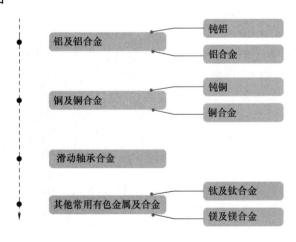
4. 学习引导

工业上使用的金属材料分为黑色金属和有色金属两类，黑色金属是铁、铬、锰及其合金，其他金属及合金，如铝、铜、镁、钛、锡、铅、锌等金属及其合金称为有色金属。虽然，有色金属在绝对强度方面比钢要低，但是有色金属具有许多特殊性能，在机电、仪表，特别是在航空、航天及航海等领域中具有重要的作用。本章主要介绍常用有色金属的种类、牌号及性能特点与应用。

7.1 铝及铝合金

7.1.1 纯铝

扫码看视频

纯铝是一种银白色的轻金属，熔点为 660℃，具有面心立方晶格，没有同素异构转变。它的密度小，只有 $2.72g/cm^3$，质量轻，具有很高的比强度和比刚度；导电性、导热性好，仅次于 Au、Cu 和 Ag，室温时，铝的导电能力约为铜的 62%；若按单位质量材料的导电能力计算，铝的导电能力为铜的 2 倍。纯铝的化学性质活泼，在大气中极易氧化，在表面形成一层牢固致密的氧化膜，有效隔绝铝和氧的接触，从而阻止铝表面的进一步氧化，使它在大气和淡水中具有良好的耐蚀性。纯铝在低温下，甚至在超低温下都具有良好的塑性（$Z = 80\%$）和韧性，这与铝具有面心立方晶格结构有关。铝的强度低（$R_m = 80 \sim 100MPa$），冷变形加工硬化后抗拉强度可提高到 $150 \sim 250MPa$，但其塑性却降低到 $Z = 50\% \sim 60\%$。

纯铝具有许多优良的工艺性能，易于铸造、易于切削、也易于通过压力加工。上述这些特性决定了纯铝适合制造电缆、电线，以及要求具有较强的导热和抗大气腐蚀性能但对强度要求不高的一些物品或器皿。

工业纯铝通常含有 Fe、Si、Cu、Zn 等杂质，这些杂质是由冶炼原料铁钒土带入的。杂质含量越多，其导电性、导热性、耐蚀性及塑性越差。

工业纯铝分为未压力加工产品（铝锭）和压力加工产品（铝材）两种。按 GB/T 1196—2017 规定，铝锭的牌号有 A199.90、A199.85、A199.70、A199.60、A199.50、A199.00、A199.7E、A199.6E 八种。变形铝（铝材）按 GB/T 16474—2011 规定，其牌号用四位字符的方法命名，即 1××× 表示，第二位为字母，表示原始纯铝的改型情况，A 表示原始纯铝，B～Y 的其他字母表示与原始纯铝相比，其他元素含量略有变化，第三、四位数为最低铝质量分数中小数点后面的两位数字，如 1A85 表示铝的质量分数为 99.85% 的原始纯铝，1B99 表示铝的质量分数为 99.99% 的改型纯铝。显然，纯铝牌号中后两位数字越大，其纯度越高。

> **小提示**：铝是地壳中储量最多的一种元素，约占地壳总重量的 8.2%。为了满足工业迅速发展的需要，铝及其合金是我国优先发展的重要有色金属。

7.1.2 铝合金

纯铝的强度和硬度很低，不适宜作为工程结构材料使用。向铝中加入适量 Si、Cu、Zn、Mn 等元素（主加元素）和 Cr、Ti、Zr、B、Ni 等元素（辅加元素）组成铝合金，可提高强度并保持纯铝的特性。

1. 铝合金的分类

铝合金相图如图 7-1 所示。按照铝合金的组织和加工特点，铝合金可分为以下两类。

（1）变形铝合金 如图 7-1 所示，按共晶温度时合金元素在 α 固溶体中的溶解度极限 D' 点分，凡合金元素含量位于 D' 点左侧的合金（Ⅰ），加热时呈单相固溶体状态，合金塑性好，适合采用压力加工，故称为变形铝合金。

（2）铸造铝合金 合金元素含量位于 D' 点右侧的合金（Ⅱ），由于合金元素含量多，具有共晶组织，合金熔化温度低，流动性好，适合铸造，故称为铸造铝合金。

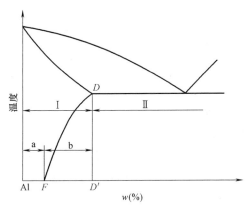

图 7-1 铝合金相图

变形铝合金按其能否进行热处理强化，又可分为以下两类。

（1）不可热处理强化的铝合金 合金元素含量在 F 点左侧的合金（a），固溶体的成分不随温度而改变，不能进行时效强化。这类合金用得较少。

（2）可热处理强化的铝合金 合金元素含量在 F 和 D' 点之间的合金（b），其固溶体的成分将随温度而改变，可进行时效处理。这类合金用得较多。

2. 铝合金的代号、牌号

变形铝合金按其主要性能特点可分为防锈铝、硬铝、超硬铝和锻铝等，通常加工成各种规格的型材（板、带、线、管等）产品。

按 GB/T 16474—2011《变形铝及铝合金牌号表示方法》规定，变形铝合金采用四位数字体系和四位字符体系表达牌号。牌号的第一位数字表示铝及铝合金的组别，见表 7-1。第二位数字或字母表示纯铝或铝合金的改型情况，字母 A 表示原始纯铝，数字 0 表示原始合金，B～Y 或 1～9 表示原始合金改型情况。牌号最后两位数字用以标识同一组中不同的铝合金，纯铝则表示铝的最低质量分数（%）。

表 7-1 变形铝及铝合金的组别

组别	牌号系列
以铜为主要合金元素的铝合金	2×××
以锰为主要合金元素的铝合金	3×××
以硅为主要合金元素的铝合金	4×××
以镁为主要合金元素的铝合金	5×××

（续）

组别	牌号系列
以镁和硅为主要合金元素并以 Mg_2Si 相为强化相的铝合金	6×××
以锌为主要合金元素的铝合金	7×××
以其他元素为主要合金元素的铝合金	8×××
备用合金组	9×××

按主加元素的不同，铸造铝合金可分为 Al-Si 系、Al-Cu 系、Al-Mg 系和 Al-Zn 系。

铸造铝合金的代号由 "ZL+三位阿拉伯数字" 组成。"ZL" 是 "铸铝" 二字的汉语拼音首字母，其后第一位数字表示合金系列，如 1、2、3、4 分别表示 Al-Si、Al-Cu、Al-Mg、Al-Zn 系列合金；第二、三位数字表示顺序号。例如，ZL102 表示 Al-Si 系 02 号铸造铝合金。优质合金在代号后加 "A"，压铸合金在代号以字母 "YZ" 开头。

铸造铝合金的牌号是由 "Z+基体金属的化学元素符号+合金元素符号+数字" 组成。其中，"Z" 是 "铸" 字汉语拼音首字母，合金元素符号后的数字是以名义百分数表示的该元素的质量分数。例如，ZAlSi12 表示 $w_{Si} \approx 12\%$ 的铸造铝合金。

3. 常用的变形铝合金

按能否进行热处理将变形铝合金分为不可热处理强化的铝合金和可热处理强化的铝合金。

（1）不可热处理强化的铝合金　不可热处理强化的铝合金又可分为以下三类：

1）Al-Mn 系合金：如 3A21 等。Al-Mn 系合金的耐蚀性和强度比纯铝高，有良好的塑性和焊接性，但切削性能不良。它主要用于焊接件、容器、管道或需用延伸、弯曲等方法制造的低载荷零件、制品以及铆钉等。

2）Al-Mg 系合金：如 5A05、5A11 等。Al-Mg 系合金的密度比纯铝小，强度比 Al-Mn 系合金高，具有高的耐蚀性和塑性，焊接性能良好，但可加工性差，主要用于焊接容器、管道及承受中等载荷的零件及制品，也可用于制作铆钉。

3）Al-Zn-Mg-Cu 系合金。Al-Zn-Mg-Cu 系合金的抗拉强度较高，具有优良的耐海水腐蚀性能、较高的断裂韧度，以及良好的成形工艺性能，适用于制造水上飞机蒙皮及其他要求耐蚀性的高强度钣金零件。

不可热处理强化的铝合金比纯铝具有更高的耐蚀性和强度，故常称为防锈铝合金。

（2）可热处理强化的铝合金　可热处理强化的铝合金又可分为以下三类：

1）硬铝合金（Al-Cu-Mg 系）　Cu 和 Mg 的时效强化可使硬铝合金的 R_m 达 420MPa。

① 铆钉硬铝：典型牌号为 2A01、2A10。铆钉硬铝在淬火后冷态下塑性极好，时效强化速度慢，时效后可加工性也较好，可利用孕育期进行铆接，主要用于制作铆钉。

② 标准硬铝：典型牌号为 2A11，强度较高、塑性较好，退火后冲压性能好，主要用于形状较复杂、载荷较轻的结构件。

③ 高强度硬铝：典型牌号为 2A12，强度、硬度高，塑性、变形加工性及焊接性较差，主要用于高强度结构件，如飞机翼肋、翼梁等。

硬铝合金的耐蚀性差，尤其不耐海水腐蚀，所以硬铝板材的表面常包有一层纯铝，以提高其耐蚀性，使硬铝板材在热处理后强度降低。

2）超硬铝合金（Al-Zn-Mg-Cu 系）　它是工业上使用的室温力学性能最高的变形铝合金，R_m 可达 600MPa，既可通过热处理强化，也可以采用冷变形强化，其时效强化效果最好。它的强度、硬度高于硬铝合金，故称为超硬铝合金，但其耐蚀性、耐热性较差，主要用于要求质量轻、受力较大的结构件，如飞机大梁、起落架、桁架等。

3）锻铝合金（Al-Cu-Mg-Si 系）　其力学性能与硬铝合金相近，但热塑性及耐蚀性较高，适于锻造，故称为锻铝合金。它主要用于制造形状复杂并承受中等载荷的各类大型锻件和模锻件，如叶轮、框架、支架、活塞、气缸头等。

常用变形铝合金的牌号、代号、化学成分、处理状态、力学性能及用途见表 7-2，其中数据来自 GB/T 3190—2020《变形铝及铝合金化学成分》。

4. 常用的铸造铝合金

（1）铝硅合金（Al-Si 系）　铝硅合金的密度小，具有优良的铸造性能（如流动性好、收缩及热裂倾向小）、一定的强度和良好的耐蚀性，但塑性较差。在生产中对它采用变质处理，可显著改善其塑性和强度。如 ZAlSi12（ZL102）是一种典型的铝硅合金，属于共晶成分，通常称为简单硅铝明，致密性较差，且不能热处理强化。若在铸造铝合金中加入 Cu、Mg、Mn 等合金元素从而获得多元铝硅合金（也称特殊硅铝明），则经固溶时效处理后，强化效果更为显著。铝硅合金适用于制造质轻、耐蚀、形状复杂且有一定力学性能要求的铸件或薄壁零件。

（2）铝铜合金（Al-Cu 系）　铝铜合金的优点是室温、高温力学性能都很高，加工性能好，表面粗糙度小，耐热性好，可进行时效硬化。在铸铝中，它的强度最高，但铸造性能和耐蚀性差，主要用来制造要求较高强度或高温下不受冲击的零件。

（3）铝镁合金（Al-Mg 系）　铝镁合金的密度小，强度和塑性高，耐蚀性优良，但铸造性能差，耐热性低，时效硬化效果甚微，主要用于在腐蚀性介质中工作的零件。

（4）铝锌合金（Al-Zn 系）　铝锌合金铸造性能好，经变质处理和时效处理后强度较高，价格便宜，但耐蚀性、耐热性差，主要用于制造工作温度不超过 200℃、结构形状复杂的汽车、仪表、飞机零件等。

常用铸造铝合金的牌号、代号、化学成分、处理状态、力学性能及用途见表 7-3，其中数据来自 GB/T 1173—2013《铸造铝合金》。

5. 铝合金的强化

铝合金的强化方式主要以下几种：

（1）固溶强化　纯铝中加入合金元素，形成铝基固溶体，造成晶格畸变，阻碍位错运动，起到固溶强化的作用，可使其强度提高。根据合金化的一般规律，形成无限固溶体或高浓度的固溶体型合金时，不仅能获得高的强度，而且还能获得优良的塑性与良好的压力加工性能。Al-Cu、Al-Mg、Al-Si、Al-Zn、Al-Mn 等二元合金一般都能形成有限固溶体，并且均有较大的溶解度（表 7-4），因此具有较大的固溶强化效果。

（2）时效强化　经过固溶处理的过饱和铝合金在室温下或加热到某一温度后，放置一段时间，其强度和硬度随时间的延长而增大，但塑性、韧性降低，这个过程称为时效。在室温下进行的时效称为自然时效，在加热条件下进行的时效称为人工时效。在时效过程中，铝合金的强度、硬度增大的现象称为时效强化或时效硬化。

表7-2 常用变形铝合金的牌号、代号、化学成分、处理状态、力学性能及用途

类别		牌号	化学成分（质量分数,%）					处理状态	力学性能			用途举例
			Cu	Mg	Mn	Zn	其他		R_m/MPa	A（%）	硬度 HBW	
不可热处理强化的铝合金	防锈铝合金	5A05	0.1	4.8~5.5	0.3~0.6	0.2	Si:0.5 Fe:0.5	M	280	20	70	可用于焊接油箱、油管、焊条、铆钉,以及中等载荷零件及制品
		3A21	0.2	0.05	1.0~1.6	0.1	Si:0.6 Ti:0.15 Fe:0.7	M	130	20	30	可用于焊接油箱、油管、焊条、铆钉,以及轻载荷零件及制品
可热处理强化的铝合金	硬铝合金	2A01	2.2~3.0	0.2~0.5	0.2	0.1	Si:0.5 Ti:0.15 Fe:0.5	线材 CZ	300	24	70	可用于制造工作温度小于100℃的结构用中等强度铆钉
		2A11	3.8~4.8	0.4~0.8	0.4~0.8	0.3	Si:0.7 Fe:0.7 Ni:0.1 Ti:0.15	板材 CZ	420	18	100	可用于制造中等强度的结构零件,如骨架、模锻的固定接头、螺旋桨叶片,螺栓和铆钉
		2A12	3.8~4.9	1.2~1.8	0.3~0.9	0.3	Si:0.5 Ni:0.1 Ti:0.15 Fe:0.5	板材 CZ	470	17	105	可用于制造高等强度结构零件,如骨架、蒙皮、隔框、肋、梁、铆钉等150℃以下工作的零件
	超硬铝合金	7A04	1.4~2.0	1.8~2.8	0.2~0.6	5.0~7.0	Si:0.5 Fe:0.5 Cr:0.1~0.25	CS	600	12	120	可用于制造结构中的主要受力件,如飞机大梁、桁架、加强框、蒙皮、接头及起落架
	锻铝合金	2A50	1.8~2.6	0.4~0.8	0.4~0.8	0.3	Si:0.7~1.2 Ti:0.15 Ni:0.1 Fe:0.7	CS	420	13	120	可用于制造形状复杂的中等强度锻件及模锻件
		2A70	1.9~2.5	1.4~1.8	0.2	0.3	Ti:0.02~0.1 Ni:0.9~1.5 Fe:0.9~1.5 Si:0.3	CS	415	13	120	可用于制造内燃机活塞、复杂锻件、板材等可在高温下工作的结构件

注：1. M—包铝板材退火状态；CZ—包铝板材淬火自然实效状态；CS—包铝板材淬火+自然时效状态。
2. 防锈铝合金为退火状态指标，硬铝合金为"淬火+自然时效"状态指标；超硬铝合金为"淬火+人工时效"状态指标，锻铝合金为"淬火+人工时效"状态指标。

表7-3　常用铸造铝合金的牌号、代号、化学成分、处理状态、力学性能及用途（GB/T 1173—2013）

类别	牌号	代号	化学成分（质量分数，%）						处理状态		力学性能			用途举例
			Si	Cu	Mg	Mn	其他	Al	铸造	热处理	R_m/MPa	A（%）	硬度 HBW	
铝硅合金	ZAlSi12	ZL102	10.0~13.0	—	—	—	—	余量	S、B、J	F	145	4	50	可用于制造形状复杂的低载薄壁零件，如仪表、水泵壳体、船舶零件等
											155	2		
										T2	135	4		
											145	3		
	ZAlSi5Cu1Mg	ZL105	4.5~5.5	1.0~1.5	0.4~0.6	—	—	余量	J	T5	235	0.5	70	可用于制造强度、硬度较高的零件
										T7	175	1	65	
	ZAlSi7Cu4	ZL107	6.5~7.5	3.5~4.5	—	—	—	余量	S、B、J	T6	245	2	90	
										T6	275	2.5	100	
铝铜合金	ZAlCu5Mn	ZL201	—	4.5~5.3	—	0.6~1.0	Ti：0.15~0.35	余量	S	T4	295	8	70	可用于制造工作温度小于300℃的零件，如内燃机气缸头、活塞等
										T5	335	4	90	
	ZAlCu4	ZL203	—	4.0~5.0	—	—	—	余量	J	T4	205	6	60	可用于制造中等载荷形状比较简单的零件，如支架等
										T5	225	3	71	
铝镁合金	ZAlMg10	ZL301	—	—	9.5~11.0	—	—	余量	S	T4	280	10	60	可用于制造承受冲击载荷，在大气或海水中工作的零件，如水上飞机、舰船配件等
	ZAlMg5Si	ZL303	0.8~1.3	—	4.5~5.5	0.1~0.4	—	余量	S、J	F	145	1	55	
铝锌合金	ZAlZn11Si7	ZL401	6.0~8.0	—	0.1~0.3	—	Zn：9.0~13.0	余量	J	T1	245	1.5	90	可用于制造承受高静载荷或冲击载荷，不能进行热处理的铸件，如仪表、医疗器械等
	ZAlZn6Mg	ZL402	—	—	0.5~0.65	—	Cr：0.4~0.6 Zn：5.0~6.5 Ti：0.15~0.25	余量	J	T1	235	4	70	

注：1. 铸造中，J—金属型；S—砂型；F—铸态；B—变质处理。
　　2. 热处理中，F—铸态；T1—人工时效；T2—退火；T4—固溶处理后自然时效；T5—固溶处理后不完全人工时效；T6—固溶处理+完全人工时效；T7—固溶处理+稳定化处理。

表 7-4 常用元素在铝中的溶解度

元素名称	极限溶解度(%)	室温时的溶解度(%)
锌	32.8	0.05
镁	14.9	0.34
铜	5.65	0.2
锰	1.82	0.06
硅	1.65	0.05

7.2 铜及铜合金

7.2.1 纯铜

扫码看视频

纯铜呈玫瑰红色，但容易与氧化合，表面形成氧化铜薄膜后，外观呈紫红色。纯铜具有面心立方晶格，无同素异晶转变，密度为 $8.9g/cm^3$，熔点为 1083℃。纯铜具有优良的导电、导热性，其导电性在各种元素中仅次于银，故纯铜主要用作导电材料。铜是逆磁性物质，用纯铜制作的各种仪器和机件不受外磁场的干扰，故纯铜适合制作磁导仪器、定向仪器和防磁器械等。

纯铜的强度很低，软态铜的抗拉强度不超过 240MPa，但它具有极好的塑性，可以承受各种形式的冷热压力加工。因此，铜制品大多是经过适当形式的压力加工制成的。在冷变形过程中，铜有明显的加工硬化现象，并且导电性略微降低。加工硬化是纯铜唯一的强化方式。冷变形铜材退火时，也和其他金属一样，产生再结晶。再结晶的程度和晶粒的大小会显著影响铜的性能，再结晶软化退火温度一般选择 500~700℃。

纯铜的化学性能比较稳定，在大气、水、水蒸气、热水中基本上不被腐蚀。工业纯铜中常含有微量的杂质元素，会降低纯铜的导电性，使铜出现热脆性和冷脆性。

纯铜中还有无氧铜，牌号有 TU1、TU2，这种铜的含氧量极低（$w_0 < 0.003\%$），其他杂质也很少，主要用于制作电真空器件及高导电性铜线。这种导线能抵抗氢的作用，不发生氢脆现象。

根据杂质的含量，工业纯铜可分为四种：T1、T2、T3、T4。其中，"T"为"铜"的汉语拼音首字母，其后的数字越大，纯度越低。工业纯铜的牌号、成分及主要用途见表 7-5。

表 7-5 工业纯铜的牌号、化学成分及主要用途

牌号	w_{Cu} (%)	杂质的化学成分（质量分数,%）		杂质总量（质量分数,%）	用途
		Bi	Pb		
T1	99.95	0.002	0.005	0.05	可用于制造导电材料和配置不同纯度合金
T2	99.90	0.002	0.005	0.1	可用于制造导电材料、制作电线、电缆等
T3	99.70	0.002	0.01	0.3	可用于制造一般材料、电器开关、垫圈、铆钉油管等
T4	99.50	0.003	0.05	0.5	

7.2.2 铜合金

纯铜的强度不高，用加工硬化的方法虽可提高铜的强度，但却使塑性大幅下降，因此常

用合金化的方法来获得强度较高的铜合金，作为结构材料。

根据化学成分，可将铜合金分为黄铜、青铜、白铜三大类，最常用的是前两类。

> **小提示**：在有色金属中，铜的产量仅次于铝。铜及其合金的应用在我国有着悠久的历史，而且应用范围很广。例如，商后母戊鼎是世界迄今出土最大且最重的青铜器，是商周时期青铜器的代表作，国家一级文物，享有"镇国之宝"的美誉。

1. 黄铜

以锌为唯一或主要合金元素的铜合金称为黄铜。黄铜具有良好的塑性、耐蚀性、变形加工性和铸造性能，在工业中有很好的应用价值。按化学成分的不同，黄铜可分为普通黄铜和特殊黄铜两类。表 7-6 是常用黄铜的牌号、化学成分、力学性能和用途。

表 7-6　常用黄铜的牌号、化学成分、力学性能和用途（GB/T 5231—2012）

| 类别 | 牌号 | 化学成分(质量分数,%) | | 状态 | 力学性能 | | | 用途举例 |
		Cu	其他		R_m/MPa	$A(\%)$	硬度 HBW	
黄铜	H95	94.0~96.0	Zn:余量	T	240	50	45	可用于制作冷凝罐、散热器管及导电零件
				L	450	2	120	
	H62	60.5~63.5	Zn:余量	T	330	49	56	可用于制作铆钉、螺母、垫圈、散热器零件
				L	600	3	164	
特殊黄铜	HPb59-1	57.0~60.0	Pb:0.8~0.9 Zn:余量	T	420	45	75	可用于热冲压和切削加工制作的各种零件
				L	550	5	149	
	HMn58-2	57.0~60.0	Mn:1.0~2.0 Zn:余量	S	400	40	90	可用于制作腐蚀条件下工作的重要零件和弱电流工业零件
				J	700	10	178	
	HSn90-1	88.0~91.0	Sn:0.25~0.75 Zn:余量	S	280	40	58	可用于制作汽车、拖拉机弹性套管及其他耐蚀减振零件
				J	520	4	148	

（1）普通黄铜　普通黄铜是铜-锌二元合金，其合金相图如图 7-2 所示。

由图 7-2 可见，Cu-Zn 合金具有六种相，但工业中应用的黄铜的 $w_{Zn} \leqslant 47\%$，所以在黄铜中只有单相（α）和两相（α+β）状态。α 相是锌溶于铜中的固溶体，其溶解度随温度的下降而增加，在 456℃ 时，溶解度为最大（$w_{Zn} \approx 39\%$）；在 456℃ 以下，溶解度又减小。α 相具有面心立方晶格，塑性很好，适于进行冷、热加工，并有优良的铸造性、焊接性和镀锡的能力。高温时，Cu-Zn（β 相）中的铜、锌原子处于无序状态，当合金缓冷至 456~468℃ 时，β 相会转变为有序状态，称 β′ 相，具有体心立方晶格。高温时 β

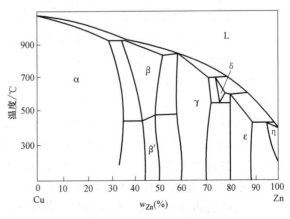

图 7-2　Cu-Zn 合金相图

相具有极好的塑性，适于热加工；低温时 β' 相比较脆，故不适于冷加工。

黄铜的含锌量对其力学性能有很大的影响，如图 7-3 所示。当黄铜处于单相（α）状态（$w_{Zn} \leqslant 30\%$）时，随着含锌量的增加，强度和伸长率都升高。当 $w_{Zn} > 32\%$ 后，因组织中出现 β' 相，塑性开始下降，而强度继续升高，在 $w_{Zn} = 45\%$ 附近达到最大值。当 w_{Zn} 更高时，黄铜的组织全部为 β' 相，强度与塑性急剧下降。

普通黄铜根据其组织不同可分为单相黄铜和双相黄铜，单相黄铜的组织为 α 相，塑性很好，可进行冷、热压力加工，适于制作冷轧板材、冷拉线

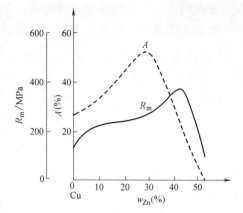

图 7-3　黄铜的含锌量对其力学性能的影响

材、管材及形状复杂的深冲零件常用的单相黄铜牌号有 H80、H70、H68 等，"H" 为黄字的汉语拼音首字母，其后的数字表示铜的平均质量分数（%）。常用双相黄铜的牌号有 H62、H59 等，双相黄铜的组织为 $\alpha + \beta'$ 相。由于室温 β' 相很脆，冷变形性能差，而高温 β 相塑性好，因此它们可以进行热加工变形，适于热轧成棒材、板材，再经机加工制造各种零件。

（2）特殊黄铜　为了获得更高的强度、耐蚀性和良好的工艺性能，在铜锌合金中加入铅、锡、铝、铁、硅、锰、镍等元素，形成各种特殊黄铜。

特殊黄铜牌号的编号方法是："H+主加元素符号+铜的平均质量分数+主加元素的平均质量分数"。特殊黄铜可分为压力加工黄铜（以黄铜加工产品供应）和铸造黄铜两类，其中铸造黄铜在牌号前加 "Z"。例如：HSn70-1 表示成分为 $w_{Cu} = 69.0\% \sim 71.0\%$、$w_{Sn} = 1.0\% \sim 1.5\%$，其余为 Zn 的锡黄铜；HPb59-1 表示成分为 $w_{Cu} = 57.0\% \sim 61.0\%$，$w_{Pb} = 0.8\% \sim 1.9\%$，其余为 Zn 的铅黄铜。常用的特殊黄铜有以下几种。

1）铅黄铜。铅能改善黄铜的可加工性，并能提高合金的耐磨性。铅对黄铜的强度影响不大，略微降低塑性。压力加工铅黄铜主要用于要求有良好的可加工性能及耐磨的零件（如钟表零件），铸造铅黄铜可以制作轴瓦和衬套。

2）锡黄铜。锡能显著提高黄铜在海洋、大气和海水中的耐蚀性，能使黄铜的强度有所提高。压力加工锡黄铜广泛应用于制造海船零件。

3）铝黄铜。铝能显著提高黄铜的强度和硬度，但会降低塑性。铝能使黄铜表面形成保护性的氧化膜，因而使黄铜在大气中的耐蚀性得以改善。铝黄铜可制作海船零件及其机器的耐蚀零件。铝黄铜中加入适量的镍、锰、铁后，可得到高强度、高耐蚀性的特殊黄铜，常用于制作大型蜗杆、海船用螺旋桨等需要高强度、高耐蚀性的重要零件。

4）铁黄铜。铁能提高黄铜的强度，并使黄铜具有高韧性、高耐磨性及在大气和海水中优良的耐蚀性，因而铁黄铜可以用于制造耐磨及受海水腐蚀的零件。

5）硅黄铜。硅能显著提高黄铜的力学性能、耐磨性和耐蚀性。硅黄铜具有良好的铸造性能，并能进行焊接和切削加工，主要用于制造船舶及化工机械零件。

6）锰黄铜。锰能提高黄铜的强度，且不降低塑性，还能提高在海水中及过热蒸汽中的耐蚀性。它的耐热性和承受冷热压力加工的性能也很好，常用于制造海船零件及轴承等耐磨部件。

7）镍黄铜。镍能增大锌在铜中的溶解度，全面提高合金的力学性能和工艺性能，降低应力腐蚀开裂倾向。镍可提高黄铜的再结晶温度，细化其晶粒，还可提高黄铜在大气、海水中的耐蚀性。镍黄铜的热加工性能良好，在造船工业、电动机制造工业中广泛应用。

2. 青铜

青铜是人类历史上应用最早的合金，它是 Cu-Sn 合金，因合金中有 δ 相，呈青白色而得名青铜。它在铸造时体积收缩量很小，充模能力强，耐蚀性好和有极高的耐磨性，而得到广泛的应用。由于采用了大量的含 Al、Si、Be、Pb 和 Mn 的铜合金习惯上也叫青铜，为了区别起见，把 Cu-Sn 合金称为锡青铜，而其他铜合金分别称为铝青铜、硅青铜、铅青铜、铍青铜和锰青铜等。

青铜按生产方式分为压力加工青铜和铸造青铜两类。青铜牌号的编号方法是用"Q+主加元素符号+主加元素平均含量（或+其他元素平均含量）"表示，其中"Q"是"青"字的汉语拼音首字母。例如，QAl5 表示 w_{Al} = 5% 的铝青铜，QSn4-3 表示 w_{Sn} = 4%、w_{Zn} = 3% 的锡青铜。铸造青铜的牌号需在青铜牌号前加"Z"，例如，ZQSn10-5 表示 w_{Sn} = 10%、w_{Pb} = 5%，其余为 Cu 的铸造锡青铜。此外，青铜还可以合金成分的名义百分含量命名，例如 ZCuSn10Pb5 w_{Sn} = 10%、w_{Pb} = 5% 的锡青铜。

（1）锡青铜 锡青铜是我国历史上使用最早的有色合金，也是最常用的有色金属合金之一。它的力学性能与含锡量有关，生产上应用的锡青铜 w_{Sn} = 3% ~ 14%。当 w_{Sn} > 20% 时，由于出现过多的 δ 相，使合金变得很脆，强度也显著下降；当 w_{Sn} ≤ 5% ~ 6% 时，Sn 溶于 Cu 中，形成面心立方晶格的 α 固溶体，它是 Cu-Sn 合金中最基本的相组成物，随着 α 固溶体中含锡量的增加，合金的强度和塑性都增加；当 w_{Sn} ≥ 5% ~ 6% 时，组织中出现硬而脆的 δ 相（以复杂立方结构的电子化合物 Cu31Sn8 为基的固溶体），虽然强度继续升高，但塑性却会下降。w_{Sn} < 5% 的锡青铜适合冷加工使用，w_{Sn} = 5% ~ 7% 的锡青铜适合热加工。w_{Sn} > 10% 的锡青铜中一般含有少量 Zn、Pb、Ni、P 等元素。Zn 能提高锡青铜的力学性能和流动性；Pb 能改善青铜的耐磨性能和可加工性，但会降低力学性能；Ni 能细化青铜的晶粒，提高力学性能和耐蚀性；P 能提高青铜的韧性、硬度、耐磨性和流动性。

（2）铝青铜 以铝为主要合金元素的铜合金称为铝青铜。铝青铜的强度比黄铜和锡青铜高，工业中应用的铝青铜 w_{Al} = 5% ~ 11%。当 w_{Al} < 5% 时，合金强度很低；当 5% ≤ w_{Al} ≤ 7% 时，合金的塑性很好，适合冷加工；当 w_{Al} > 7% 时，合金的塑性急剧降低。在大气、海水、碳酸及大多数有机酸中的耐蚀性也比黄铜和锡青铜好。此外，还耐磨损。铝青铜与上述介绍的铜合金有明显不同，铝青铜可通过热处理进行强化。铝青铜有良好的铸造性能，它的体积收缩率比锡青铜大，铸件内容易产生难溶的氧化铝。铝青铜不易钎焊，在过热蒸汽中不稳定。

（3）铍青铜 铍青铜具有很高的弹性极限、疲劳强度、耐磨性和耐蚀性，导电性、导热性极好，而且耐热、无磁性，受冲击时不发生火花。因此铍青铜常用来制造各种重要弹性元件，耐磨零件（如钟表齿轮，高温、高压、高速下的轴承）及防爆工具等。在工艺性方面，它承受冷、热压力加工的能力很强，铸造性能也很好。但铍是稀有金属，价格昂贵，因此在使用上受限制。

（4）硅青铜 硅青铜以硅为主加元素的铜合金，w_{Si} ≤ 3.5%。它的力学性能比锡青铜好，而且价格低廉，并有很好的铸造性能和冷、热加工性能。加入 Ni 可形成金属间化合物

NiSi，使硅青铜通过固溶时效处理后获得较高的强度和硬度。同时具有很高的导电性、耐热性和耐蚀性。若向硅青铜加入 Mn 可显著提高合金的强度和耐磨性。

常用加工青铜的牌号、化学成分、力学性能及用途见表 7-7，其中数据来自 GB/T 5231—2012。常用铸造青铜的牌号、化学成分、力学性能及用途见表 7-8。

表 7-7 常用加工青铜的牌号、化学成分、力学性能及用途

类别	牌号	化学成分(质量分数,%)		力学性能			用途
		主加元素	其他	R_m/MPa	A(%)	硬度 HBW	
锡青铜	QSn4-3	Sn:3.5~4.5	Zn:2.7~3.3 杂质总和:0.2 Cu:余量	550	4	160	可用于制造弹性元件、化工机械耐磨零件和抗磁零件
	QSn4-4-2.5	Sn:3.0~5.0	Zn:3.0~5.0 Pb:1.5~3.5 杂质总和:0.2 Cu:余量	600	2~4	160~180	可用于制造航空、汽车、拖拉机用承受摩擦的零件，如轴套等
	QSn4-4-4	Sn:3.0~5.0	Zn:3.0~5.0 Pb:3.5~4.5 杂质总和:0.2 Cu:余量	600	2~4	160~180	
	QSn6.5-0.1	Sn:6.0~7.0	Zn:0.3 P:0.1~0.25 Cu:余量 杂质总和:0.1	750	10	160~200	可用于制造弹簧接触片，精密仪器中的耐磨零件和抗磁零件
铝青铜	QAl5	Al:4.0~6.0	杂质总和:1.6 Mn、Zn、Ni、Fe 各0.5 Cu:余量	750	5	200	可用于制造弹簧
	QAl9-2	Al:8.0~10.0	Mn:1.5~2.5 Zn:1.0 杂质总和:1.7 Cu:余量	700	4~5	160~200	可用于制造海轮上的零件，在250℃以下工作的管配件和零件
	QAl9-4	Al:8.0~10.0	Fe:2.0~4.0 Zn:1.0 杂质总和:1.7 Cu:余量	900	5	160~200	可用于制造船舶零件和电器零件
	QAl10-3-1.5	Al:8.5~10.0	Fe:2.0~4.0 Mn:1.0~2.0 杂质总和:0.75 Cu:余量	800	9~12	160~200	可用于制造船舶用高强度耐蚀零件，如齿轮、轴承等
硅青铜	QSi3-1	Si:2.7~3.5	Mn:1.0~1.5 Zn:0.5 Fe:0.3 Sn:0.25 杂质总和:1.1 Cu:余量	700	1~5	180	可用于制造弹簧、耐蚀零件，以及涡轮、蜗杆、齿轮、制动杆等
	QSi1-3	Si:0.6~1.1	Ni:2.4~3.4 Mn:0.1~0.4 杂质总和:0.5 Cu:余量	600	8	150~200	可用于制造发动机和机械制造中的机构件、在300℃以下工作的摩擦零件

（续）

类别	牌号	化学成分（质量分数,%）		力学性能			用途
		主加元素	其他	R_m/MPa	A（%）	硬度 HBW	
铍青铜	QBe2	Be：1.8～2.1	Ni：0.2～0.5 杂质总和：0.5 Cu：余量	1250	2～4	330	可用于制造重要的弹簧和弹性元件，耐磨零件，以及高压、高速、高温轴承

表 7-8　常用铸造青铜的牌号、化学成分、力学性能及用途

类别	牌号	化学成分（质量分数,%）			铸造方法	力学性能			用途
		主加元素	其他			R_m/MPa	A（%）	硬度 HBW	
铸造锡青铜	ZCuSn3Zn8Pb5Ni1	Sn：2.0～4.0	Zn：6.0～9.0 PB：4.0～7.0 Ni：0.5～1.5	Cu 余量	S	175	8	60	可用于制造在各种液体燃料和海水、淡水和蒸汽（温度＜225℃）中工作的零件及压力小于2.5MPa的阀门和管配件
					J	215	10	17	
	ZCuSn3Zn11Pb4	Sn：2.0～4.0	Zn：9.0～13.0 Pb：3.0～6.0	Cu 余量	S	175	8	60	可用于制造在海水、淡水和蒸汽中工作的零件及压力小于120MPa阀门和管配件
					J	215	10	65	
	ZCuSn5Pb5Zn5	Sn：4.0～6.0	Zn：4.0～6.0 Pb：4.0～6.0	Cu 余量	S	200	13	70	可用于制造在较高负荷、滑动速度下的耐磨、耐蚀零件，如轴瓦、缸套、活塞、离合器、涡轮等
					J	200	13	90	
	ZCuSn10Pb1	Sn：9.0～11.5	Pb：0.5～1.0	Cu 余量	S	220	3	90	可用于制造在较高负荷、高滑动速度下工作的耐磨零件，如连杆、轴瓦、衬套、缸套、涡轮等
					J	310	2	115	
	ZCuSn3Zn8PbNi1	Sn：2.0～4.0	Zn：6.0～9.0 Pb：4.0～7.0 Ni：0.5～1.5	Cu 余量	S	175	8	60	可用于制造在各种液体燃料、海水、淡水和蒸汽（温度＜225℃）中工作的零件及压力小于2.5MPa的阀门和管配件
					J	215	10	71	
	ZCuSn3Znl1Pb4	Sn：2.0～4.0	Zn：9.0～13.0 Pb：3.0～6.0	Cu 余量	S	175	8	60	可用于制造在海水、淡水和蒸汽中工作的零件及压力小于2.5MPa的阀门和管配件
					J	215	10	65	
	ZCuSn5Pb5Zn5	Sn：4.0～6.0	Zn：4.0～6.0 Pb：4.0～6.0	Cu 余量	S	200	13	70	可用于制造在较高负荷、中等滑动速度下工作的耐磨、耐蚀零件，如轴瓦、缸套、活塞、离合器、涡轮等
					J	200	13	90	

（续）

类别	牌号	化学成分（质量分数，%）			铸造方法	力学性能			用途
		主加元素	其他			R_m/MPa	A(%)	硬度HBW	
铸造锡青铜	ZCuSn10Pb1	Sn:9.0~11.5	Pb:0.5~1.0	Cu余量	S	220	3	90	可用于制造在高负荷、高滑动速度下工作的耐磨零件，如连杆轴瓦、缸套、衬套，涡轮等
					J	310	2	115	
铸造铅青铜	ZCuPb10Sn10	Pb:8.0~11.0	Sn:9.0~11.0	Cu余量	S	180	7	62	可用于制造表面压力高且存在侧压的滑动轴承、轧辊、车辆轴承及内燃机的双金属轴瓦等
					J	220	5	65	
	ZCuPb17Sn4Zn4	Pb:14.0~20.0	Sn:3.5~5.0 Zn:2.0~6.0	Cu余量	S	150	5	55	可用于制造一般耐磨件、高滑动速度的轴承等
					J	175	7	60	
	ZCuPb30	Pb:27.0~33.0	—	Cu余量	J	—	—	40	可用于制造高滑动速度的双金属轴瓦、减摩零件等

注：S—砂型；J—金属型。

3. 白铜

以镍为主要添加元素的铜基合金呈银白色，故称为白铜。白铜根据加入的合金元素种类不同，可分为普通白铜和复杂白铜。铜镍二元合金称为普通白铜（即二元白铜）。加入锰、铁、锌、铝等元素的白铜合金称为复杂白铜（即三元以上的白铜），包括铁白铜、锰白铜、锌白铜和铝白铜等。

普通白铜的牌号以"B+数字"表示，其中数字表示镍的含量，如 B5 表示 $w_{Ni} \approx 5\%$，其余为铜的白铜。复杂白铜的牌号以"B+元素符号+数字-数字"表示，其中第一个数字表示镍的含量，第二个数字表示第二主加元素含量，如 BMn3-12 表示 $w_{Ni} \approx 3\%$，$w_{Mn} \approx 12\%$ 的白铜。

由于镍和铜能形成无限互溶的固溶体，在铜中加入镍元素可以显著提高其强度、硬度、电阻和热电性，并降低电阻率、温度系数，因此白铜比其他铜合金的力学性能、物理性能更好。由于其延展性好、硬度高、色泽美观、耐腐蚀、深冲性能好，被广泛用于造船、石油化工、电器、仪表、医疗器械、日用品、工艺品等领域。此外，白铜还是重要的电阻及热电偶合金。白铜的缺点是主要添加元素镍属于稀缺元素，价格比较昂贵。

7.3 滑动轴承合金

滑动轴承是用以支撑轴进行工作的重要部件。与滚动轴承相比，滑动轴承具有承压面积大、工作平稳、无噪声以及拆卸方便等优点，广泛用于机床主轴轴承、发动机轴承以及其他动力设备的轴承上。

1. 滑动轴承合金的工作条件及性能要求

滑动轴承合金可用来制造滑动轴承中的轴瓦及内衬。当轴旋转时,轴瓦和轴发生强烈的摩擦,并承受周期性载荷。由于轴的制造成本高,所以应首先考虑使轴磨损减至最小,然后再尽量提高轴承的耐磨性。为此,滑动轴承合金应具备:较高的抗压强度和疲劳强度;高的耐磨性、良好的磨合性和较小的摩擦系数;足够的塑性和韧性;良好的耐蚀性和导热性,较小的膨胀系数和良好的工艺性。

2. 滑动轴承合金的组织特征

为了满足上述要求,轴承合金的理想组织是在软基体上分布着硬质点,或者在硬基体上分布着软质点。软基体硬质点轴瓦与轴的分界面,如图7-4所示。

当机器运转时,软基体被磨损而凹陷,硬质点就凸出于基体,以减小轴与轴瓦之间的摩擦系数。凹陷的部位可以存储润滑油,同时使外来硬物能嵌入基体中,使轴颈不被擦伤。软基体能承受冲击和振动,并使轴与轴瓦很好地磨合。同样,采取硬基体上分布软质点的组织,也能达到上述目

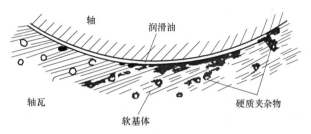

图7-4 软基体硬质点轴瓦与轴的分界面

的。同软基体硬质点的组织相比,硬基体软质点组织具有更好的承载能力,但磨合能力较差。

最能满足上述要求的轴承合金是以锡或铅为基体的合金,一般称为巴氏合金。其牌号由基本元素及主要合金元素的化学符号组成。常用的轴承合金除巴氏合金外,还有铝基和铜基轴承合金。巴氏合金的牌号、力学性能及用途见表7-9。

表7-9 巴氏合金的牌号、力学性能及用途

类别	牌号	化学成分(质量分数,%)					硬度 HBW	用途举例
		Sb	Cu	Pb	Sn	其他		
锡基轴承合金	ZSnSb12Pb10Cu4	11.0~13.0	2.5~5.0	9.0~11.0	其余	Zn:0.01 Al:0.01	29	耐蚀、耐热、耐磨,适用于涡轮机及内燃机高速轴承及轴衬
	ZSnSb12Cu6Cd1	10.0~13.0	4.5~6.8	0.15	其余	Zn:0.05 Al:0.05	34	硬度高,可承受大负荷,适用于大型机械轴承及轴衬
	ZSnSb11Cu6	10.0~12.0	5.5~6.5	0.35	其余	Zn:0.01 Al:0.01	27	适用于一般大型机械轴承及轴衬
铅基轴承合金	ZPbSb15Sn5	14.0~15.5	0.5~1.0	其余	4.0~5.5	Zn:0.15 Fe:0.1	20	适用于重负荷高速机械轴衬
	ZPbSb10Sn6	9.0~11.0	0.7	其余	5.0~7.0	Zn:0.005 Fe:0.1	18	适用于轻负荷低速机械轴衬
	ZPbSb16Sn16Cu2	15.0~17.0	1.5~2.5	其余	15.0~17.0	Zn:0.15 Fe:0.1	30	适用于轻负荷高速机械轴衬,如汽车、轮船、发动机等

3. 常用轴承合金

（1）锡基轴承合金（锡基巴氏合金）　锡基轴承合金是一种软基体硬质点类型的轴承合金。它是以锡和锑为基体，加入少量其他元素的合金。常用的牌号有 ZSnSb12Pb10Cu4、ZSnSb12Cu6Cd1、ZSnSb11Cu6 等。

锡基轴承合金的优点是膨胀系数小、磨合性良好，抗咬合性、嵌藏性、耐蚀性、导热性和浇注性也很好；锡基轴承合金的缺点是疲劳强度较低，工作温度也较低（一般不大于150℃），价格高。

（2）铅基轴承合金（铅基巴氏合金）　铅基轴承合金是以铅和锑为基体的合金，但二元Pb-Sb 合金有密度偏析，同时锑的颗粒太硬，基体又太软，只适用于速度低、负荷小的次要轴承。为改善其性能，要在合金中加入其他合金元素，如 Sn、Cu、Cd、As 等。常用的铅基轴承合金为 ZPbSb16Sn16Cu2，其中 w_{Sn} = 15% ~ 17%、w_{Sb} = 15% ~ 17%、w_{Cu} = 1.5% ~ 2.0% 及余量的 Pb。

铅基轴承合金的硬度、强度、韧性都比锡基轴承合金较低，但摩擦系数较大，价格便宜，铸造性能好。常用于制造承受中、低载荷的轴承，但其工作温度不能超过120℃。

铅基、锡基轴承合金的强度都较低，为了提高其疲劳强度、承压能力和使用寿命，常把它镶铸在钢的轴瓦（一般用 08 钢冲压成形）上，形成薄而均匀的内衬，才能发挥作用。这种工艺称为挂衬。这种结构的轴承称为双金属轴承。

（3）铝基轴承合金　铝基轴承合金是以铝为基体，锑或锡等为主加元素的轴承合金，具有密度小、导热性好、疲劳强度高和耐蚀性好的优点。它的原料丰富，价格便宜，广泛用在高速高负荷条件下工作的轴承。按化学成分将铝基轴承合金分为铝锡系、铝锑系和铝石墨系三类。

铝锡系轴承合金是一种既有高疲劳强度，又有适当硬度、耐热性和耐磨性等优点的轴承合金，在轧制成成品后，经退火热处理，使锡球化，获得在较硬的铝基体上弥散要布着较软的球状锡的显微组织。铝锡系轴承合金适用于制造高速、重载条件下工作的轴承；铝锑系轴承合金适用于载荷不超过 2000MPa、滑动线速度不大于 10m/s 工作条件下的轴承；铝石墨系轴承合金具有优良的自润滑作用和减振作用以及耐高温性能，适用于制造活塞和机床主轴的轴承。

铝基轴承合金的缺点是膨胀较大，抗咬合性低于巴氏合金。为此，常采用较大的轴承间隙，并采取降低轴与轴承表面粗糙度值和镀锡的办法来改善综合性能，以减小起动时发生咬合的危险性。

（4）铜基轴承合金　铜基轴承合金是以铅为基本合金元素的铜基合金。

由于铅不溶于铜，所以铜基轴承合金在室温时的组织是在硬基体铜上均匀分布着软的铅颗粒，极有利于保持润滑油膜，使合金具有优良的耐磨性。此外，铜基轴承合金比巴氏合金更能耐疲劳、抗冲击，承载能力也更强。所以铜基轴承合金可用作高速、高载下的发动机轴承和其他高速重载轴承。

（5）冶金减摩材料　粉末冶金减摩材料在纺织机械、汽车、冶金、矿山机械等方面已获得广泛应用。粉末冶金减摩材料包括铁石墨、铜石墨、多孔含油轴承和金属塑料减摩材料。

粉末冶金多孔含油轴承与巴氏合金、铜基合金相比，具有减摩性能好、寿命高、成本低、效率高等优点，特别是它具有自润滑性，轴承孔隙中所贮润滑油，足够其在整个有效工作期间消耗。因此冶金减摩材料特别适用于制造制氧机、纺纱机等应用的轴承。

7.4 其他常用有色金属及合金

7.4.1 钛及钛合金

钛及钛合金不仅密度小、强度高（抗拉强度最高可达 1400MPa）、低温韧性好，还有良好的塑性和优良的耐蚀性、耐高温性能等一系列优点，所以得到广泛应用。但钛及钛合金的加工条件复杂，成本高，在很大程度上限制了它们的应用。

1. 纯钛

钛是灰白色轻金属，密度小（为 4.507g/cm³，相当于铜密度的 50%），熔点高（为 1668℃）。纯钛的特点如下：①热膨胀系数小，使它在高温工作条件下或热加工过程中产生的热应力小，导热性差；②加工钛的摩擦系数大（为 0.2），使切削、磨削加工困难；③塑性好、强度低，易于加工成形，可制成板材、管材、棒材和线材等；④大气中十分稳定，表面可生成致密氧化膜且表面有光泽，使它具有耐蚀性，但当加热到 600℃ 以上时，氧化膜就失去保护作用；⑤在海水和氯化物中具有优良的耐蚀性；⑥在硫酸、盐酸、硝酸、氢氧化钠等介质中都有良好的稳定性，但不能抵抗氢氟酸的浸蚀作用。钛的抗氧化能力优于大多数 A 级不锈钢。

纯钛具有同素异构转变，在 882.5℃ 以下为密排六方结构的 α 相，在 882.5℃ 以上为体心立方结构的 β 相。钛的这种同素异构转变对强化钛合金有很重要的意义。

工业纯钛中常含少量的氮、碳、氧、氢、铁和镁等杂质元素。这些少量杂质能使钛的强度、硬度显著增加，塑性、韧性明显降低。工业纯钛按杂质含量不同分为三个等级，即 TA1、TA2 和 TA3。"T"为钛字的汉语拼音首字母，数字编号越大则杂质越多。工业纯钛一般用于制造 350℃ 以下工作的、强度要求不高的零件。

2. 钛合金

在钛中加入合金元素能显著提高纯钛的强度。如工业纯钛的 R_m 为 350~700MPa，而钛合金的 R_m 可达 1200MPa。

钛合金根据使用状态的组织可分为三类：α 钛合金、β 钛合金和 α+β 钛合金。牌号分别以"TA、TB、TC+编号"表示。部分钛合金的牌号、成分、力学性能及用途见表 7-10。

（1）α 钛合金 在钛中加入铝、碳、氮、氧、硼等元素使合金组织形成 α 固溶体，并使 α 与 β 相同素异构转变温度上升，从而使钛合金的组织全部转变为 α 固溶体单项组织，具有很好的强度、韧性及塑性。α 钛合金在冷态也能加工成某种半成品，如板材、棒材等。

在高温下的组织稳定，α 钛合金抗氧化能力较强，热强性较好。在高温（500~600℃）下的强度是三类钛合金中最高的。在室温下，α 钛合金的强度低于 β 钛合金和 α+β 钛合金。α 钛合金是单相合金，不能进行热处理强化。代表性的合金有 TA5、TA6、TA7。

（2）β 钛合金 在合金中加入铁、钼、镁、铬、锰、钒等元素使合金的组织主要为 β 固溶体。β 钛合金由于是体心立方结构，所以具有良好的塑性，易于加工成形。β 钛合金可进行热处理强化，通过淬火与时效能获得 β 相中弥散分布细小 α 相组织，进一步提高 β 钛

机械工程材料

合金的强度。因为这类合金的密度较大，耐热性差及抗氧化性能低，生产工艺复杂，所以在工业上很少使用。

（3）α+β 钛合金 在钛中同时加入稳定 α 相和 β 相的元素时，可获得（α+β）的双相组织。α+β 钛合金兼有 α 钛合金和 β 钛合金两者的优点，耐热性和塑性都比较好，可进行热处理强化，且生产比较简单，是应用最广的一类钛合金。

表 7-10 部分钛合金的牌号、成分、力学性能及用途

类别	牌号	化学成分 $w(\%)$	状态	室温力学性能（≥）		高温力学性能（≥）		用途
				R_m/MPa	A_5（%）	温度	σ_b/MPa	
α 钛合金	TA4G	Ti-3Al	T	685	15	—	—	在 500℃ 以下工作的零件，导弹燃料罐、超音速飞机的涡轮机匣
	TA5	Ti-4Al-0.005B	T	685	15	—	—	
	TA6	TI-5Al	T	685	10	350	420	
β 钛合金	TB2	Ti-5Mo-5V-8Cr-3Al	CS	1320	8	—	—	在 350℃ 以下工作的零件，压力机叶片、轴、轮盘等重载荷旋转件，飞机构件
α+β 钛合金	TC1	Ti-2Al-1.5Mn	T	585	15	350	345	400℃ 以下工作的零件，有一定的高温强度要求的发动机零件，低温用部件
	TC4	Ti-6Al-4V	T	895	10	400	620	

7.4.2 镁及镁合金

镁及镁合金的主要优点是密度小，比强度、比刚度高，抗震能力强，可承受较大的冲击载荷，切削加工性能和抛光性能好，但耐蚀性差，熔炼技术复杂，冷变形困难，缺口敏感性大。镁合金可分为变形镁合金和铸造镁合金两大类，其代号、性能及用途见表 7-11。

表 7-11 镁合金的代号、性能及用途

代号	主要成分	状态	R_m/MPa	$R_{r0.2}$/MPa	$A(\%)$	硬度 HBW	用途举例
MB1	Mg-Mn	板 M	190	110	5	—	飞机蒙皮，锻件
		型材 R	260	—	4	—	
MB8	Mg-Mn-Cr(铈)	板 M	230	120	12	—	飞机蒙皮、锻件（在 200℃ 以下工作）
		板 Y2	250	160	8	—	
		棒 R	220	—	—	—	
MB2	Mg-Al-Mn-Zn	棒 R	260	—	5	45	形状复杂的锻件及其他零件
		锻件	240	—	5	45	
MB15	Mg-Zn-Zr	棒	320	250	6	75	形状复杂的大锻件、长桁、翼肋
		时效型材	320	250	7	—	
ZM1	Mg-Zn-Zr	S.T1	220	165	2.5	—	受冲击件，如轮毂、轮缘隔板、支架等
		S.T6	240	—	2.5	—	
ZM2	Mg-Zn-Re-Zr	S.T1	170	—	1.5	—	机匣、电动机壳等

（续）

代号	主要成分	状态	R_m/MPa	$R_{r0.2}$/MPa	A（%）	硬度 HBW	用途举例
ZM5	Mg-Al-Zn-Mn	S. T4	155	—	2.5	—	受高载荷件、热机舱、连接框、电动机壳体、机匣等
		S. T6	160	—	1.0	—	
		J. T4	170	—	2.5	—	

本 章 小 结

本章主要介绍了有色金属及其合金：铝及铝合金的分类以及各自的性能特点，铝合金的牌号、代号表示方法与应用；铜及铜合金的分类以及各自的性能特点，铜合金的牌号表示方法与应用；滑动轴承合金的组织特征及常用的滑动轴承合金；钛及钛合金的种类及性能、用途；镁及镁合金种类及性能、用途。

课 后 测 试

一、名词解释

时效强化　　人工时效

二、选择题

1. 下列几种变形铝合金系中属于超硬铝合金的是（　　）。

A. Al-Mn 和 Al-Mg　　B. Al-Cu-Mg　　C. Al-Cu-Mg-Zn　　D. Al-Mg-Si-Cu

2. 下列几种变形铝合金系中属于锻造铝合金的是（　　）。

A. Al-Mn 和 Al-Mg　　B. Al-Cu-Mg　　C. Al-Cu-Mg-Zn　　D. Al-Mg-Si-Cu

3. HMn58-2 是（　　）的牌号。

A. 普通黄铜　　　　B. 特殊黄铜　　　C. 无锡青铜　　　　D. 青铜

4. 镁合金按成分及生产工艺特点，可以分为（　　）两大类。

A. 高强度镁合金和高硬度镁合金　　　B. 高强度铸造镁合金和耐热铸造镁合金

C. 变形镁合金和铸造镁合金　　　　　D. 耐热铸造镁合金和变形镁合金

三、判断题

1. 5A05、2A12、2A50 都是变形铝合金。（　　）

2. 6A02 和 2A50 铝合金具有优良的可锻性。（　　）

3. 单相黄铜比双相黄铜的塑性和强度都高。（　　）

4. 制造飞机起落架和大梁等承受载荷的零件可采用防锈铝合金。（　　）

5. 铸造铝合金塑性差，不宜进行压力加工。（　　）

6. 铜和铝及其合金均可以利用固态相变来提高强度和硬度。（　　）

7. 镁合金可以制作重要的结构零件。（　　）

8. 轴承合金是制造轴承内、外圈套和滚动体的材料。（　　）

四、填空题

1. 按照铝合金的组织和加工特点，铝合金可分为：_____和_____。

2. 铝合金的强化方式有：_____和_____。

3. 根据化学成分，可将铜合金分为：_____、_____和_____。

五、简答题

1. 简要说明时效强化的机理，时效强化与固溶强化有何区别？

2. 试述下列零件进行时效处理的意义与作用：①形状复杂的大型铸件在 500~600℃ 进行时效处理；②铝合金件淬火后于 140° 进行时效处理；③GCr15 钢制造的高精度丝杠于 150℃ 进行时效处理。

3. 何谓硅铝明？它属于哪一类铝合金？为什么硅铝明具有良好的铸造性能？在变质处理前后其组织和性能有何变化？这类铝合金主要用途有哪些？

4. 锡青铜属于什么合金？为什么工业用锡青铜的含锡量大多不超过 14%？

5. 作为轴瓦的材料必须具有什么特性？对轴承合金的组织有什么要求？

河南省"十四五"普通高等教育规划教材

机械工程材料

实验指导书

主　编　李占君

副主编　孙红英　赵亚东　张珊珊

　　　　孟文霞　莫玉梅　高　伟

参　编　李　帅　朱政通　周小东

　　　　张阳明　闫成旗　梁玉龙

机械工业出版社

本书是为普通高等教育机械类及近机械类专业基础课"机械工程材料"的配套实验教材，内容主要包括硬度实验、金相试样的制备、金相显微镜的构造与使用、铁碳合金平衡组织观察、钢的热处理实验、铁碳合金非平衡组织观察、铸铁及有色金属组织观察等。本书介绍了工程材料实验中基本的实验方法，描述了典型材料的组织特征及成分、组织、工艺、性能之间的相互关系。

本书可作为机械工程材料课程的实验教学指导用书，也可供从事相关工作的专业技术人员参考。

前　　言

　　实验教学和理论教学互为依存，互为补充，都是课程教学的重要环节。为了更好地完成机械工程材料课程的教学，培养和提高学生理论联系实际以及实践动手能力，根据课程教学大纲对实验教学的要求，编写本实验指导书。

　　实验指导书包括实验指导和报告两部分。其中指导书部分介绍了实验目的与要求、实验设备及仪器、实验原理、实验步骤等；实验报告书部分主要有实验数据记录、处理，分析及思考题等。

　　为了更好地完成本课程的实验内容，学生需要注意以下几点：

　　1）认真做好实验前的准备工作，预习相关知识，特别是要弄清实验对象和实验目的。

　　2）主动地进行实验，对实验中出现的一切现象要仔细观察，在实验的过程中，要不断地对实验结果进行分析和判断。

　　3）每次实验课应分配一定比例的时间，以小组为单位组织讨论，分析实验数据，提出看法和问题，必要时可重复实验的某一部分。

　　4）认真回答指导教师提出的问题（包括口头回答和用实验回答）。

　　另外，在实验时要注意遵守实验纪律，做到以下几点：

　　1）未了解实验装置以前，未经指导教师许可，不要私自开启设备和触摸试样等。

　　2）进入实验室必须严肃认真，集中精力，抓紧时间，分工合作，完成本实验内容。与本实验无关的一切设备不要乱动，更不准擅自启动。

　　3）实验前后都要检查设备的完好性。实验后应使设备处于正常关闭状态，做好必要的维护。

　　4）若违反上述纪律，经劝告仍不改者，指导教师和实验技术人员有权取消其实验资格。因违反纪律和不遵守操作规程而损坏仪器设备时，应追究责任并按规定进行赔偿。

目　　录

实验一 硬 度 实 验

一、实验目的

1）熟悉硬度测定的基本原理、表示方法及应用范围。

2）掌握布氏、洛氏硬度计的主要结构及操作方法。

3）初步建立碳钢的碳含量及不同热处理方法与其硬度间的关系。

二、概述

金属的硬度可以认为是金属材料表面在接触应力作用下抵抗塑性变形的一种能力。硬度测量能够给出金属材料软硬程度的数量概念。由于在金属表面以下不同深度处材料所承受的应力和所发生的变形程度不同，因而硬度值可以综合地反映压痕附近局部体积内金属的弹性、微量塑变抗力、塑性变形强化能力以及大量形变抗力。硬度值越高，表明金属抵抗塑性变形能力越大，材料产生塑性变形就越困难。此外，硬度值与其他力学性能（如抗拉强度、断面收缩率等）及某些工艺性能（如可加工性、冷成形性等）都有关系，故在产品设计图样的技术条件中，硬度是一项主要技术指标。同时硬度试验的设备简单，操作便捷，不需要专门制备试样，也不破坏被测试的工件，因此，在工业生产中，被广泛应用于产品质量的检验。

硬度的测试方法很多，在机械工业中广泛采用压入法来测定硬度，压入法又可分为布氏硬度、洛氏硬度、维氏硬度等。

压入法硬度试验的主要特点是：

1）试验时应力状态最软，即最大切应力远大于最大正应力，因而无论是塑性材料还是脆性材料均能发生塑性变形。

2）金属的硬度与强度指标之间存在如下近似关系，即

$$R_m = K \cdot \text{HBW}$$

式中　R_m——材料的抗拉强度值；

　　　HBW——布氏硬度值；

　　　K——系数，退火状态的碳钢的系数 $K = 0.34 \sim 0.36$，合金调质钢的系数 $K = 0.33 \sim 0.35$，有色金属合金的系数 $K = 0.33 \sim 0.53$。

3）硬度值对材料的耐磨性、疲劳强度等性能也有定性的参考价值，通常硬度值高，这些性能也就好。在机械零件设计图纸上对力学性能的技术要求往往只标注硬度值，其原因就在于此。

4）硬度测定后由于仅在金属表面局部体积内产生很小压痕，并不损坏零件，因而

适合于成品检验。

5）设备简单，操作便捷。

三、布氏硬度（HBW）

1. 布氏硬度试验的基本原理

根据 GB/T 231.1—2018，布氏硬度试验的原理是：如图 1-1 所示，对直径为 D 的碳化钨合金球施加一定大小的载荷 F，将其压入被测金属表面，保持一定时间，然后卸除载荷，通过读数放大镜测量出压痕的直径 d，根据 d 和 D 的几何关系可以求出压痕的面积 S。以压痕上载荷产生的平均应力值 F/S 作为硬度值的计量指标，并用符号 HBW 表示，计算公式如下：

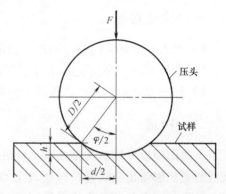

图 1-1　布氏硬度试验的原理

$$HBW = \frac{F}{S} \qquad (1-1)$$

式中　HBW——布氏硬度值；

$\quad\quad$ F——载荷，（N）；

$\quad\quad$ S——压痕面积，（mm）^{2}。

由压痕面积与压痕深度和碳化钨球直径之间的几何关系，可得压痕部分的球面积为

$$S = \pi D h \qquad (1-2)$$

式中　D——碳化钨球直径（mm）；

$\quad\quad$ h——压痕深度（mm）。

由于测量压痕直径 d 要比测定压痕深度 h 容易，故可将式（1-2）中 h 改换成 d 来表示，根据几何关系可知：

$$\frac{1}{2}D - h = \sqrt{\left(\frac{D}{2}\right)^2 - \left(\frac{d}{2}\right)^2}$$

$$h = \frac{1}{2}\left(D - \sqrt{D^2 - d^2}\right) \qquad (1-3)$$

将式（1-2）和式（1-3）代入式（1-1）得

$$HBW = \frac{F}{\pi D h} 0.102 \frac{2F}{\pi D \left(D - \sqrt{D^2 - d^2}\right)} \qquad (1-4)$$

式（1-4）中只有 d 是变量，故只需测出压痕直径 d，根据已知 D 和 F 值就可计算出布氏硬度值。在实际测量时，可由测出的压痕直径 d 直接查表得到布氏硬度值。0.102 为转换因子，即 $1/g = 0.102 s/m^2$。

由于金属材料有硬有软，所测工件有厚有薄，若只采用同一种载荷（如 3000kgf）和钢球直径（如 10mm）时，则对硬的金属适合，而对极软的金属就不适合，会发生整

个钢球陷入金属中的现象；若对于厚的工件适合，则对于薄的工件会有压透的可能。所以在测定不同材料的布氏硬度值时，要求使用不同的载荷 F 和球直径 D。为了得到统一的、可以相互比较的数值，必须使 F 和 D 之间维持某一比值关系，以保证所得到的压痕形状的几何相似关系，其必要条件就是使压入角 φ 保持不变。

根据相似原理由图 1-1 中可知 d 和 φ 的关系为

$$\frac{D}{2}\sin\frac{\varphi}{2}=\frac{d}{2} \quad 或 \quad d=D\sin\frac{\varphi}{2} \tag{1-5}$$

将式（1-5）此代入式（1-4）得

$$HBW=\frac{F}{D^2}\left[\frac{2}{\sqrt{\pi\left(1-\sin^2\frac{\varphi}{2}\right)}}\right] \tag{1-6}$$

由式（1-6）可知，当 φ 值为常数时，为使布氏硬度值相同，F/D^2 也应保持为一定值。因此对同一材料而言，不论采用何种大小的载荷和钢球直径，只要能满足 $F/D^2=$ 常数，所得的布氏硬度值都是一样的。对不同材料来说，所得的布氏硬度值也是可以进行比较的。按照国家标准规定，F/D^2 的值有 30、15、10、5、2.5 和 1 共六种，其中 30、10、2.5 较常用，具体试验数据和适用范围可参考表 1-1。

表 1-1 布氏硬度试验数据和适用范围

材料	布氏硬度值范围	试样厚度/mm	F/D^2	硬质合金球直径 D/mm	载荷/kgf	载荷保持时间/s
黑色金属	140~450	>6	30	10	3000	10
		6~3		5	750	
		<3		2.5	187.5	
黑色金属	<140	>6	10	10	3000	10
		6~3		5	750	
		<3		2.5	187.5	
有色金属及合金	36~130	>6	10	10	1000	30
		6~3		5	250	
		<3		2.5	62.5	
铝合金及轴承合金	8~35	>6	2.5	10	250	60
		6~3		5	62.5	
		<3		2.5	15.6	

注：1kgf=9.80665N。

布氏硬度表示方法为 k+HBW+D/F/t。其中，k 为布氏硬度数值，HBW 为布氏硬度符号，D 为硬质合金球直径（mm），F 为施加的试验力（kgf），t 为试验时载荷保持的时间（s），保持 10~15s 时不标注。例如，550HBW10/1000/30，表示用直径为 10mm 的硬质合金球，在 1000kgf 试验力作用下，保持 30s 测得的布氏硬度值为 550HBW。在实际生产中常见到 420HBW、500HBW 等，这是将试验条件省略后的简易表示方法。

2. 布氏硬度测定的技术要求

1）试样表面必须平整光洁，不应有氧化皮及污染物，以使压痕边缘清晰，保证准

3

确测量压痕直径。

2）压痕距离试样边缘应大于 $2D$，两压痕之间距离应不小于 D。

3）在用读数显微镜测量压痕直径 d 时，应从相互垂直的两个方向上分别测量，取其平均值。

4）试样厚度至少应为压痕深度的 10 倍，试验后，试样背面应无可见变形痕迹。

5）试验前应保证试样支撑面、压头表面及试样台表面清洁。试样稳固地放在试验台上，保证在试验过程中不发生位移。试验时，应均匀平稳地施加试验力，不得有冲击和振动。试验力作用方向垂直于试验面。

3. 布氏硬度的试验特点

布氏硬度的压痕面积大，能测出试样较大范围内的性能，且不受个别组织的影响，其硬度值代表性较全面，所以特别适合测定灰铸铁、轴承合金和具有粗大晶粒的金属材料，并且试验数据稳定，重复性强。布氏硬度与抗拉强度之间还存在换算关系。由于布氏硬度压痕大，因此不适合成品及薄片金属的检测，通常用于测定铸铁、有色金属、低合金结构钢等原材料及结构钢调质件的硬度。

4. 布氏硬度计的结构

常见的布氏硬度计的主要部件及作用如下：

（1）机体与工作台　布氏硬度计机体为灰铸铁件。机体前台面有丝杠座，内部装有丝杠，丝杠上装有立柱和工作台，可上下移动。

（2）杠杆机构　布氏硬度计的杠杆机构可通过电动机将砝码的载荷自动加载到试样上。

（3）压轴部分　压轴部分可保证工作时试样与压头中心对准。

（4）减速部分　减速部分带动曲柄连杆实现缓慢加载及卸荷。

（5）换向开关系统　换向开关系统控制电动机回转方向，确保加载、卸荷自动进行。

5. 布氏硬度计操作

（1）操作前的准备工作

1）根据表 1-1 选定压头并将其擦拭干净，装入主轴衬套中。

2）根据表 1-1 选定载荷，加上相应的砝码。

3）安装工作台。当试样高度小于 120mm 时应先将立柱安装在升降螺杆上，然后装好工作台进行试验。

4）根据表 1-1 确定持续时间 T。

5）接通电源，打开指示灯，检测通电正常。

（2）操作顺序

1）将试样放在工作台上，顺时针转动手轮，使压头压向试样表面直至手轮带动下面的螺母运动为止。

2）按动加载按钮，起动电动机，开始加载荷。

3）载荷保持时间到，逆时针转动手轮降下工作台，然后取下试样。

4）用读数显微镜测出压痕直径 d 值（相互垂直方向分别测量求平均值）。

5）按此值查表即得布氏硬度值。

四、洛氏硬度（HR）

1. 洛氏硬度试验的基本原理

洛氏硬度同布氏硬度一样也属于压入硬度法，但它不是测定压痕面积，而是根据压痕深度来确定硬度值指标。洛氏硬度试验的原理如图 1-2 所示。

洛氏硬度试验所用压头有两种：一种是顶角为 120° 的金刚石圆锥，另一种是直径为 1.5875mm 的淬火钢球。根据金属材料软硬程度不同，可选用不同的压头和载荷配合使用，最常用的洛氏硬度是 HRA、HRBW 和 HRC。这三种常用洛氏硬度的试验规范见表 1-2。

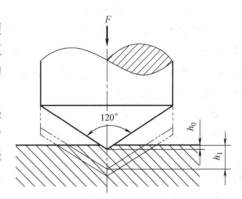

图 1-2　洛氏硬度试验的原理

表 1-2　三种常用洛氏硬度的试验规范

符号	压头类型	总试验力/N	硬度值有效范围	使用范围
HRA	金刚石圆锥	588.4	20~95HRA	适用于测量硬质合金表面淬火或渗碳层
HRBW	直径 1.5875mm 淬火钢球	980.7	10~100HRBW	适用于测量有色金属，退火、正火钢等
HRC	金刚石圆锥	1471	20~70HRC	适用于测量调质钢、淬火钢等

洛氏硬度测定时，需要先后两次施加载荷（预载荷和主载荷），施加预载荷的目的是使压头与试样表面接触良好，以保证测量结果准确。图 1-2 中 h_0 是施加预载荷后的压入深度，施加主载荷后，压入深度包括由加载所引起的弹性变形和塑性变形，卸除主载荷后，由于弹性变形恢复，压痕变浅，此时压头的实际压入深度为 h_1。洛氏硬度是用主载荷所引起的残余压入深度 (h_1-h_0) 来表示的。

但这样直接以残余压入深度的大小表示硬度将会出现硬的金属硬度值小，而软的金属硬度值大的现象，这与洛氏硬度所规定的硬度值大小的概念矛盾。为了与洛氏硬度数值越大硬度越高的概念一致，采用 $(K-h)$ 的差值表示硬度值，其中 K 为常数。为方便起见，又规定每 0.002mm 压入深度作为一个硬度单位（即刻度盘上一小格）。

洛氏硬度的表示方法为：数字+HR（A、B、C），如 62HRC 表示用 HRC 标尺时的硬度值为 62，80HRBW 表示用 HRBW 标尺时的硬度值为 80。

2. 测定洛氏硬度的技术要求

1）根据被测金属试样的硬度高低，按表 1-2 选定压头和载荷。

2）试样表面应平整光洁，不得有氧化皮或油污以及明显的加工痕迹。

3）试样厚度应不小于压入深度的 10 倍。

4）两相邻压痕及压痕离试样边缘的距离均不应小于 3mm。

5）加载时力的作用线必须垂直于试样表面。

6）试验加载时应缓慢进行，且不能受到冲击和振动。

3. 洛氏硬度试验的特点

洛氏硬度试验可由硬度计直接读出，操作简单快捷，适用于成批零部件的检验；采用不同种类的压头，可测得的材料范围较广。由于压痕很小，对于一般工件不会造成损伤，但压痕小对具有粗大组织结构的材料来讲，其数据缺乏代表性，且数据较分散，精确度不如布氏硬度高。

4. 洛氏硬度计的结构

常见洛氏硬度计的主要部件及作用如下：

（1）机体与工作台　洛氏硬度计机体为灰铸铁件。机体前面可安装不同形状的工作台，通过转动手轮，借助螺杆的转动可使工作台上下移动。

（2）加载机构　加载机构由加载杠杆和挂重架等组成，通过杠杆系统将试验力传递到压头，从而给试样施加载荷，通过扇形齿轮的转动可以完成加载与卸荷。

（3）千分表指示盘　千分表指示盘可读出不同标尺时的硬度值。

> **小提示**：现在许多数显式洛氏硬度计没有千分表指示盘，硬度值可以通过液晶显示面板直接读出。

5. 洛氏硬度试验机操作

1）根据试样预期硬度按表 1-2 确定压头和载荷，并装入试验机。

2）将符合要求的试样放置在工作台上，顺时针转动手轮，使试样与压头缓慢接触，直至表盘小指针指到"0"为止，然后将表盘大指针调零。

3）按动按钮，平稳地施加主载荷。当表盘中大指针反向旋转若干格并停止时，等待数秒，再反向旋转摇柄，卸除主载荷。此时大指针退回若干格，这说明弹性变形得到恢复，指针所指位置反映了压痕的实际深度。由表盘上可直接读出洛氏硬度值，采用 HRA、HRC 读外圈黑刻度，采用 HRB 读内圈红刻度。

4）逆时针旋转手轮，取出试样，完成一次测试。

5）重复上述步骤，在试样不同位置测量三次后求平均值。注意相邻压痕中心及压痕中心与试样边缘的距离要大于 3mm。

五、实验注意事项

1）试样两端要平行，表面应平整。若有油污或氧化皮，可用砂纸打磨，以免影响测试。

2）圆柱形试样应放在带有 V 型槽的工作台上操作，以防试样滚动。

3）加载时应细心操作，以免损坏压头。

4）预加载荷时若发现阻力过大，应停止加载，立即报告，并检查原因。

5）测完硬度值，卸除载荷，必须使压头完全离开试样后再取下试样。

6）金刚石压头是贵重物品，质硬而脆，使用时要小心谨慎，严禁与试样或其他物品碰撞。

7）应根据硬度试验机使用范围，按规定合理选用不同的载荷和压头，超过使用范围将不能获得准确的硬度值。

六、实验报告要求

1）写明实验目的。

2）简述硬度测试的意义。

3）记录实验过程中布氏硬度和洛氏硬度的数据。

4）写出实验过程中发现的问题或体会。

实验二 金相试样的制备

一、实验目的

1) 了解制备金相试样常用的设备、工具。
2) 初步掌握金相试样的制备过程和方法。

二、概述

利用金相显微镜来研究金属及其合金组织的方法称作金相显微分析法。金相显微分析是研究金属内部组织最重要的方法之一。用光学显微镜观察和研究金属内部组织的步骤:首先是制备所用试样的表面,然后选用合适的浸蚀剂浸蚀试样的表面,最后用金相显微镜观察和研究试样表面组织。

试样表面比较粗糙时,其会对入射光产生漫反射,导致无法用显微镜观察其内部组织。因此要对试样表面进行处理,通常采用磨光和抛光的方法,从而得到光亮如镜的试样表面。这个表面在显微镜下只能看到白亮的一片而看不到其组织细节,因此必须采用合适的浸蚀剂对试样表面进行浸蚀,使试样表面有选择性地溶解掉某些部分(如晶界),从而呈现出微小的凹凸不平,这些凹凸不平在光学显微镜的景深范围内可以显示出试样内组织的形貌、组成物的大小和分布。

用来做金相显微分析的试样称为金相显微试样。金相显微试样制备的好坏直接影响到金相组织的观察效果。如果制备得不好,会造成许多假象,也就不可能真实地反映出金属与合金的内部组织,而会得出错误的检测结果。由此可见,金相显微试样的制备技术是金相检验最基本的实验技术之一。因此,应了解和掌握金相显微试样的制备技术和对它的质量要求,并且通过不断地反复实践,才能掌握和提高金相显微试样的制备技术。

金相显微试样的制备过程包括取样、磨制、抛光、浸蚀等几个步骤。

1. 取样

取样的部位及磨面的选择应根据检验金属材料或零件的特点,加工工艺及研究目的进行选择,取其具有代表性的部位。待确定好部位后,就可以把试样截下,其尺寸通常采用直径为 12~15mm,高为 12~15mm 的圆柱体或边长为 12~15mm 的方形试样。

金相显微试样的截取方法视材料的性质不同而异,软的金属可用手锯或锯床切割,硬而脆的材料(如白口铸铁)则可用锤击打下,对极硬的材料(如淬火钢)则可采用砂轮片切割或电脉冲加工。但无论用哪种方法取样,都应避免试样受热或变形从而引起金属组织变化,为防止受热,必要时应随时用冷水冷却试样。

金相显微试样的尺寸不能过大，应便于握持且易于磨制。对形状特殊或尺寸较小、不易握持的试样，可采用镶嵌法或机械装夹法，此方法还可使试样避免倒角。

镶嵌法是将试样镶在镶嵌材料中，如图 2-1 所示。目前使用的镶嵌材料有热固性塑料（如胶木粉）及热塑性材料（如聚乙烯聚合树脂）等，还可将金相显微试样放在金属圈内，然后注入低熔点物质，如硫磺、松香、低熔点合金等。

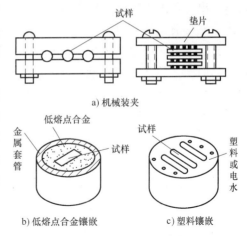

图 2-1　金相试样的镶嵌方法

2. 磨制

磨制分为粗磨和细磨。粗磨可使用砂轮机或锉刀锉平，目的是将试样修整成平面。细磨分手工和机械磨制（在预磨机上磨制），目的是消除粗磨留下的磨痕，为抛光做好准备。细磨的目的是获得平整光滑的磨面。细磨的操作方法如下：

1）将砂纸放在玻璃板上，左手按住砂纸，右手紧握试样，并使磨面朝下，均匀用力向前推行磨制。在回程时，应提起试样不与砂纸接触，以保证磨面平整而不产生弧度。

2）细磨的砂纸从粗到细有许多种型号，先从最粗的 80#砂纸开始磨制，再使用 140#、280#、320#、400#、600#、800#、1000#、1200#砂纸。当进行完一种型号砂纸的磨制后，必须将试样磨面、手及玻璃板擦净，再进行下一种型号砂纸的磨制。并且每当换一种型号的砂纸时，细磨方向都要旋转 90°。

3）细磨结束后，必须用水将试样、手清洗干净，以免砂粒带到抛光盘上影响抛光质量。有色金属应在金相砂纸上制备，用汽油、机油或肥皂水等作为润滑剂。

3. 抛光

抛光的目的在于去除细磨时磨面上遗留下来的细微磨痕和变形层，以获得光滑的镜面。常用的抛光方法有机械抛光、电解抛光和化学抛光三种，其中机械抛光应用最广。

机械抛光是在专用的抛光机上进行的。抛光机主要由电动机和抛光圆盘（$\phi 200 \sim \phi 300\text{mm}$）组成，抛光盘转速为 $200 \sim 600\text{r/min}$。抛光盘上应铺上细帆布、呢绒、丝绸等抛光布，抛光时在抛光盘上不断滴注抛光液。抛光液通常采用 Al_2O_3、MgO 或 Cr_2O_3 等细粉末（粒度约为 $0.3 \sim 1\mu m$）在水中的悬浮液。抛光试样的磨面应均匀、平整地压在旋转的抛光盘上，试样要拿牢，与抛光布紧密接触，压力要适当。抛光时用手持试样，使试样待磨面均匀地轻压在旋转的抛光盘上，并沿盘的边缘到中心往复运动。抛光时间不能过长，待试样表面磨痕消除、呈光亮的镜面时即可停止，将试样用水冲洗干净，然后用吹风机吹干。

4. 浸蚀

抛光后的试样在显微镜下仅能看到某些非金属夹杂物、石墨、孔洞和裂纹等。无法辨别出各种组成物及其形态特征，必须经过适当的浸蚀，才能使显微组织清晰地显示出来。目前，最常用的浸蚀方法是化学浸蚀。

化学浸蚀常用的化学试剂有硝酸、盐酸、苦味酸、过氧酸铵等，可根据材料选择浸蚀剂的配方。钢铁材料常用4%的硝酸酒精溶液进行浸蚀。试样浸蚀前用酒精棉擦净，浸蚀方法可采用浸入法或擦试法，浸蚀时间一般为试样表面发暗即可。浸蚀后立即用水冲洗，酒精擦洗，吹干后在显微镜下进行观察。

金属材料常用的浸蚀剂见表2-1。

表2-1　金属材料常用的浸蚀剂

分类	浸蚀剂名称	成分			浸蚀条件	使用范围
钢铁材料常用的浸蚀剂	硝酸酒精溶液	硝酸:1~5mL 酒精:100mL			硝酸含量增加时,浸蚀速度增加。浸蚀时间从数秒至60s	适用于显示碳钢及合金结构钢经不同热处理的组织。显示铁素体晶界特别清晰
	苦味酸酒精溶液	苦味酸:4g 酒精:100mL			有时可用较淡溶液浸蚀数秒至数分钟	能显示碳钢、低合金钢的各种热处理组织,特别是显示细珠光体和碳化物。显示铁素体晶界效果则不如硝酸酒精溶液
	混合酸酒精溶液	盐酸:10mL 硝酸:3mL 酒精:100mL			浸蚀2~10min	能显示高速钢淬火及回火后钢的奥氏体晶粒,显示回火马氏体组织
	王水溶液	盐酸（相对密度1.19):3份 硝酸（相对密度1.42):1份			试样浸入试剂内数次,每次2~3s,并抛光、用水和酒精冲洗	显示各类高合金钢组织,用于Cr-Ni不锈钢的组织显示,晶界、碳化物析出物特别清晰
有色金属材料常用的浸蚀剂	氯化铁、盐酸溶液	FeCl₃/g	HCl/mL	H₂O/mL	先擦拭,再浸入试剂中1~2min	能显示黄铜、青铜的晶界,使二相黄铜中的β相发暗,铸造青铜枝晶组织图像清晰
		(a) 1	20	100		
		(b) 5	10	100		
		(c) 25	25	100		
	氢氟酸水溶液	HF(浓):0.5mL H₂O:99.5mL			用棉花沾上试剂擦拭10~20s	能显示铝合金的一般显微组织
	浓混合酸溶液	HF(浓):10mL HCl(浓):15mL HNO₃(浓):25mL H₂O:50mL			此液作粗视浸蚀用;若用作显微组织,则可用水按9:1冲淡后作为浸蚀剂用	能显示轴承合金粗视组织和显微组织的最佳浸蚀剂

三、实验设备及用品

1）不同粗细的金相砂纸一套，玻璃板、抛光液、酒精浸蚀剂（4%的硝酸酒精溶液）。

2）抛光机、抛光绒布、帆布。

3）待制备的金相试样等。

四、实验要求

1）每人制备一块（45 钢或 T8 钢或 T12 钢）基本合格的试样。

2）利用金相显微镜观察已制备好的试样，并结合金相显微镜组织图片分析该试样为何种组织。

五、实验报告要求

1）写明实验目的。

2）简述金相显微试样的制备过程。

3）写出在实验中所发现的问题和体会。

实验三　金相显微镜的构造与使用

一、实验目的

1）了解普通金相显微镜的成像原理。

2）熟悉普通金相显微镜的构造和主要部件的作用。

3）掌握金相显微镜的使用方法。

二、概述

1. 金相显微镜的构造

研究金相显微组织的光学显微镜称为金相显微镜，如图 3-1 所示。金相显微镜不同于生物显微镜，生物显微镜是利用透视光来观察透明物体的，而金相显微镜则是利用反射光将不透明物体放大后进行观察或摄影的。金相显微镜可分为台式、立式和卧式三大类，由光学系统、照明系统和机械系统三大部分组成。有的金相显微镜还附有摄影装置。

（1）光学系统　4X 型金相显微镜的光学系统如图 3-2 所示。由灯泡 1 发出的光线

图 3-1　金相显微镜

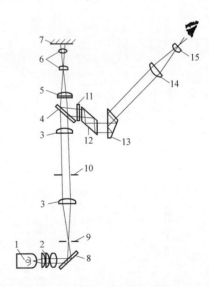

图 3-2　4X 型金相显微镜的光学系统

1—灯泡　2、3—聚光透镜组　4—半反射镜　5、11—辅助透镜
6—物镜组　7—试样　8—反光镜　9—孔径光阑
10—视场光阑　12、13—棱镜　14—场镜　15—目镜

经聚光透镜组 2 及反光镜 8 聚集到孔径光阑 9，再经过聚光透镜组 3 聚集到物镜组 6 的后焦面，最后通过物镜组 6 平行照射到试样 7 的表面。从试样反射回来的光线复经物镜组 6 和辅助透镜 5，由半反射镜 4 转向，经过辅助透镜 11，以及棱镜 12、13 造成一个被观察物体的倒立放大实像。该实像再经过目镜 15 的放大，就成为在目镜视物中能看到的放大映象。

（2）照明系统　在金相显微镜的底座内装有一只低压（6~8V、15W）灯泡作为光源，由变压器降压供电，靠调节二次侧电压（6~8V）来改变灯光的亮度。聚光镜、孔径光阑及反光镜等装置均安装在圆形底座上，视场光阑及另一聚光镜则安装在支架上。它们组成显微镜的照明系统，使试样表面得到充分且均匀的照明。

（3）机械系统

1）显微镜调焦装置：在显微镜体的两侧有粗动和微动调焦手轮，两者在同一部位。随粗调手轮的转动，支承载物台的弯臂做上下运动。在粗调手轮的一侧有制动装置，用以固定调焦正确后载物台的位置。微调手轮使显微镜本体沿着滑轨缓慢移动。在右侧手轮上刻有分度线，每一格表示物镜座上下微动 0.002mm。

2）载物台（样品台）：用于放置金相试样。载物台和下面托盘之间有导架，转动调节螺母，可使载物台在水平面上作一定范围的十字定向移动，以改变试样的观察位置。

3）孔径光阑和视物光阑：孔径光阑装在照明反射镜座上面，调整孔径光阑能够控制入射光束的粗细，以保证物像达到清晰的程度；视物光阑设在物镜支架下面，其作用是控制视场范围，使目镜中视物明亮无阴影，在刻有直纹的套圈上还有两个调节螺钉，用来调整光阑中心。

4）物镜转换器：物镜转换器呈球面状，上有三个螺孔，可安装不同放大倍数的物镜，旋动物镜转换器可使各物镜镜头进入光路。与不同的目镜搭配使用，可获得各种放大倍数。

5）目镜筒：目镜筒呈 45°倾斜安装在有棱镜的半球形座上，还可将目镜调整为水平状态以配合照相装置进行摄影。

2. 金相显微镜的使用方法

1）接通电源，打开开关。

2）根据放大倍数选用合适的物镜和目镜，分别安装在物镜座及目镜筒内，并将物镜转至正确位置。

3）将试样放在工作台中心，观察面朝下放置。

4）转动粗调手轮，先使载物台下降，随后从下向上观察从物镜射出的光斑是否落在试样表面，如果偏离，则需转动载物台调节螺母，确保光斑落在试样表面，接着从目镜观察，同时转动手轮使物镜缓慢上升，靠近试样，当视场亮度发生变化时可调节微调手轮，使物镜上升，直到物像清晰。

5）调节孔径光阑和视场光阑，以获得最佳的观察效果。

3. 使用金相显微镜的注意事项

金相显微镜是一种精密的光学仪器，使用时要细心谨慎。在使用金相显微镜工作之前首先应熟悉其构造特点及各主要部件的相互位置和作用，然后按照金相显微镜的使用规程进行操作。使用金相显微镜时应注意以下两点：

1）当微调手轮转不动时，不可强力旋转，而应向反方向旋转几圈后再重新调焦。

2）需要变换观察部位时，用手推动载物台，可使载物台在水平面上做一定范围的移动，不可随意拉动试样。

三、实验设备及用品

1）金相显微镜。

2）金相试样。

四、实验要求

1）了解金相显微镜及有关设备构造，熟悉正确操作步骤及注意事项。

2）在教师指导下学习使用金相显微镜，并用不同放大倍数观察金相显微组织。

五、实验报告要求

1）写明实验目的。

2）简述金相显微镜的成像原理。

3）写出在实验中所发现的问题和体会。

实验四　铁碳合金平衡组织观察

一、实验目的

1）观察和分析铁碳合金（碳钢及白口铸铁）在接近平衡状态下的显微组织。

2）了解铁碳合金的成分、组织与性能之间的相互关系。

3）进一步熟悉金相显微镜的使用方法。

二、概述

利用金相显微镜观察金属组织和缺陷的方法称为显微分析，所看到的组织称为显微组织。

合金在极缓慢冷却条件（如退火状态）下得到的组织称为平衡组织。铁碳合金的平衡组织可以根据 Fe-C 相图来分析。由相图可知，所有碳钢和白口铸铁在温室时的组织均由铁素体和渗碳体两相组成。但由于碳含量的不同和结晶条件的差异，铁素体和渗碳体的相对数量、形态、分布和混合情况也不同，因此会组成各种不同特征的组织或组织组成物。这些组织或组织组成物的基本特征如下：

1. 铁素体（F）

铁素体是碳溶于 α-Fe 中的间隙固溶体，有良好的塑性，硬度较低（80～120HBW），经 3%～5%硝酸酒精溶液浸蚀后，在金相显微镜下呈白色大粒状。随着钢中碳含量增加，铁素体量减少。铁素体量较多时，呈块状；当碳含量接近共析成分时，铁素体往往呈断续的网状，分布在珠光体的周围，如图 4-1 所示。

2. 渗碳体（Fe₃C）

渗碳体是铁与碳的化合物，$w_C = 6.69\%$，抗浸蚀能力较强。经 3%～5%硝酸酒精溶液浸蚀后渗碳体呈白亮色；若用苦味酸钠溶液热浸蚀，则渗碳体被染成黑褐色，而铁素体仍为白色，由此可区别铁素体和渗碳体。渗碳体的硬度很高，达 800HBW 以上，但脆性很大，强度和塑性很差。

1）一次渗碳体从液相析出，呈白色长条状，分布在莱氏体之间。

2）二次渗碳体从奥氏体中析出，数量较少，在奥氏体冷却时，二次渗碳体发生共析转变，呈网状分布在珠光体的晶界上。另外，经过不同的热处理，渗碳体所呈现的形状也不同，如片状、粒状或断续网状。

3）三次渗碳体从铁素体中析出，数量极少，往往予以忽略。

4）共析渗碳体是由共析反应生成的，以层片状分布在珠光体内。

5）共晶渗碳体是由共晶反应时生成的，它是莱氏体的基体。

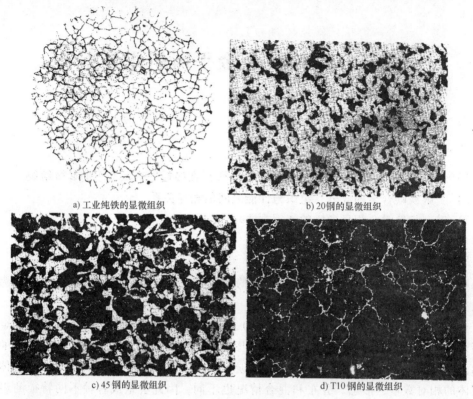

a) 工业纯铁的显微组织　　　　　　　　b) 20钢的显微组织

c) 45钢的显微组织　　　　　　　　d) T10钢的显微组织

图 4-1　钢的显微组织

3. 珠光体（P）

珠光体是铁素体和渗碳体的共析混合物，有片状和球状两种。

（1）片状珠光体　片状珠光体一般经退火得到，是铁素体和渗碳体交替分布的层片状组织，疏密程度不同。经 3%~5% 硝酸酒精溶液或苦味酸溶液浸蚀后，铁素体和渗碳体皆呈白亮色，但其边界被浸蚀呈黑色线条。在不同放大倍数下观察时，显微组织具有不同的特征。

1）在高倍（600倍以上）显微镜下观察时，珠光体中平行相间的宽条铁素体和细条渗碳体都呈白亮色，而其边界呈黑色，如图4-2所示。

2）在中倍（约400倍）显微镜下观察时，白亮色渗碳体被黑色边界所"吞食"而呈细黑条状。这时看到的珠光体是宽白条铁素体和细黑条渗碳体的相间混合物，如图4-3所示。

3）在低倍（200倍以下）观察时，连宽白条的铁素体和细黑条的渗碳体也很难分辨，这时珠光体为黑色块状组织（见图4-1中的珠光体）。

图 4-2　高倍下的珠光体显微组织

（2）**球状珠光体**　共析钢或过共析钢经球化退火后，可得到球状珠光体。经3%~5%硝酸酒精浸蚀后，球状珠光体为白色铁素体基体上均匀分布着的白色渗碳体小颗粒，其边界呈黑色圈状，如图4-4所示。

图4-3　中倍下的珠光体显微组织

图4-4　球状珠光体显微组织

小提示： 根据钢的组织，估计出各组织成分的相对含量，便可利用杠杆定律计算出钢的碳含量。

4. **莱氏体（Ld）**

在温室时是珠光体和渗碳体的混合物。此时，渗碳体中包括共晶渗碳体和二次渗碳体两种，但它们相连在一起而分辨不开。经3%~5%硝酸酒精溶液浸蚀后，莱氏体的显微组织特征为在白亮的渗碳基体上均匀分布着许多黑点（块）状或条状珠光体，如图4-5所示。

莱氏体组织硬度很高，达700HBW。它一般存在于$w_C>2.11\%$的白口铸铁中，在某些高碳合金钢的铸造组织中也常见。

图4-5　共晶白口铸铁

1）亚共晶白口铸铁的组织包括：莱氏体、珠光体（呈黑粗树枝态分布）和二次渗碳体（周围为白亮圈），如图4-6所示。二次渗碳体与莱氏体中的渗碳体相连，无界线，无法区分。

2）过共晶白口铸铁的组织包括莱氏体和一次渗碳体（长白条状），如图4-7所示。

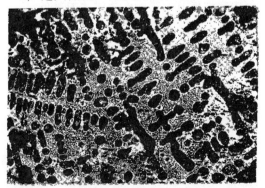

图4-6　亚共晶白口铸铁

图4-7　过共晶白口铸铁

三、实验内容

1）观察表 4-1 中所列样品的显微组织并联系铁碳相图，分析各组织的形成过程。

表 4-1 实验要求观察的样品

序号	样品名称	状态	显微组织	浸蚀剂
1	工业纯铁	退火		4%硝酸酒精
2	20 钢			
3	45 钢			
4	65 钢			
5	T8 钢			
6	T12 钢			
7	亚共晶白口铸铁	铸态		
8	共晶白口铸铁			
9	过共晶白口铸铁			

2）绘出所观察样品的显微组织示意图。

四、实验报告要求

1）写出实验目的及简明原理。

2）画出所有样品的显微组织示意图（用箭头和代表符号标明各组织组成物，并注明材料名称、放大倍数和浸蚀剂）。

3）根据所观察组织说明碳含量对铁碳合金组织和性能的影响。

4）根据所学知识填写表 4-1 中显微组织一栏。

五、思考题

1）珠光体组织在低倍和高倍显微镜下观察时有何不同？为什么？

2）怎样鉴别 $w_C = 0.6\%$ 的网状铁素体和 $w_C = 1.2\%$ 的网状渗碳体？

3）二次渗碳体呈网状分布时，对钢材的力学性能有何影响？怎样才能避免？

4）渗碳体有哪几种？它们的形态有什么区别？

实验五　钢的热处理实验

一、实验目的

1）熟悉碳钢的整体热处理（退火、正火、淬火及回火）操作方法。

2）了解碳含量、加热温度、冷却速度、回火温度等主要因素对碳钢热处理后性能（硬度）的影响。

3）进一步熟悉洛氏硬度计的使用方法。

二、概述

钢的热处理是通过加热、保温和冷却改变其内部组织，从而获得所要求的物理、化学、力学和工艺性能的工艺方法。一般热处理的基本操作有退火、正火、淬火及回火等。

热处理操作中，加热温度、保温时间和冷却方式是最重要的三个基本工艺因素，正确选择它们的规范是热处理成功进行的基本保证。

1. 加热温度

（1）退火加热温度　亚共析钢的退火加热温度是 Ac_3+（30~50）℃（完全退火）；共析钢和过共析钢的退火加热温度是 Ac_1+（30~50）℃（球化退火）。

（2）正火加热温度　亚共析钢的正火加热温度是 Ac_3+（30~50）℃；过共析钢的正火加热温度是 Ac_{cm}+（30~50）℃，即加热至奥氏体单相区。

退火和正火的加热温度范围如图 5-1 所示。

（3）淬火加热温度　亚共析钢的淬火加热温度是 Ac_3+（30~50）℃；过共析钢的淬火加热温度是 Ac_{cm}+（30~50）℃，如图 5-2 所示。

（4）回火加热温度　钢淬火后要回火，回火温度取决于最终所要求的组织和性能（实际生产中常根据硬度的要求而定）。按加热温度，回火分为低温回火、中温回火、高温回火三类。

1）低温回火是在 150~250℃进行回火，所得组织为回火马氏体，硬度约为 60HRC。

2）中温回火是在 350~500℃进行回火，所得组织为回火屈氏体，硬度为 35~45HRC。

3）高温回火是在 500~650℃进行回火，所得组织为回火索氏体，硬度为 25~35HRC。高于 650℃的回火所得到的组织为回火珠光体，可以改变高碳钢的可加工性能。

2. 保温时间

为使工件各部分温度均匀化，完成组织转变，并使碳化物完全溶解，与奥氏体成分均匀一致，必须在淬火加热温度下保温一定时间。通常将工件升温和保温所需时间

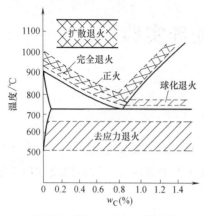

图 5-1　退火、正火加热温度

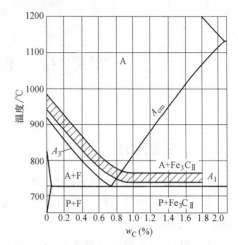

图 5-2　淬火加热温度

计算在一起，并统称为加热时间。

　　热处理加热时间必须考虑许多因素，如工件的尺寸和形状、使用的加热设备及装炉量、装炉温度、钢的成分和原始组织、热处理的要求和目的等，具体时间可参考相关手册。

　　在实际工作中可根据经验估算加热时间。在空气介质中，工件加热到规定温度后，若为碳钢工件，则按 1～1.5min/mm 估算保温时间；若为合金钢工件，则按 2min/mm 估算保温时间。在盐浴炉中，保温时间可缩短 30%～50%。

　　3. 冷却方法

　　热处理的冷却方法必须恰当才能获得所要求的组织和性能。

　　1）退火一般采用随炉冷却，为了节约时间，可在炉冷至 600～550℃时出炉空冷。

　　2）正火一般采用空气冷却，大件常进行吹风冷却。

　　3）淬火的冷却方法非常重要。一方面冷却速度要大于临界冷却速度，以保证得到马氏体组织；另一方面冷却速度应当尽量缓慢，以减少内应力，避免工件变形和开裂。为了调和上述矛盾，可以采用特殊的冷却方法，使加热工件在奥氏体最不稳定的温度范围内（650～550℃）快冷，超过临界冷却速度，而在马氏体转变温度（230～100℃）以下慢冷。理想的淬火冷却曲线如图 5-3 所示。常用淬火方法有单液淬火、双液淬火、分级淬火、等温淬火等，如图 5-4 所示。

三、实验内容

　　1）按表 5-1 所列工艺条件进行各种热处理操作。

　　2）测定热处理后的全部试样的硬度（炉冷、空冷试样测洛氏硬度 HRBW，水冷和回火试样测洛氏硬度 HRC），并将数据填入表内。

四、实验步骤

　　1）每次实验分两组，每组一套试样（45 钢试样 8 块，T12 试样 8 块）。炉冷试样

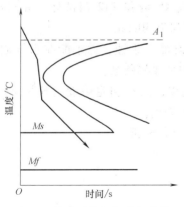

图 5-3　淬火时的理想冷却曲线

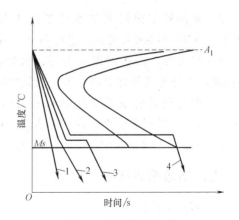

图 5-4　常用淬火方式
1—单液淬火　2—双液淬火
3—分级淬火　4—等温淬火

表 5-1　实验任务表

牌号	热处理工艺			硬度值　HRC 或 HRBW				换算为 HBW 或 HV	预测组织
	加热温度 /℃	冷却方法	回火温度 /℃	1	2	3	平均		
45	860	炉冷							
		空冷							
		油冷							
		水冷							
		水冷	200						
		水冷	400						
		水冷	600						
	750	水冷							
T12	750	炉冷							
		空冷							
		油冷							
		水冷							
		水冷	200						
		水冷	400						
		水冷	600						
	860	水冷							

可在实验室事先处理好。

2）将同一加热温度的 45 钢和 T12 钢试样，分别放入 860℃和 750℃加热炉（炉温预先由实验室处理好），保温 15~20min 后，分别进行水冷、油冷或空冷的热处理操作。

3）从两种加热温度的水冷试样中各取出三块 45 钢和 T12 钢试样，分别放入 200℃、400℃和 600℃的炉内进行回火，回火保温时间为 30min。

4）淬火时，试样用钳子夹好，出炉、入水（或油）迅速，并不断在水（或油）中搅动，以保证热处理质量。取、放试样时，热处理炉要先断电。

5）热处理后的试样先用砂纸磨去两端面氧化皮，然后测定硬度（HRC 或 HR-BW）。每个试样测 3 个点，取平均值，并将数据填入表内。

6）每位同学都应抄下全组实验数据，以便独立进行分析。

五、实验报告要求

1）写出实验目的。

2）列出全套硬度数据并将 HRC、HRBW 的硬度值查表换算为 HBW 或 HV 值。

3）根据热处理原理，预测各种热处理后的组织，并填入表中。

4）分析碳含量、淬火温度、冷却方式及回火温度对碳钢性能（硬度）的影响，根据数据画出它们同硬度的关系曲线，并阐明硬度变化的原因。

六、思考题

1）生产中对 T12 钢进行正火处理（加热到 Ac_{cm} 以上）的实际意义是什么？为什么？

2）45 钢工件常用的热处理方式是什么？T12 钢工件常用的热处理方式是什么？它们的组织和大致硬度怎样？

3）为什么淬火和回火是不可分割的工序？确定工件回火温度规范的依据是什么？

实验六　铁碳合金非平衡组织观察

一、实验目的

1）观察碳钢经不同热处理后的显微组织。

2）了解热处理工艺对钢组织和性能的影响。

3）熟悉碳钢几种典型热处理组织的形态及特征。

二、概述

碳钢经退火、正火可得到平衡或接近平衡的组织；经淬火得到的是不平衡组织。因此，研究热处理后的组织时，不仅要参考铁碳相图，还要参考钢的等温转变曲线。

铁碳相图能说明慢冷时合金的结晶过程、室温下的组织，以及相的相对含量；等温转变曲线则能说明钢在不同冷却条件下的结晶过程，以及所得到的组织。

1. 共析钢连续冷却时的显微组织

为简便起见，不用连续冷却转变曲线而用等温转变曲线进行分析，如图 6-1 所示。例如，共析钢奥氏体以冷却速度 v_1 缓慢冷却时（相当于炉冷），应得到 100% 珠光体，这与由铁碳相图所得的分析结果一致；当冷却速度增大到 v_2 时（相当于空冷），得到较细的珠光体，即索氏体或屈氏体；当冷却速度增大到 v_3 时（相当于水冷），得到屈氏体和马氏体；当冷却速度增大至 v_4、v_5 时（相当于水冷），很大的过冷度使奥氏体骤冷到马氏体转变始点（Ms），瞬时转变成马氏体。其中与等温转变曲线"鼻尖"相切的冷却速度（v_4）称为淬火的临界冷却速度。

2. 亚共析和过共析钢连续冷却时的显微组织

与共析钢的等温转变曲线相比，亚共析钢的等温转变曲线在珠光体转变开始前多一条铁素体析出线，如图 6-2 所示。

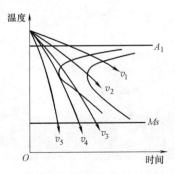

图 6-1　共析钢的等温转变曲线

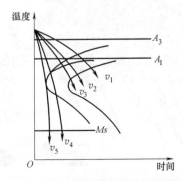

图 6-2　亚、过共析钢的等温转变曲线

亚共析钢当以冷却速度 v_1 缓慢冷却时（相当于炉冷），得到的组织为接近与平衡状态的铁素体加珠光体。随着冷却速度逐渐增加，由 $v_1 \rightarrow v_2 \rightarrow v_3$ 时，奥氏体的过冷度增大，生成的过共析铁素体量减少，并主要沿晶界分布；同时珠光体量增多，碳含量下降，组织变得更细。因此，与 v_1、v_2、v_3 对应的组织为：铁素体+珠光体、铁素体+索氏体、铁素体+屈氏体。当冷却速度增大到 v_4 时，只析出很少量的网状铁素体和屈氏体，有时可见很少量的贝氏体，奥氏体则是主要转变为马氏体。当冷却速度 v_5 超过临界冷却速度时，钢全部转变为马氏体组织。

过共析钢的转变与亚共析钢相似，不同之处是后者先析出的是铁素体，而前者先析出的是渗碳体。

3. 基本组织的金相特征

（1）索氏体（S） 索氏体是铁素体与渗碳体的两相混合物，其片层比珠光体更细密，在显微镜的高倍（700 倍以上）放大时才能分辨。

（2）屈氏体（T） 屈氏体也是铁素体与渗碳体的两相混合物，其片层比索氏体还细密，在一般光学显微镜下无法分辨，只能看到如墨菊状的黑色形态。当其少量析出时，沿晶界分布呈黑色网状，包围着马氏体；当其析出量较多时，呈大块黑色团状，只有在电子显微镜下才能分辨其中的片层。

（3）贝氏体（B） 贝氏体为奥氏体的中温转变产物，它也是铁素体与渗碳体的两相混合物。贝氏体分为上贝氏体和下贝氏体，在金相形态上，主要有以下特征。

1）上贝氏体是由成束平行排列的条状铁素体和条间断续分布的渗碳体所组成的非层状组织。当转变量不多时，上贝氏体在光学显微镜下为成束的铁素体条并向奥氏体内伸展，具有羽毛状特征。在电子显微镜下，铁素体以几度到十几度的小位向差相互平行，渗碳体则沿铁素体条的长轴方向排列成行，如图 6-3 所示。

2）下贝氏体是在片状铁素体内部沉淀有碳化物的两相混合物。它易受侵蚀，在显微镜下呈黑色针状，如图 6-4 所示。在电子显微镜下可见，在片状铁素体机体中分布有很细的碳化物片，它与铁素体片的长轴成 $55° \sim 60°$。

图 6-3 上贝氏体显微组织

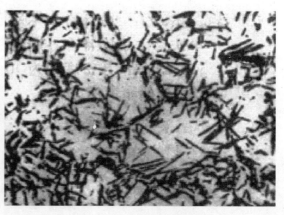

图 6-4 下贝氏体显微组织

（4）马氏体（M） 马氏体是碳在 α-Fe 中的过饱和固溶体。马氏体的形态按碳含量主要分为板条状和针状，如图 6-5、图 6-6 所示。

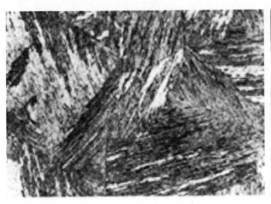

图 6-5 板条状马氏体显微组织

图 6-6 针状马氏体显微组织

1）板条状马氏体是低碳钢或低碳合金钢的淬火组织。其组织形态是：由尺寸大致相同的细马氏体平行排列，组成马氏体束或马氏体区，各束或区之间位向差较大，一个奥氏体晶粒内可有几个马氏体束或区。板条状马氏体的韧性较好。

2）针状马氏体是碳含量较高的钢淬火后得到的组织。在光学显微镜下，它呈竹叶状或针状，针与针之间成一定角度。最先形成的马氏体较粗大，往往横穿整个奥氏体晶粒，将其分割，使以后形成的马氏体针的大小受到限制。因此，马氏体针的大小不一，并使针间残留奥氏体。针状马氏体的硬度较高，韧性较差。

（5）残留奥氏体（$A_残$） 残留奥氏体是 $w_C > 0.5\%$ 的奥氏体淬火时被保留到室温不转变的那部分奥氏体。它不易受硝酸酒精溶液的浸蚀，在显微镜下呈亮白色，分布在马氏体之间，无固定形态。未经回火时，残留奥氏体与马氏体很难区分，都呈亮白色；只有马氏体回火变暗后，残留奥氏体才能被辨认出来。

（6）回火马氏体（$M_回火$） 马氏体经低温回火（150~250℃）所得到的组织为回火马氏体。它仍具有原马氏体形态特征。针状马氏体由于由极细的碳化物析出，因此容易受浸蚀，在显微镜下为黑色针状。

（7）回火屈氏体（$T_回火$） 马氏体经中温回火（350~500℃）所得到的组织为回火屈氏体。它是铁素体与第二相渗碳体（C_{mII}）组成的极细的混合物。铁素体基体基本上保持原马氏体的形态（条粒或针状），第二相渗碳体用光学显微镜极难分辨，只有在电子显微镜下才能观察到。

（8）回火索氏体（$S_回火$） 马氏体经高温回火（500~650℃）所得到的组织为回火索氏体。它的金相特征为铁素体上分布着粒状渗碳体。此时的铁素体已经再结晶并呈等轴细晶粒状。

回火屈氏体和回火索氏体是淬火马氏体的回火产物，它的渗碳体呈粒状，且均匀分布在铁素体基体上。而屈氏体和索氏体是由奥氏体过冷直接形成的，它的渗碳体呈片状。所以，与直接冷却组织相比，在相同的硬度下，回火组织具有较好的塑性及韧性。

三、实验内容

1）观察表 6-1 所列试样的显微组织。

表 6-1　实验要求观察的试样

样本	材料	热处理工艺	浸蚀剂	显微组织（参照金相图册）
1	45 钢	860℃，空冷		F+S
2	45 钢	860℃，油冷		M+T
3	45 钢	860℃，水冷		M
4	45 钢	860℃，水冷，600℃回火		S 回火
5	45 钢	750℃，水冷	4%硝酸酒精	M+F
6	T12 钢	750℃，水冷，200℃回火		M 回火+$C_{m\text{II}}$+$A_{残}$
7	T12 钢	750℃球化退火		P（粒状）+$C_{m\text{II}}$（粒状）
8	T12 钢	1100℃，水冷，200℃回火		M 回火（粗针状）+$A_{残}$
9	T12 钢	950℃加热，300℃等温淬火		$B_{下}$+M

2）描述出所观察样品的显微组织示意图并注明材料、处理工艺、放大倍数、组织名称和浸蚀剂等。

四、实验报告要求

1）写出实验目的。
2）画出所观察样品的显微组织示意图。
3）说明所观察样品中的组织。
4）分析比较样本 6 与样本 8 的组织差别和性能特点。
5）比较并讨论直接冷却得到的 M、T、S 和淬火后回火得到的 $M_{回火}$、$T_{回火}$、$S_{回火}$ 的组织形态和性能差异。

五、思考问题

1）45 钢淬火后硬度不足，如果根据组织来分析其原因是淬火加热不足，还是冷却速度不够？
2）比较 45 钢 860℃加热淬火得到的组织和 T12 钢 1100℃加热淬火得到的组织，在形态和性能上有什么差别？
3）指出下列工件的淬火及回火温度，并说明回火后所获得的组织：①45 钢的小轴；②60 钢的弹簧；③T12 钢的锉刀。

实验七 铸铁及有色金属组织观察

一、实验目的

1）观察和分析铸铁及有色金属的显微组织。
2）熟悉铸铁中石墨的分布形态及其与力学性能的关系。

二、概述

（一）铸铁

$w_C > 2.11\%$ 的铁碳合金称为铸铁。按照铸铁中碳的存在形式不同，可分为白口铸铁、灰口铸铁和麻口铸铁三种类型。白口铸铁中碳以渗碳体的形式存在，断口呈银白色，硬而脆，主要用作炼钢的原料；灰口铸铁中碳以石墨的形式存在，断口呈暗灰色；麻口铸铁中有渗碳体形式的碳，也有石墨形式的碳。根据石墨的形态不同，又可以将灰口铸铁分为灰铸铁、球墨铸铁、可锻铸铁、蠕墨铸铁。根据石墨化过程进行程度不同，铸铁的基体组织有珠光体、铁素体、珠光体+铁素体，还可通过热处理获得贝氏体、马氏体等基体。基体组织与石墨的形态、分布、大小和数量决定着铸铁的性能。

1. 灰铸铁

灰铸铁中的石墨呈片状，基体有铁素体、珠光体、珠光体+铁素体三种类型，如图 7-1 所示。若在浇铸前向铁液中加入孕育剂，可细化石墨片，提高灰铸铁性能，这种铸铁称为孕育铸铁，其基体多为珠光体。

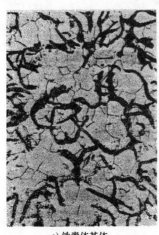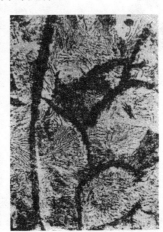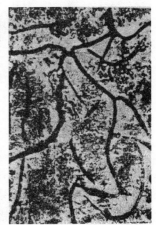

a) 铁素体基体　　　　　　　　b) 珠光体基体　　　　　　　c) 铁素体+珠光体基体

图 7-1　不同基体组织的灰铸铁

2. 球墨铸铁

在铁液中加入球化剂和孕育剂，使石墨呈球状析出，可得到球墨铸铁。球状石墨对基体的割裂作用比片状石墨大大减轻，使球墨铸铁的力学性能大幅提高。球墨铸铁的基体有铁素体、珠光体、铁素体+珠光体三种类型，如图 7-2 所示。

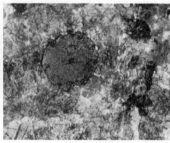
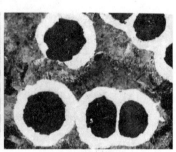

a) 铁素体基体　　　　　　　　　　b) 珠光体基体　　　　　　　　　　c) 铁素体+珠光体基体

图 7-2　不同基体组织的球墨铸铁

3. 可锻铸铁

可锻铸铁由白口铸铁经高温长时间的石墨化退火而得到，其中石墨呈团絮状析出，性能介于灰铸铁与球墨铸铁之间，基体有铁素体和珠光体两种类型，如图 7-3 所示。

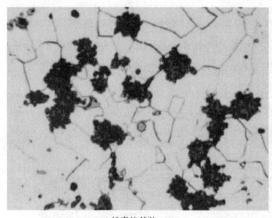

a) 铁素体基体　　　　　　　　　　　　　　　　　b) 珠光体基体

图 7-3　不同基体组织的可锻铸铁

（二）有色金属

1. 铝合金

根据铝合金的成分、组织和生产工艺的特点，可将铝合金分为变形铝合金和铸造铝合金两类。变形铝合金适用于通过压力加工（轧制、挤压、模锻等）制成的半成品或模锻件，铸造铝合金则适用于直接浇铸成形状复杂的甚至是薄壁的成形件。

（1）变形铝合金　变形铝合金按照性能特点和用途可分为防锈铝、硬铝、超硬铝和锻铝四种。

1）防锈铝合金中主要合金元素是 Mn 和 Mg。Mn 的主要作用是提高铝合金的耐蚀性，并通过固溶强化作用，提高铝合金的强度。Mg 也具有固溶强化的作用，并使合金的密度降低。防锈铝合金锻造退火后其组织为单相固溶体，故耐蚀性强，塑性好。

2）硬铝合金为 Al-Cu-Mg 系合金，还含有少量的 Mn。合金中的 Cu、Mg 是为了形成强化相 $CuAl_2$（θ 相）及 $CuMgAl_2$（S 相）。

3）超硬铝合金为 Al-Mg-Zn-Cu 系合金，还含有少量的 Cr 和 Mn。Zn、Cu、Mg 与 Al 可以形成固溶体和多种复杂的第二相。

4）锻铝合金为 Al-Mg-Si-Cu 系和 Al-Cu-Mg-Ni-Fe 系合金。这类铝合金具有良好的热塑性、铸造性能和锻造性能，并有较高的力学性能。

（2）铸造铝合金 铸造铝合金按照主要合金元素的不同，可分为四类：Al-Si 铸造铝合金、Al-Cu 铸造铝合金、Al-Mg 铸造铝合金和 Al-Zn 铸造铝合金。

1）Al-Si 铸造铝合金（如 ZL101、ZL105 等）通常称为铝硅明，只含硅元素的 Al-Si 二元合金称为简单铝硅明，除硅外还含有其他合金元素的称为复杂铝硅明（Al-Si-Mg-Cu 等多元合金）。

2）Al-Cu 铸造铝合金（如 ZL201、ZL203 等）的强度较高，耐热性好，但铸造性能不好，其中只有少量共晶体，有热裂和疏松倾向，耐蚀性较差。

3）Al-Mg 铸造铝合金（如 ZL301、ZL303 等）强度高、密度小（约为 $2.55\mathrm{g/m^3}$）、耐蚀性好，但铸造性能不好，没有共晶体，耐热性低。

4）Al-Zn 铸造铝合金（如 ZL401、ZL402 等）价格便宜，铸造性能优良，经变质处理和时效处理后强度较高，但耐蚀性差，热裂倾向大。

2. 铜合金

（1）黄铜 以锌为唯一或主要合金元素的铜合金称为黄铜，黄铜具有良好的塑性、耐蚀性、变形加工性能，以及铸造性能，在工业中具有很好的应用价值。按化学成分的不同，黄铜可分为普通黄铜和特殊黄铜两类。

1）普通黄铜根据其组织不同可分为单相黄铜和双相黄铜。单相黄铜的组织为 α 相，塑性很好，可进行冷、热压力加工，适用于制作冷轧板材、冷拉线材、管材及形状复杂的深冲零件。双相黄铜的组织为 α+β′相。由于室温 β′相很脆，冷变形性能差，而高温 β 相塑性好，因此它们可以进行热加工变形。通常双相黄铜热轧成棒材、板材，再经机加工制造各种零件。常用双相黄铜的代号有 H62、H59 等。

2）特殊黄铜主要有以下几种：

① 铅黄铜。铅能改善黄铜的可加工性，并能提高合金的耐磨性。铅对黄铜的强度影响不大，略微降低塑性。压力加工铅黄铜主要用于要求有良好可加工性及耐磨性的零件（如钟表零件），铸造铅黄铜可以制作轴瓦和衬套。

② 锡黄铜。锡可显著提高黄铜在海洋大气和海水中的耐蚀性，还可使黄铜的强度有所提高。压力加工锡黄铜广泛应用于制造海船零件。

③ 铝黄铜。铝能显著提高黄铜的强度和硬度，但会使合金的塑性降低。铝能使黄铜表面形成保护性的氧化膜，因而使黄铜在大气中的耐蚀性得以改善。铝黄铜可制作海船零件及其机器的耐蚀零件。在铝黄铜中加入适量的镍、锰、铁后，可得到具有高

强度和良好耐蚀性的特殊黄铜，常用于制作大型蜗杆、海船用螺旋桨等零件。

④ 铁黄铜。铁能提高黄铜的强度，并使黄铜具有良好的韧性、耐磨性，以及在大气和海水中优良的耐蚀性，因而铁黄铜可用于制造受摩擦及受海水腐蚀的零件。

⑤ 硅黄铜。硅能显著提高黄铜的力学性能、耐磨性和耐蚀性。硅黄铜具有良好的铸造性能，并能进行焊接和切削加工。它主要用于制造船舶及化工机械零件。

⑥ 锰黄铜。锰能提高黄铜的强度且不降低塑性，也能提高黄铜在海水中及过热蒸汽中的耐蚀性，其合金的耐热性和承受冷热压力加工的性能也很好。锰黄铜常用于制造海船零件及轴承等耐磨部件。

⑦ 镍黄铜。镍可增大锌在铜中的溶解度，全面提高合金的力学性能和工艺性能，降低应力腐蚀开裂倾向；也可提高黄铜的再结晶温度，细化其晶粒；还可提高黄铜在大气、海水中的耐蚀性。镍黄铜的热加工性能良好，在造船工业、电动机制造工业中得到了广泛应用。

（2）青铜　青铜原指铜锡合金，但工业上习惯把铜基合金中不含锡而含有铝、镍、锰、硅、铍、铅等元素组成的合金也称为青铜。青铜包含锡青铜、铝青铜、铍青铜和硅青铜。

1）锡青铜是我国历史上使用最早的有色合金，也是最常用的有色合金之一，它的力学性能与含锡量有关，生产上应用的锡青铜中锡的质量分数 w_{Sn} 一般为 3%～14%。

2）铝青铜是以铝为主要合金元素的铜合金。它的强度比黄铜和锡青铜高，工业上应用的铝青铜中含铝的质量分数一般为 5%～11%。

3）铍青铜是以铍为基本合金元素的铜合金，铍青铜经热处理强化后的抗拉强度可高达 1250～1500MPa，硬度可达到 50～400HBW，远远超过任何铜合金，可与高强度合金钢媲美。铍青铜中铍的质量分数为 1.7%～2.5%，铍溶于铜中形成 α 固溶体，铍在铜中的最大溶解度为 2.7%，在室温时的溶解度为 0.2%，因此铍青铜可以通过固溶处理和人工时效处理得到很高的强度和硬度。

3. 滑动轴承合金

滑动轴承合金可分为锡基、铅基、铝基和铜基轴承合金。

1）锡基轴承合金是一种软基体、硬质点类型的轴承合金。它是以锡、锑为基础，并加入少量其他元素的合金。常用的牌号有 ZSnSb12Pb10Cu4、ZSnSb12Cu6Cd1、ZSnSb11Cu6 等。

2）铅基轴承合金是以 Pb-Sb 为基的合金，但二元 Pb-Sb 合金有密度偏析，同时由于锑颗粒太硬，基体又太软，因此它只适用于速度低、负荷小的次要轴承。为改善其性能，要在铅基轴承合金中加入其他合金元素，如 Sn、Cu、Cd、As 等。常用的铅基轴承合金为 ZPbSb16Sn16Cu2，其中 $w_{Sn}=15\%～17\%$、$w_{Sb}=15\%～17\%$、$w_{Cu}=1.5\%～2.5\%$ 及余量的 Pb。

3）铝基轴承合金是以铝为基本元素，锑或锡等为主加元素的轴承合金，它具有密度小、导热性好、疲劳强度高和耐蚀性好的优点。它原料丰富，价格便宜，广泛用于在高速高负荷条件下工作的轴承。按化学成分可将铝基轴承合金分为铝锡系、铝锑系和铝石墨系三类。

4）铜基轴承合金是以铅为基本合金元素的铜基合金。它属于铅青铜类，因其性能适合制造轴承，故又称其为铜基轴承合金。

三、实验设备及用品

1）金相显微镜。

2）铸铁及有色金属金相试样。

四、实验要求

每人一台金相显微镜，依次观察给出的每种试样，画出合金的组织示意图。

五、实验报告要求

1）写出实验目的。

2）画出所观察样品的显微组织示意图。

3）说明所观察样品中的组织。

参 考 文 献

［1］ 王渊博. 工程材料实验教程［M］. 北京：机械工业出版社，2019.

［2］ 孙建林. 材料成型与控制工程专业实验教程［M］. 北京：冶金工业出版社，2014.

［3］ 房强汉，李伟. 机械工程材料实验指导书［M］. 哈尔滨：哈尔滨工业大学出版社，2016.

［4］ 陈锐鸿. 机械工程材料综合实验教程［M］. 北京：机械工业出版社，2017.

［5］ 高红霞. 工程材料实验与创新［M］. 北京：机械工业出版社，2019.

［6］ 初福民. 机械工程材料实验与习题［M］. 北京：机械工业出版社，2004.

［7］ 崔占全，孙振国. 工程材料学习指导书［M］. 3 版. 北京：机械工业出版社，2022.

［8］ 王霞，李占君. 工程材料与材料成型工艺［M］. 吉林：吉林大学出版社，2010.

［9］ 李占君，王霞. 机械工程材料［M］. 广州：华南理工大学出版社，2015.

［10］ 彭成红. 机械工程材料综合实验［M］. 广州：华南理工大学出版社，2017.

第8章

非金属材料及新材料

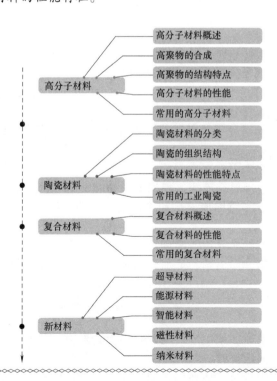

8.1 高分子材料

8.1.1 高分子材料概述

高分子材料也称为聚合物材料，是以高分子化合物为基体，再配有其他添加剂（助剂）所构成的材料。高分子材料通常按聚合物的用途可分为塑料、橡胶、纤维等。塑料在常温下有固定形状，强度较大，受力后能发生一定变形；橡胶在常温下具有高弹性；纤维的单丝强度高，可制成纺织品。

扫码看视频

（1）高分子化合物　高分子化合物也叫高聚物或聚合物，是指具有高的相对分子质量且由多个重复单元所组成的，链状或网状结构的化合物。一般高分子化合物的相对分子质量大于 5000，有的甚至达到几百万、几千万。

（2）链节　链节是组成高聚物分子重复结构的最小结构单元。高分子化合物聚氯乙烯的链节如图 8-1 所示。

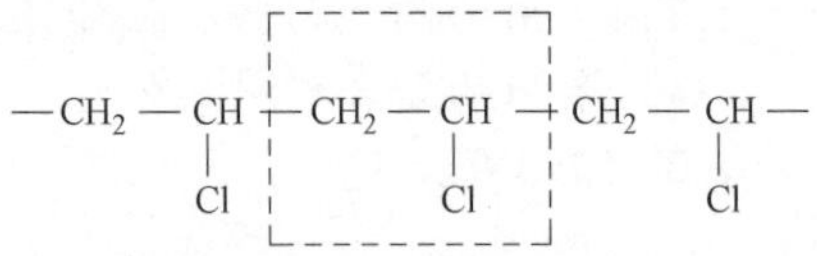

（3）单体　单体是能够形成高聚物结构单元的小分子化合物。如聚乙烯是由乙烯聚合而成，乙烯就是聚乙烯的单体。聚乙烯的反应式为

$$n(CH_2{=}CH_2) \longrightarrow +CH_2-CH_2+_n \qquad (8\text{-}1)$$

聚合物中的单体可以有一种或者多种。

$$-CH_2-CH+CH_2-CH+CH_2-CH- $$
$$\quad | \qquad\qquad | \qquad\qquad | $$
$$\quad Cl \qquad\qquad Cl \qquad\qquad Cl $$

图 8-1　聚氯乙烯的链节示意图

（4）聚合度　聚合度是大分子链中链节的重复次数，如式（8-1）中的 n 即为聚合度。聚合度反应了大分子链的长短和相对分子质量的大小。聚合物分子量或聚合度是一个平均值。

（5）相对分子量　相对分子量是链节的相对分子质量与聚合度的乘积。

8.1.2 高聚物的合成

高聚物都是由单体通过聚合而成，根据聚合物和单体元素组成与结构的变化，高聚物合成的基本方法有加成聚合（简称加聚）和缩合聚合（简称缩聚）。

1. 加聚

单体经反复多次地相互加成生成高分子化合物的反应称为加聚反应。由一种单体经加聚而成的高聚物称为均聚物，如由苯乙烯加聚成聚苯乙烯的反应式为

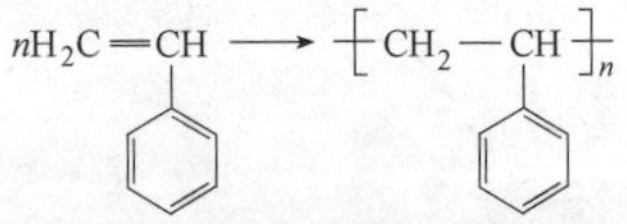

$$nH_2C{=}CH \longrightarrow +CH_2-CH+_n$$

由两种或两种以上单体加聚生成的高聚物称为共聚物，共聚物中当单体组成的比例不同时，可获得多种性能不同的材料。

加聚反应中，元素组成与单体相同，加聚物分子量是单体分子量与聚合度的乘积。加聚

反应中没有其他低分子物质的析出。

2. 缩聚

具有两个或两个以上官能团的单体相互缩聚而成高聚物，同时产生简单分子（如水、氨、醇、卤化氢等）的反应称为缩聚反应。同一种单体分子间进行的缩聚反应称为均缩反应，其高分子产物称为均缩聚物，如甲醛跟过量苯酚在酸性条件下生成酚醛树脂和水，其反应式为

$$n \phi\text{OH} + n\text{H}-\overset{O}{\underset{H}{C}} \xrightarrow{H^+} \left[\phi\text{OH}-CH_2 \right]_n + n H_2O$$

两种或两种以上单体分子之间进行的缩聚反应称为共缩聚反应，产物称为共缩聚物，如由己二酸和己二胺缩聚合成尼龙66，其反应式为

$$n NH_2(CH_2)_6NH_2 + n HOOC(CH_2)_4COOH \longrightarrow$$

$$\left[NH(CH_2)_6NH-CO(CH_2)_4CO \right]_n + (2n-1)H_2O$$

8.1.3 高聚物的结构特点

1. 大分子链的组成

（1）碳链高分子 分子主链全部由碳原子以共价键相连接的碳链高分子。如聚丙烯，其化学式为

$$-CH_2-CH-CH_2-CH-$$
$$\quad\quad\; |\quad\quad\quad\; |$$
$$\quad\quad CH_3\quad\quad CH_3$$

（2）杂链高分子 分子主链除含有碳外，还有 O、N、S 等两种或两种以上的原子以共价键相连接。如聚甲醛，其化学式为

$$-CH_2-O-CH_2-O-CH_2-O-$$

（3）元素有机高分子 主链由 Si、B、P、Al、Ti、As、O 等元素组成（不含 C 原子），侧基为有机取代基团，这类大分子称为元素有机高分子。它兼有无机物的热稳定性和有机物的弹塑性。典型代表是聚二甲基硅氧烷，也称硅橡胶，它既具有橡胶的高弹性，又有硅氧键优异的高低温使用性能。

（4）无机高分子 主链和侧基都不含碳原子的高分子称为无机高分子。如聚氯化磷腈，其化学式为

$$\begin{array}{ccc} Cl & & Cl \\ | & & | \\ -P=N-P=N- \\ | & & | \\ Cl & & Cl \end{array}$$

2. 大分子链的结构

大分子链的结构有线型、支链型和网型三种，如图 8-2 所示。

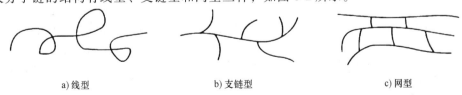

a) 线型 　　　　 b) 支链型 　　　　 c) 网型

图 8-2　大分子链的形状示意图

（1）线型 直径小于 1 纳米，长度达几百、几千纳米，呈卷曲状，包括在主链的两侧以共价键连接的支链型。

（2）支链型 在主链的两侧以共价键连接。

（3）网型（体型） 在线型或支链型分子链之间以共价键连接，形成空间网状大分子。

3. 大分子链的构象

大分子链的直径极细（约零点几纳米），而长度很长（可达几百、几千纳米不等），通常在无干扰状态下，这样的链状分子不是笔直的，而是呈伸展或紧缩的卷曲状。这种卷曲成团的倾向与分子链上的单键发生内旋转有关。

（1）内旋转及构象 C—C单键是由σ电子组成的σ键，电子云的分布是轴向对称的。因此C—C单键可以以键向为轴进行旋转，这种旋转称为内旋转。

由于单键内旋转而产生的分子在空间的不同形态称为构象。由于高分子链是由成千上万个单键组成的，所以由于内旋转将引起大分子的众多构象，这也是高聚物具有链柔性的原因。分子链自旋转示意图如图8-3所示，其中—C_1—C_2—C_3—C_4—为碳链高分子中的一段，b_1、b_2、b_3为键长，键角均为$109°28'$。当b_1自旋转时，b_2沿C_2为顶点的锥面旋转，同样b_3可以在以C_3为顶点的锥面旋转。这样在极高旋转频率的C—C键内，旋转随时改变着链的构象。

内旋转越容易，构象变化就越容易，大分子链的柔性也就越好。

（2）链柔性（高分子链的柔顺性） 链柔性是高分子链能改变其构象的性质，即链柔性是从一种构象过渡到另一种构象的可能性，它是聚合物具有许多不同于低分子物质性能的主要原因。主链结构对链柔性的影响十分显著。不同的单键内旋转能力不同，全碳链的高分子（如PE、PP等）的链柔性较好；而杂链高分子（如聚酯、聚酰胺、硅橡胶等）的链柔性更好。

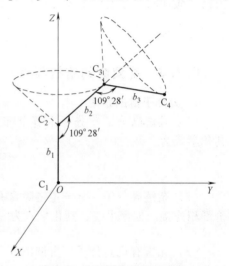

图8-3 分子链自旋转示意图

4. 聚集态

许多高聚物虽然宏观上外形不规整，但它确实包含有一定数量良好有序的微小晶粒，每个晶粒内部的结构和普通晶体一样，呈三维远程有序，由此证明了高聚物的确是真正的晶体结构。由于高聚物结构的不均匀性，同一高聚物材料内有晶区，也有非晶区。

高聚物大分子链的聚集状态主要有以下三种结构。

1）晶态：分子链在空间规则排列。

2）部分晶态：分子链在空间部分规则排列。

3）非晶态：分子链在空间无规则排列，也称玻璃态。

线型聚合物可以形成晶态或部分晶态；体型聚合物为非晶态；大多数聚合物是部分晶态或非晶态。高聚物中结晶区所占的体积或质量分数称为结晶度，一般用结晶度表示高聚物中结晶区域所占的比例。结晶度变化范围为30%～80%。部分结晶的高聚物组织大小不等、形状各异，以结晶区分布在非晶态结构的基体中。高聚物中晶态和非晶态共存，这是高聚物结构上的一个重要特性。

8.1.4 高分子材料的性能

1. 高分子材料的力学状态

线型非晶态高聚物在不同温度下表现出的三种力学状态：玻璃态、高弹态和黏流态。这对高聚物的成型加工和使用具有重要意义。如图 8-4 所示为线型无定型高聚物的温度-变形曲线。

（1）玻璃态　在 $T_b \sim T_g$ 温度时，高聚物像玻璃那样处于非晶态的固体状态，故称为玻璃态，T_g 称为玻璃化温度。在玻璃态时，高聚物的大分子链热运动处于停止状态，只有链节的微小热振动及链中键长和键角的弹性变形。其表现出的力学性能与低分子材料相似，在外力作用下，弹性变形量小，弹性模量较高，高聚物较刚硬，受力变形符合胡克定律，应变与应力成直线关系，在瞬时达到平衡。玻璃态是塑料的工作状态，故塑料的 T_g 都高于室温。作为塑料使用的高聚物，它的 T_g 越高越好。

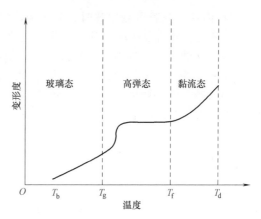

图 8-4　线型无定型高聚物的温度-变形曲线
T_b—脆化温度　T_g—玻璃化温度
T_f—黏流温度　T_d—分解温度

（2）高弹态　当温度为 $T_g \sim T_f$ 时，高聚物具有高弹态。这时高聚物的分子链动能增加，由于热膨胀，链间的自由体积也增大，大分子链段（几个或几十个分子链节组成）热运动可以进行，但整个分子链并没有移动。处于高弹态的高聚物，当受外力作用时，原来卷曲链沿受力方向伸展，会产生很大的弹性变形，弹性模量显著降低。当外力去除后，弹性变形可以恢复，但不是瞬时的，需经过一定时间才能完全恢复。高聚物柔软且富有弹性，具有橡胶的特性。作为橡胶使用的高聚物材料，它的 T_g 越低越好。

（3）黏流态　温度高于 T_f 后，大分子链可以自由运动，高聚物成为流动的黏液，这种状态称为黏流态。这时变形迅速发展，弹性模量很快下降，高聚物产生黏性流动。变形不可逆。黏流态是高聚物成型加工的工艺状态。黏流态是有机胶黏剂的工作状态。

若线型无定型高聚物中有部分结晶区域时，当温度升高到 T_g 以上和结晶体的熔点以下时，非结晶区域仍保持线型无定型高聚物高弹态特性，而结晶区域的分子链排列规整，链段无法运动，表现出较高的硬度，两者复合形成了一种既韧又硬的皮革态。

2. 高分子材料的力学性能特点

（1）强度低　高聚物的强度平均为 100MPa，比金属低得多，其密度一般都较小。许多高聚物比强度很高，某些工程塑料的比强度比钢铁还要高。

（2）弹性高、储能模量低　高聚物的弹性变形量大，可达 100%～1000%，一般金属材料只有 0.1%～1.0%；高聚物的储能模量低，约为 2～20MPa，一般金属材料为 $10^3 \sim 2 \times 10^5 \mathrm{MPa}$。

（3）黏弹性　黏弹性指材料应变滞后于应力作用时间的性能。其产生的原因是链段的运动遇到阻力，调整构象需要时间。应力作用的速度越快，链段越来不及做出反应，则黏弹性越显著。黏弹性的主要表现为：蠕变、应力松弛和内耗。

1）蠕变：应力保持恒定，应变随时间的增长而增加的现象，即发生不可恢复的塑性变形。例如，架空的聚氯乙烯电线套管，在电线和自身重量的作用下发生缓慢的挠曲变形。高聚物的蠕变比其他材料严重。金属在高温时发生蠕变，而高聚物在室温下蠕变就很明显。

2）应力松弛：高聚物受力变形后所产生的应力随时间而逐渐衰减的现象。例如，连接管道的法兰盘中的密封垫圈，经过长时间工作后发生渗漏现象，就是应力松弛的表现。其原因是在力的长时间作用下，大分子链逐渐改变构象并发生了位移。

3）内耗：橡胶重复加载时，分子链构象变化，造成分子间的内摩擦。其原因是弹性能转变为热能，使高聚物温度升高，加速老化。内耗能吸收振动波，有利于减振。

（4）塑性　高聚物由许多很长的分子组成，表现出明显的塑性。

（5）韧性　高聚物的韧性比金属小得多，为金属的百分之几。

（6）减摩性和耐磨性　大多数塑料对金属和对塑料的摩擦系数值一般为 0.2~0.4。有一些塑料的摩擦系数很低。例如，聚四氟乙烯之间的摩擦系数只有 0.04，几乎是所有固体中最低的。

3. 高分子材料的物理和化学性能特点

（1）绝缘性　高分子材料是良好的绝缘体，绝缘性能与陶瓷相当，对热、声也有良好的隔绝性能。

（2）耐热性　高分子材料的耐热性较低。常用热塑性塑料有聚乙烯、聚氯乙烯、尼龙等，长期使用温度一般在 100℃ 以下；常用的热固性塑料有酚醛塑料，可在 130~150℃ 使用；常用的耐高温塑料如有机硅塑料等，可在 200~300℃ 使用。

（3）耐蚀性　高分子材料的化学稳定性很高，耐水和无机试剂、耐酸和碱的腐蚀。如聚四氟乙烯，耐强酸、强碱，在沸腾的王水中也很稳定。耐蚀性好是塑料的优点之一。

（4）老化　由于受各种因素的影响，高聚物性能随时间不断恶化，逐渐丧失使用价值的过程称为老化。具体表现为：橡胶变脆，龟裂或变软，发黏；塑料褪色，失去光泽和开裂。这些现象是不可逆的，是高聚物的一个主要缺点。

8.1.5　常用的高分子材料

1. 塑料

塑料是在玻璃态使用的高分子材料。实际中使用的塑料，是以树脂为基础原料，加入（或不加）各种助剂、增强材料或填料，在一定温度和压力的条件下可以塑造或固化成型，得到固体制品的一类高分子材料。

目前，已工业化生产的塑料品种有 300 多种，常用的为 60 多种，品牌、规格则数以万计。由于塑料的原料丰富、制取方便、成型加工简单、成本低，并且不同的塑料具有多种性能，所以塑料是应用最广泛的有机高分子材料，也是最主要的工程结构材料之一。

（1）工程塑料的组成　塑料的成分主要有以下几种：

1）树脂。一般采用合成树脂作为塑料的主要成分，其在塑料中的含量一般为 40%~100%。它联系或胶粘着塑料中的其他组成部分，并决定着塑料的类型和性能（如热塑性或热固性、物理性能、化学性能及力学性能等）。塑料之所以具有可塑性和流动性，就是其中树脂的作用。由于树脂的含量大，且其性质常常决定了塑料的性质，所以人们常把树脂看成是塑料的同义词。例如，把聚氯乙烯树脂与聚氯乙烯塑料、酚醛树脂与酚醛塑料混为一谈。其实树脂与塑料是两个不同的概念。树脂是一种未加工的原始聚合物，它不仅用于制造塑料，还是涂料、胶黏剂以及合成纤维的原料。而塑料除了极少一部分为 100% 的树脂外，绝大多数的塑料，除了主要组成部分为树脂外，还需要加入其他物质。

2）添加剂。常用的添加剂有填料、增塑剂、稳定剂、润滑剂、着色剂、固化剂等。

① 填料。填料又称填充剂，是塑料中的另一个重要但并非必要的成分，在许多情况下填充剂所起的作用并不比树脂小。

塑料中加入填充剂后，不仅能使塑料的成本降低，而且还能使塑料的性能得到显著改善，对塑料的推广和应用起到促进作用。如：酚醛树脂中加入木粉后，既克服了它的脆性，又降低了成本；聚酰胺、聚甲醛等树脂中加入二硫化钼、石墨、聚四氟乙烯后，使塑料的耐磨性、抗水性、耐热性、硬度及机械强度等得到全面改进。用玻璃纤维作为塑料的填充剂，能使塑料的机械强度大幅度提高。有的填充剂还可以使塑料具有树脂所没有的性能，如导电性、导磁性、导热性等。

填料按其化学性能可分为无机填料和有机填料；按其形状可分为粉状填料、纤维状填料和层（片）状填料。粉状填料有木粉、纸浆、硅藻土、大理石粉、滑石粉、云母粉、石棉粉、高岭土、石墨、金属粉等；纤维状填料有棉花、亚麻、石棉纤维、玻璃纤维、碳纤维、硼纤维、金属须等；层状填料有纸张、棉布、石棉布、玻璃布、木片等。

② 增塑剂。增塑剂是为改善塑料性能和提高柔软性而加入塑料中的一种低挥发性物质。常用的增塑剂有邻苯二甲酸酯类、癸二酸酯类、磷酸酯类、氯化石蜡等。树脂中加入增塑剂后，会加大分子间的距离，削弱大分子间的作用力，使树脂分子容易滑移，从而使塑料能在较低的温度下具有良好的可塑性和柔软性。例如，在聚氯乙烯树脂中加入邻苯二甲酸二丁酯，可变为像橡胶一样的软塑料。

加入增塑剂固然可以使塑料的工艺性能和使用性能得到改善，但也会降低树脂的某些性能，如硬度、拉伸强度等。

③ 稳定剂。稳定剂是指可以提高树脂在热、光、氧和霉菌等外界因素作用时的稳定性，减缓塑料变质的物质。许多树脂在成型加工和使用过程中，由于受上述因素的作用，性能会变差。加入少量（一般是千分之几）稳定剂可以减缓这类情况的发生。

对稳定剂的要求是除对聚合物的稳定效果好之外，还应能耐水、耐油、耐化学品，并与树脂相溶，在成型过程中不分解、挥发小、无色。常用的稳定剂有硬脂酸盐、铅的化合物及环氧化合物等，如二盐基亚磷酸铅、三盐基硫酸铅、硬脂酸钡等。稳定剂可分为热稳定剂、光稳定剂等。

④ 润滑剂。为改进塑料熔体的流动性，减少或避免对模具的摩擦和黏附，以及降低塑料件表面粗糙度等而加入的添加剂。常用的润滑剂有硬脂酸及其盐类。

⑤ 着色剂。在塑料中有时可以用有机颜料、无机颜料和染料使塑料制件具有各种色彩，以符合美观的要求。有些着色剂兼有其他作用，如：本色聚甲醛塑料用炭黑着色后能在一定程度上防止光老化；聚氯乙烯用二盐基亚磷酸铅等颜料着色后，可避免紫外线的射入，对树脂起屏蔽作用，因此，它们还可以提高塑料的稳定性。

⑥ 固化剂。固化剂又称硬化剂，它的作用是通过交联使树脂具有体型网状结构，成为较坚硬和稳定的塑料制件。例如，在酚醛树脂中加入六亚甲基四胺，在环氧树脂中加入乙二胺、顺丁烯二酸酐等。

⑦ 其他添加剂。塑料的添加剂除上述几种外，还有发泡剂、阻燃剂、防静电剂、导电剂和导磁剂等。例如，为了使塑料制品（如塑料地板、塑料地毡）抗静电，可加入抗静电剂，以提高表面导电性，使带电塑料迅速放电。

> **小提示：** 并非每一种塑料都要加入全部添加剂，而是根据塑料品种和使用要求加入所需的某些添加剂。

（2）塑料的分类

1）按塑料中合成树脂的分子结构及热性能的不同，塑料可分为热塑性塑料和热固性塑料。

① 热塑性塑料的分子链具有线型结构，用聚合反应生成。加热软化、熔融，可塑制成一定形状的制品，冷却后变硬并保持既得形状，并可如此反复多次，性能也不发生显著变化。

② 热固性塑料的分子链是体型的，在一定温度下加热时会软化或熔融，但同时发生了结构变化。冷却后塑料会固化成型，但这种软化和固化是不可逆的。固化成型后呈现不溶和不熔特性，直至加热分解、破坏。

2）按使用范围，塑料可分为通用塑料、工程塑料和特种塑料。

① 通用塑料产量大，价格低，用途广，主要有聚乙烯、聚氯乙烯、聚苯乙烯、聚丙烯、酚醛塑料和氨基塑料等，是一般工农业生产和生活中不可缺少的廉价材料，其产量约占塑料总产量的 3/4 以上。

② 工程塑料是指在工程技术中用作结构材料的塑料，它们的力学性能较高，耐热、耐蚀性也较好，主要有聚酰胺、聚甲醛、聚碳酸酯、ABS、聚苯醚、聚砜、氟塑料等。

③ 特种塑料是指具有某些特殊性能（如耐高温、耐腐蚀）的塑料，这类塑料产量少，价格贵，只用于特殊需要的场合。

（3）常用工程塑料　常用的工程塑料包括热固性塑料和热塑性塑料。

1）常用的热固性塑料有以下几种。

① 酚醛塑料（PF），其基本特性和主要用途如下：

基本特性：酚醛塑料是以酚类化合物和醛类化合物缩聚成酚醛树脂，再以该树脂为基础制得的。酚醛本身很脆，呈琥珀玻璃态。它必须加入各种纤维或粉末状填料后，才能获得具有一定性能要求的酚醛塑料。酚醛塑料大致可分为三类：层压塑料、纤维状压塑料和碎屑状压塑料。与一般热塑性塑料相比，酚醛塑料刚性好、变形小、耐热、耐磨，能在 150~200℃ 的温度范围内长期使用。酚醛塑料在水润滑条件下有极低的摩擦系数，并且电绝缘性能优良。酚醛塑料的缺点是质脆，冲击强度差。

主要用途：酚醛层压塑料用浸过酚醛树脂溶液的片状填料制成，可制成各种型材和板材。根据所用填料不同，有纸质、布质、木质、石棉和玻璃布等各种层压塑料。布质及玻璃布酚醛层压塑料具有优良的力学性能、耐油性能和一定的介电性能，可用于制造齿轮、轴瓦、导向轮、轴承及电工结构材料和电气绝缘材料；木质层压塑料可用于制造水润滑冷却下的轴承及齿轮等；石棉布层压塑料主要用于制造高温下工作的零件。酚醛纤维状压塑料可以通过加热模压制成各种复杂的机械零件和电器零件，具有优良的电气绝缘性能，且耐热、耐水、耐磨，可制成各种线圈架、接线板、电动工具外壳、风扇叶子、耐酸泵叶轮、齿轮、凸轮等。

② 氨基塑料（AF），其基本特性和主要用途如下：

基本特性：氨基塑料是由氨基化合物与醛类（主要是甲醛）经缩聚而成的塑料，主要包括脲-甲醛塑料（UF）、三聚氰胺-甲醛塑料（MF）等。脲-甲醛塑料是由脲-甲醛树脂和漂白纸浆等制成的压缩粉。它可染成各种鲜艳的色彩，外观光亮，部分透明，表面硬度较高，耐电弧性能好，耐矿物油和霉菌的作用。但其耐水性较差，在水中长期浸泡后电气绝缘性能下降。脲-甲醛塑料大量用于制造日用品及电气照明用设备的零件、电话、收音机、钟表外壳、开关插座及电气绝缘零件。

主要用途：三聚氰胺-甲醛塑料由三聚氰胺-甲醛树脂与石棉滑石粉等制成，可制成各种颜色、耐光、耐电弧、无毒的塑料件，能耐沸水且耐茶、咖啡等污染性强的物质。它能像陶瓷一样轻松地去掉茶渍类的污物，且有重量轻、不易碎的特点。三聚氰胺-甲醛塑料主要用于制造餐具、航空茶杯、电器开关、灭弧罩及防爆电器的配件。

③ 环氧树脂（EP），其基本特性和主要用途如下：

基本特性：环氧树脂是含有环氧基的高分子化合物。在未固化之前，是线型热塑性树脂，在加入固化剂（如胺类、酸酐等）之后，交联成不溶的体型结构高聚物，具有很大的实用价值。环氧树脂种类繁多，应用广泛，具有许多优良的性能，其最突出的特点是黏接能力很强，是"万能胶"的主要成分。此外，还耐化学药品、耐热，且电气绝缘性能良好，收缩率小，比酚醛树脂有更好的力学性能。环氧树脂的缺点是耐气候性差、耐冲击性低，质地脆。

主要用途：环氧树脂可用作金属和非金属的胶黏剂，用于封装各种电子元件。用环氧树脂配以石英粉等可用来浇注各种模具，还可以作为各种产品的防腐涂料。

2）常用的热塑性塑料有：

① 聚乙烯（PE），其基本特性和主要用途如下：

基本特性：聚乙烯塑料是塑料工业中产量最大的品种之一。按聚合时采用的压力不同，可将聚乙烯分为高压、中压和低压三种。低压聚乙烯的分子链上支链较少，比较硬，耐磨性、耐蚀性、耐热性及绝缘性较好。高压聚乙烯分子带有许多支链，有较好的柔韧性、耐冲击性及透明性。中压聚乙烯结构及性能介于低压聚乙烯分子和高压聚乙烯之间。

聚乙烯无毒、无味、呈乳白色，密度为 $0.91\sim0.96\mathrm{g/cm^3}$，有一定的机械强度，但和其他塑料相比机械强度低，表面硬度差。聚乙烯的绝缘性能优异且耐寒。常温下聚乙烯不溶于任何一种已知的溶剂，并耐稀硫酸、稀硝酸和任何浓度的其他酸，以及各种浓度的碱、盐溶液。聚乙烯具有高度的耐水性，长期与水接触其性能可保持不变。透水、透气性能差，而透氧气和二氧化碳，以及许多有机物质蒸气的性能好。在热、光、氧气的作用下会产生老化和变脆。

主要用途：低压聚乙烯可用于制造塑料管、塑料板、塑料绳，以及承载不高的零件，如齿轮、轴承等。高压聚乙烯常用于制造塑料薄膜、软管、塑料瓶，以及电气工业的绝缘零件和包覆电缆等。中压聚乙烯可用于制造各类家用清洁产品包装、玩具、壳体、捆扎带、电线和电缆护套等。

② 聚丙烯（PP），其基本特性和主要用途如下：

基本特性：聚丙烯无色、无味、无毒，外观似聚乙烯，但比聚乙烯更透明、更轻。密度仅为 $0.90\sim0.91\mathrm{g/cm^3}$。不吸水，光泽好，易着色；屈服强度、抗拉强度、抗压强度和硬度及弹性比聚乙烯好；定向拉伸后聚丙烯可制成铰链，有特别高的抗弯疲劳强度；耐热性和高频绝缘性能好。但在氧、热、光的作用下极易解聚、老化，所以必须加入防老化剂。

主要用途：聚丙烯可用作各种机械零件，如法兰、接头、泵叶轮、汽车零件和自行车零件；还可用作水、蒸汽、各种酸碱等的输送管道，化工容器和其他设备的衬里、表面涂层，箱壳、绝缘零件等，并用于医药工业中。

③ 聚氯乙烯（PVC），其基本特性和主要用途如下：

基本特性：聚氯乙烯是世界上产量最大的塑料品种之一。聚氯乙烯树脂为白色或浅黄色粉末。根据不同的用途可以加入不同的添加剂，使聚氯乙烯塑件呈现不同的物理性能和力学性能。在聚氯乙烯树脂中加入适量的增塑剂，就可制成多种硬质、软质和透明制品。纯聚氯乙烯的密度为 $1.4\mathrm{g/cm^3}$，加入增塑剂和填料的聚氯乙烯塑件的密度一般为 $1.15\sim2.00\mathrm{g/cm^3}$。硬聚氯乙烯不含或含有少量的增塑剂，有较好的抗拉、抗弯、抗压和抗冲击性能，可单独作结构材料；软聚氯乙烯含有较多的增塑剂，这使它的柔软性、断裂伸长率、耐寒性增加，但脆性、硬度和拉伸强度降低。聚氯乙烯具有较好的电气绝缘性和化学稳定性。但热稳定性较差，长时间加热会分解释放出氯化氢气体，使聚氯乙烯变色；应用温度范围较窄，一般为 $-15\sim55\,{}^\circ\!C$ 。

主要用途：聚氯乙烯由于化学稳定性高，可用于防腐管道、管件、输油管、离心泵、鼓风机等；还可用作建筑物的瓦楞板、门窗结构、墙壁装饰物等建筑用材；也可用于电子、电气工业中的插座、插头、开关、电缆，日常生活用品如凉鞋、雨衣、玩具、人造革等。

④ 聚苯乙烯（PS），其基本特性和主要用途如下：

基本特性：聚苯乙烯是仅次于聚氯乙烯和聚乙烯的第三大塑料品种，它无色透明、无毒无味，落地时会发出清脆的金属声，密度为 $1.054\mathrm{g/cm^3}$ 。聚苯乙烯有优良的电性能（尤其是高频绝缘性能）和一定的化学稳定性，能耐碱、酸（硝酸和氧化剂除外）、水、乙醇、汽油等；能溶于苯、甲苯、四氯化碳、氯仿、酮类和脂类等。聚苯乙烯的着色性能优良，能染成各种鲜艳的色彩。但它耐热性低，热变形温度一般为 $70\sim98\,{}^\circ\!C$ ，质地硬而脆，有较高的热膨胀系数，因此限制了它在工程上的应用。但通过发展改性聚苯乙烯和以苯乙烯为基体的共聚物，在一定程度上克服了原有缺点，又保留了优点，从而扩大了它的用途。

主要用途：聚苯乙烯在工业上可用于制作仪表外壳、灯罩、化学仪器零件、透明模型等；在电气方面，它可用作良好的绝缘材料、接线盒、电池盒等；在日用品方面，它广泛用于包装材料、各种容器、玩具等。

⑤ 丙烯腈-丁二烯-苯乙烯共聚物（ABS），其基本特性和主要用途如下：

基本特性：ABS 是由丙烯腈、丁二烯、苯乙烯共聚而成的。这三种组成部分各自的特性，使 ABS 具有良好的综合力学性能。丙烯腈使 ABS 耐腐蚀，有表面硬度；丁二烯使 ABS 坚韧；苯乙烯使 ABS 有良好的加工性和染色性能。

ABS 无毒无味，呈微黄色，成型的塑件有较好的光泽。密度为 $1.02\sim1.05\mathrm{g/cm^3}$ 。有极好的抗冲击强度，在低温下也不会迅速下降；有良好的机械强度和一定的耐磨性、耐寒性、耐油性、耐水性、化学稳定性和电气性能；水、无机盐、碱、酸类对 ABS 几乎无影响，在酮、醛、酯、氯代烃中会形成乳浊液，不溶于大部分醇类及烃类熔剂，但长期接触会软化。ABS 塑料表面受植物油等侵蚀会引起应力开裂。ABS 具有一定的硬度和尺寸稳定性，易于成型加工；经过调色可配出任何颜色。其缺点是耐热性不高，耐气候性差，在紫外线作用下易变硬发脆。根据 ABS 中三种组成部分比例的不同，其性能也略有差异，可适应各种应用。

主要用途：ABS 在机械工业上可用来制造齿轮、泵叶轮、轴承、把手、管道、电机外壳、仪表壳、仪表盘、散热器外壳、蓄电池槽等；在汽车工业上 ABS 可用作汽车挡泥板、扶手、热空气调节导管、加热器等，还可用作夹板车身；此外，纺织器材、电器零件、文教体育用品、玩具甚至家具都可使用。

⑥ 聚甲基丙烯酸甲酯（PMMA），其基本特性和主要用途如下：

基本特性：PMMA 也称有机玻璃，是一种透光性塑料，透光率达 92%，优于普通硅玻璃。其密度为 $1.18\mathrm{g/cm^3}$ ，比普通硅玻璃轻一半，机械强度却是普通硅玻璃的 10 倍以上；轻而坚韧，容易着色，具有较好的电气绝缘性能；化学性能稳定，能耐一般的化学腐蚀，但会溶于芳烃、氯代烃等有机溶剂；在一般条件下尺寸较稳定，其最大缺点是表面硬度低，容易被硬物擦伤、拉毛。

主要用途：PMMA可用于制造要求具有一定透明度和强度的防振、防爆和观测等方面的零件，也可用作绝缘材料、广告铭牌等。

⑦ 聚甲醛（POM），其基本特性和主要用途如下：

基本特性：POM是继尼龙之后发展起来的一种性能优良的热塑性工程塑料，其性能不亚于尼龙，而价格却比尼龙低。POM表面硬而滑，呈淡黄色或白色，薄壁部分半透明。有较高的机械强度及拉伸、抗压性能和突出的耐疲劳强度，特别适合作长时间反复承受外力的齿轮材料。POM尺寸稳定，吸水率小，具有优良的减摩、耐磨性能；能耐扭转变形，有突出的回弹能力，可用于制造弹簧；耐汽油及润滑油的性能也很好；具有较好的电气绝缘性能。其缺点是成型收缩率大，在成型温度下的热稳定性差。

主要用途：POM特别适合作轴承、凸轮、滚轮、辊子、齿轮等耐磨、传动零件，还可用于制造汽车仪表盘、汽化器、各种仪器外壳、罩盖、箱体、化工容器、泵叶轮、叶片、塑料弹簧等。

⑧ 聚碳酸酯（PC），其基本特性和主要用途如下：

基本特性：PC是一种性能优良的热塑性工程塑料，密度为 $1.20g/cm^3$，本色微黄，而加入少量淡蓝色后可得无色的透明塑件，透光率接近90%。聚碳酸酯韧而刚，抗冲击性在热塑性塑料中名列前茅。成型零件可达到很好的尺寸精度，并可在很宽的温度变化范围内保持其尺寸的稳定性。PC的成型收缩率恒定为0.5%～0.8%；抗蠕变、耐磨、耐热、耐寒；脆化温度在-100℃以下，长期工作温度可达100℃；吸水率低，能在较宽的温度范围内保持较好的电性能；具有良好的耐气候性；不耐碱、胺、酮、脂、芳香烃。PC的缺点是塑件易开裂，耐疲劳强度差。如用玻璃纤维来增强聚碳酸酯，可克服上述缺点并能提高其耐热性和耐药性，降低成本。

主要用途：PC在机械上主要用作各种齿轮、蜗轮、蜗杆、齿条、凸轮、芯轴、轴承、滑轮、铰链、螺母、垫圈、泵叶轮、灯罩、节流阀、润滑油输油管、各种外壳、盖板、容器和冷却装置零件等；PC在电气方面用作电机零件、电话交换机零件、信号用继电器、风扇部件、仪表壳等，此外还可制作照明灯、高温透镜、视孔镜、防护玻璃等光学零件。

⑨ 聚砜（PSF），其基本特性和主要用途如下：

基本特性：聚砜是20世纪60年代出现的工程塑料。它是在大分子结构中含有砜基（—SO_2—）的高聚物，呈透明而微带琥珀色，也有的是象牙色的不透明体。聚砜具有突出的耐热、耐氧化性能，可在-100～150℃的范围内长期使用，热变形温度为174℃，具有很高的力学性能，其抗蠕变性能比聚碳酸酯还好；具有很好的刚性；介电性能优良；具有较好的化学稳定性，但对酮类、氯代烃不稳定，不宜在沸水中长期使用；尺寸稳定性好，还能进行一般机械加工和电镀；耐气候性较差。

主要用途：聚砜可用于制造精密公差、热稳定性、刚性及良好电绝缘性的电气和电子零件，如断路元件、恒温容器、开关、绝缘电刷、电视机元件、整流器插座、线圈骨架、仪器仪表零件等；可用于制造需要具备热性能好、耐化学性和持久性、刚性好的零件，如转向柱轴环、电动机罩、电池箱、汽车零件、齿轮、凸轮等。

⑩ 其他

其他热塑性塑料还有以下几种：

聚酰胺（PA）：通称尼龙，由二元胺和二元酸通过缩聚反应制取，或由一种丙酰胺的分子通过自聚而成，具有优良的力学性能。

聚苯醚（PPO）：又称聚二甲基苯醚，为工程塑料，与 PA、POM、PC 相比，PPO 的硬度高、蠕变小，其他特性相似。

氯化聚醚（CPT）：是一种工程塑料，刚性较差，抗冲击强度不如 PC。

氟塑料：是含氟塑料的总称，主要包括聚四氟乙烯（PTFE）、聚三氟氯乙烯（PCT-FE）、聚全氟乙丙烯（FEP）等。

2. 橡胶

橡胶是以高分子化合物为基础的具有高弹性的材料。其弹性变形量可达 100%~1000%。同时，橡胶不仅有一定的耐磨性，而且具有很好的绝缘性、不透气性和不透水性。它是常用的弹性材料、密封材料、减振防振材料和传动材料。

（1）橡胶的组成和性能特点

1）工业用橡胶是由生胶和橡胶配合剂组成的。

① 生胶是指无配合剂、未经硫化的橡胶，其来源有天然和合成两种。生胶基本上是线型非晶态高聚物，其结构特点是由许多能自由旋转的链段构成柔顺性很大的大分子长链，通常呈卷曲线团状。当受外力时，分子便沿外力方向被拉直，产生变形；当外力去除后，又恢复到卷曲状态，变形消失。生胶具有很高的弹性。但生胶分子链间相互作用力很弱，强度低，易产生永久变形。此外，生胶的稳定性差，如会发黏、变硬、溶于某些溶剂等。为此，工业橡胶中还必须加入各种配合剂。

② 橡胶的配合剂主要有硫化剂、填充剂、软化剂、防老化剂及发泡剂等。硫化剂的作用是使生胶分子在硫化处理中产生适度交联而形成网状结构，从而大大提高橡胶的强度、耐磨性和刚性，并使其性能在很宽的湿度范围内具有较高的稳定性。

2）橡胶的性能特点。

① 高弹性能。受外力作用而发生的变形是可逆弹性变形，外力去除后，只需要 0.001s 便可恢复到原来的状态。高弹变形时，弹性模量低（只有 1MPa），变形量大（可达 100%~1000%）。橡胶具有良好的回弹性能。如天然橡胶的回弹高度可达 70%~80%。

② 强度。经硫化处理和炭黑增强后，其拉伸强度达 25~35MPa，并具有良好的耐磨性。

（2）橡胶的分类

根据原材料的来源可分为天然橡胶和合成橡胶。按应用范围又分为通用橡胶和特种橡胶。

由于资源的限制，天然橡胶的产量远远不能满足工业生产的需要，因而发展单体聚合而成的合成橡胶。合成橡胶的种类繁多，目前世界上的合成橡胶主要有 7 大品种：丁苯橡胶、顺丁橡胶、氯丁橡胶、异戊橡胶、丁基橡胶、乙丙橡胶和丁腈橡胶。

习惯上把性能和天然橡胶接近，可以代替天然橡胶的称为通用橡胶或普通橡胶，而把具有特殊性能并在特殊条件下使用的称为特种橡胶。通用橡胶主要用于制作轮胎、运输带、胶管、绝缘层、密封装置等，而特种橡胶主要用于制造在高（低）温、强腐蚀、强辐射等环境下工作的橡胶制品。

（3）常用的橡胶　常用的橡胶种类如下：

1）天然橡胶。天然橡胶是橡胶树上流出的胶乳，经过加工制成的固态生胶。它的成分是异戊二烯高分子化合物。天然橡胶具有很好的弹性，但强度、硬度并不高。为了提高它的强度并使其硬化，要进行硫化处理。经处理后，其拉伸强度为 17~29MPa，用炭黑增强后可达 35MPa。

天然橡胶是优良的电绝缘体，并有较好的耐碱性。但它的耐油、耐溶剂性和耐臭氧老化性差，且不耐高温，使用温度为 -70~110℃，广泛用于制造轮胎、胶带、胶管等。

2）合成橡胶。常用的合成橡胶种类如下：

① 丁苯橡胶（SBR）。丁苯橡胶是应用最广、产量最大的一种合成橡胶。它是以丁二烯和苯乙烯为单体形成的共聚物。它的性能主要受苯乙烯含量的影响，随苯乙烯含量的增加，橡胶的耐磨性、硬度增大而弹性下降。丁苯橡胶比天然橡胶质地均匀，耐磨、耐热、耐老化性能好。但它加工成型困难，硫化速度慢。丁苯橡胶广泛用于制造轮胎、胶布、胶板等。

② 顺丁橡胶（CPBR）。顺丁橡胶是丁二烯的聚合物。由于其原料取料容易，因此发展很快，产量仅次于丁苯橡胶。它的特点是具有较高的耐磨性，比丁苯橡胶高 26%。顺丁橡胶可用于制造轮胎、三角胶带、减振器、橡胶弹簧、电绝缘制品等。

3）特种合成橡胶。常用的特种合成橡胶如下：

① 丁腈橡胶（NBR）。丁腈橡胶是丁二烯和丙烯腈的共聚物。丙烯腈的含量一般为 15%~50%，若其含量过高，会失去弹性；若其含量过低，则不耐油。丁腈橡胶具有良好的耐油性及对有机溶液的耐蚀性，有时也称为耐油橡胶。此外，还有较好的耐热、耐磨和耐老化性等。但其耐寒性和电绝缘性较差，加工性能也不好。丁腈橡胶主要用于制造耐油制品，如输油管、耐油耐热密封圈、贮油箱等。

② 硅橡胶。硅橡胶的分子结构是以硅原子和氧原子构成主链的。这种链是柔性链，极易产生内旋转，因而硅橡胶在低温下也具有良好的弹性。此外，硅氧键的键能较高，这就使硅橡胶具有很高的热稳定性。硅橡胶的品种很多，目前用量最大的是甲基乙烯基硅橡胶。其加工性能好，硫化速度快，能与其他橡胶并用，使用温度为 -70~300℃。它具有优良的耐热性、抗寒性、耐候性、耐臭氧性以及良好的绝缘性。硅橡胶主要用于制造各种耐高低温的橡胶制品，如管道接头、高温设备的垫圈、衬垫、密封件及高压电线、电缆的绝缘层等。

8.2 陶瓷材料

陶瓷材料是各种无机非金属材料的通称，它是指以天然矿物或人工合成的各种化合物为基本原料，经粉碎、配料、成型和高温烧结等工序而制成的无机非金属固体材料。

扫码看视频

传统意义上的陶瓷主要指陶器和瓷器，也包括玻璃、搪瓷、耐火材料、砖瓦等。由于所使用的原料主要是天然硅酸盐类矿物，故又称为硅酸盐材料。其主要成分是 SiO_2、Al_2O_3、TiO_2、Fe_2O_3、CaO、K_2O、MgO、PbO、Na_2O 等氧化物。

现今意义上的陶瓷材料已有了巨大变化，许多新型陶瓷已经远远超出了硅酸盐的范畴，不仅在性能上有了重大突破，在应用上也已渗透到各个领域。当今的陶瓷材料与金属材料、高分子材料、复合材料一起构成了工程材料的四大支柱。

8.2.1 陶瓷材料的分类

（1）按化学成分分类 按化学成分可将陶瓷材料分为氧化物陶瓷、碳化物陶瓷、氮化物陶瓷及其他化合物陶瓷。氧化物陶瓷种类多、应用广，常用的有 SiO_2、Al_2O_3、ZrO_2、MgO、Ca、BeO、Cr_2O_3 等。碳化物陶瓷熔点高、易氧化，常用的有 SiC、B_4C、WC、TiC 等。氮化物陶瓷常用的有 Si_3N_4、AlN、TiN、BN 等。

（2）按使用的原材料分类　按使用的原材料可将陶瓷材料分为普通陶瓷和特种陶瓷两类。普通陶瓷主要用天然的岩石、矿石、黏土等含有较多杂质或杂质不定的材料做原料。而特种陶瓷则采用化学方法，人工合成高纯度或纯度可控的材料做原料。

（3）按性能和用途分类　按性能和用途可将陶瓷材料分为结构陶瓷和功能陶瓷两类。在工程结构上使用的陶瓷称为结构陶瓷，利用陶瓷特有的物理性能制造的陶瓷材料称为功能陶瓷。它们的物理性能差异往往很大，因此用途很广泛。

8.2.2　陶瓷的组织结构

通过前面的学习可知，材料的性能由成分和组织决定。陶瓷的组织结构非常复杂，一般由晶体相、玻璃相和气相组成。各种相的组成、结构、数量、几何形状及分布状况等都会影响陶瓷的性能。陶瓷的组织结构示意图如图 8-5 所示。

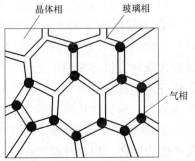

图 8-5　陶瓷的组织结构示意图

1. 晶体相

晶体相是陶瓷的主要组成相，有硅酸盐、氧化物和非氧化合物等结构。它决定了陶瓷的主要性能和应用。

（1）硅酸盐　硅酸盐是普通陶瓷的主要原料，又是陶瓷组织中的重要晶体相，其结合键为离子键与共价键的混合键。构成硅酸盐的基本单元是硅氧四面体。其结构中四个氧离子紧密排列成四面体，硅离子位于四面体中心的间隙中，如图 8-6 所示。硅氧四面体在结构中既可以孤立地存在，又可以互成单链、双链或层状连接，像高聚物中的大分子链中的链节一样，所以硅酸盐又称为无机高聚物。

（2）氧化物　氧化物的结合键有离子键，也有共价键。大多数氧化物结构式中氧离子作紧密立方或紧密六方排列，金属离子规则地分布在四面体和八面体的间隙之中。如图 8-7 所示为两种氧化物的晶体相示意图。

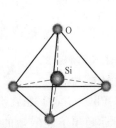

图 8-6　硅氧四面体晶体相示意图

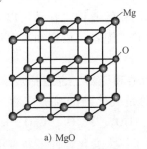

a) MgO

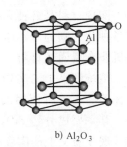

b) Al_2O_3

图 8-7　氧化物晶体相示意图

（3）非氧化合物　非氧化合物的种类比较多，包括金属碳化物、氮化物、硼化物等。

1）金属碳化物的化学键有共价键和金属键之间的过渡键，其中以共价键为主。它包括间隙相金属碳化物，如 TiC（图 8-8）、ZrC、VC 等；以及复杂晶格碳化物，如 Fe_3C、Mn_3C、Cr_3C_2、$Cr_{23}C_6$、WC、Cr_7C_3 等。

2）氮化物的金属性较弱，有一定的离子键，如六方晶格 BN（图 8-9），六方晶系的 Si_3N_4、AlN。

3）硼化物和硅化物有较强的共价键，连成链、网和骨架结构，构成独立结构单元。

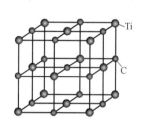

图 8-8　非氧化合物 TiC 晶相示意图

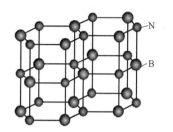

图 8-9　非氧化合物 BN 晶相示意图

2. 玻璃相

玻璃相一般是指从熔融液态冷却时不进行结晶的非晶态固体。玻璃相主要由氧化硅和其他氧化物组成。氧化硅组成不规则的空间网形成了玻璃相的骨架，如图 8-10 所示。陶瓷材料中，玻璃相的作用如下：

1）粘连晶体相，填充晶体相间空隙，提高材料致密度。

2）降低烧成温度，加快烧结。

3）阻止晶体转变，抑制其长大。

4）获得透光性等玻璃的特性。

5）对陶瓷的机械强度、介电性能、耐热耐火性等不利。

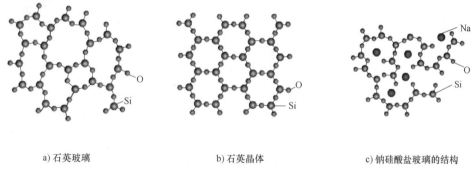

a)石英玻璃　　　　　　　　b)石英晶体　　　　　　　c)钠硅酸盐玻璃的结构

图 8-10　陶瓷中的玻璃相示意图

3. 气相

气相是陶瓷组织内部残留的孔洞。气孔可造成裂纹，使陶瓷材料的强度、热导率、抗电击穿强度下降，介介损耗增大，同时气相的存在可使光线散射，从而降低陶瓷的透明度。根据气孔情况，陶瓷分为致密陶瓷、无开孔陶瓷和多孔陶瓷。普通陶瓷的气孔率为 5%～10%，特种陶瓷的气孔率在 5% 以下。

8.2.3　陶瓷材料的性能特点

1. 陶瓷的工艺性能

陶瓷材料加工的工艺路线比较简单，主要加工工艺是成型，包括粉浆成型、压制成型、挤压成型、可塑成型等。陶瓷材料成型后，除可以用碳化硅或金刚石砂磨加工外，几乎不能

机械工程材料

进行任何其他加工。陶瓷材料各种成型工艺比较见表 8-1。

表 8-1　陶瓷材料各种成型工艺比较

工艺	优点	缺点
粉浆成型	可做形状复杂、薄壁塑件,成本低	收缩大、尺寸精度低、生产率低
压制成型	可做形状复杂件,有较高密度强度和精度	设备较复杂、成本高
挤压成型	成本低,生产率高	不能做薄壁件,零件形状需对称
可塑成型	尺寸精度高,可做形状复杂件	成本高

2. 陶瓷的力学性能

（1）刚度　陶瓷刚度（由弹性模量衡量）在各类材料中最高,因为陶瓷具有很强的结合键。

（2）硬度　陶瓷硬度也是各类材料中最高的,因其结合键强度高。陶瓷硬度一般为 1000~5000HV,淬火钢的硬度为 500~800HV,高聚物的硬度则不超过 20HV。陶瓷的硬度随温度的升高而降低,但在高温下仍有较高的数值。

（3）强度　晶界（图 8-11）使陶瓷的实际强度比理论值低得多（1/1000~1/100）。其原因是晶界上有晶粒间的局部分离或空隙,晶界上原子间的键被拉长,键强度被削弱,并且相同电荷离子的靠近产生排斥力,以致在陶瓷内部和表面会造成裂缝,使强度降低。

陶瓷材料在制备过程中,由于工艺因素的影响,其致密度、杂质和各种缺陷也影响陶瓷实际强度。如刚玉（Al_2O_3）陶瓷块的拉伸强度为 280MPa,刚玉陶瓷纤维（缺陷少）的拉伸强度为 2100MPa。

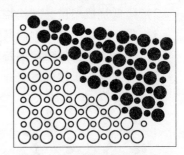

（4）塑性　陶瓷在室温下几乎没有塑性。由于陶瓷晶体一般为离子键或共价键结合,其滑移系很少,位错运动所需切应力很大,所以大多数陶瓷材料在常温下受外力作用时不产生塑性变形,在发生一定弹性变形后会直接发生脆性断裂。

图 8-11　陶瓷晶界示意图

（5）韧性　陶瓷是典型的脆性材料,由于陶瓷中存在气相,故其冲击韧性和断裂韧度要比金属材料低很多,一般冲击韧性在 10kJ/m² 以下。陶瓷材料对表面状态特别敏感,表面若存在细微裂纹,在受载时裂纹会很快扩展。

3. 陶瓷的物理性能

陶瓷的熔点很高,有很好的高温强度,高温抗蠕变能力强,热硬性高达 1000℃,但热膨胀系数和热导率小,当温度剧烈变化时易破裂,不能承受急热或骤冷。大多数陶瓷绝缘性较好,是传统的绝缘材料,如电瓷;有的陶瓷还具有各种特殊性能,如压电陶瓷、磁性陶瓷、铁电陶瓷等。

4. 陶瓷的化学性能

陶瓷的结构稳定,金属离子被周围的非金属离子包围,很难与介质中的氧发生反应,甚至在 1000℃ 的高温下也是如此,所以具有优良的耐火性或不燃烧性。而且陶瓷对酸、碱、盐等腐蚀性介质有较强的耐蚀性,与许多熔融金属不发生作用,所以可做坩埚材料。陶瓷材料还具有一些特殊的光学性能、磁性能、生物相容性及超导性能等,如陶瓷薄膜的力学性能除与其结构因素有关外,还应服从薄膜的力学性能规律及其独特的光、电、磁等物理化学性能。利用陶瓷的化学性能可开发出具有各种各样功能的材料，有着广泛的应用前景。

8.2.4　常用的工业陶瓷

1. 普通陶瓷

普通陶瓷是用黏土、长石和石英等天然原料，经粉碎配制、坯料成型、高温烧结而成的。这类陶瓷又称为硅酸盐陶瓷，其性能取决于这三种原料的纯度、粒度与比例。

普通陶瓷质地坚硬，不会氧化生锈，不导电，耐高温（1200℃）。加工成型性好，成本低廉，强度较低，耐高温性和绝缘性不如特种陶瓷。可加入 MgO、ZnO、BeO、Cr_2O_3，以提高其强度和耐碱抗力；可加入 Al_2O_3、ZrO_2 等，以提高其强度和热稳定性；加入滑石粉或镁砂以降低热膨胀系数；加入 SiC 以提高其导热性和强度。

工业普通陶瓷主要用于电气、化工、建筑、纺织等部门。例如：用于装饰板、卫生间装置及器具等的日用陶瓷和建筑陶瓷；用于化工、制药、食品等工业及实验室中的管道设备、耐蚀容器及实验器皿等的化工陶瓷；用于电器等的绝缘陶瓷等。

2. 特种陶瓷

（1）氧化铝陶瓷　氧化铝陶瓷是以 Al_2O_3 为主要成分，含有少量 SiO_2 的陶瓷，又称高铝陶瓷。根据 Al_2O_3 含量不同可分为 75 瓷（75% Al_2O_3，又称刚玉-莫来石瓷）、95 瓷（95% Al_2O_3）和 99 瓷（99% Al_2O_3），后两者又称刚玉瓷。随氧化铝含量提高，陶瓷性能也随之提高。

氧化铝陶瓷的耐高温性能好，可在1950℃氧化性气氛中使用，被广泛用做耐火材料，如耐火砖、坩埚、热偶套管等。微晶刚玉的硬度极高（仅次于金刚石），并且其热硬性可达1200℃，可用于制作淬火钢的切削刀具、金属拔丝模等。氧化铝陶瓷还具有良好的电绝缘性能及耐磨性，它的强度比普通陶瓷高 2~5 倍，因此，可用于制作内燃机的火花塞，火箭、导弹的导流罩，以及轴承等。

（2）氧化铍陶瓷　氧化铍陶瓷在还原性气相条件下特别稳定，其导热性极好（与铝相近），故抗热冲击性能好，可用作高频电炉坩埚和高温绝缘子等电子元件，以及用于激光管、晶体管散热片、集成电路基片等；铍的吸收中子截面小，故氧化铍还是核反应堆的中子减速剂和反射材料；但氧化铍粉末及其蒸气有剧毒，生产和应用中应倍加注意。

（3）氧化锆陶瓷　氧化锆陶瓷的熔点在2700℃以上，耐高温，推荐使用温度为2000~2200℃；能抗熔融金属的侵蚀，可作为铂、铑等金属的冶炼坩埚和1800℃以上的发热体及炉子、反应堆绝热材料等；使用氧化锆做添加剂可大大提高陶瓷材料的强度和韧性，氧化锆增韧陶瓷可替代金属制造模具、拉丝模、泵叶轮和汽车零件（如凸轮、推杆、连杆）等。

（4）氮化硅陶瓷　氮化硅陶瓷是以 Si_3N_4 为主要成分的陶瓷。氮化硅陶瓷具有很高的硬度，摩擦系数小，耐磨性好，抗热振性远高于其他陶瓷。它具有优良的化学稳定性，能耐除氢氟酸、氢氧化钠外的其他酸性和碱性溶液的腐蚀，以及抗熔融金属的侵蚀。此外，氧化硅陶瓷还具有优良的绝缘性能。根据制作方法可分为热压烧结陶瓷和反应烧结陶瓷。

热压烧结氮化硅陶瓷的强度、韧性都高于反应烧结氮化硅陶瓷，主要用于制造形状简单、精度要求不高的零件，如切削刀具、高温轴承等。反应烧结氮化硅陶瓷可用于制造形状复杂、精度要求高的零件，也可用于要求耐磨、耐蚀、耐热、绝缘等场合，如泵密封环、热电偶保护套、高温轴套、电热塞、增压器转子、缸套、活塞顶、电磁泵管道和阀门等。氮化硅陶瓷还是制造新型陶瓷发动机的重要材料。

（5）氮化硼陶瓷 氮化硼陶瓷的主晶相为 BN，也是共价晶体，是六方晶系，其结构与石墨相似，故有白"石墨"之称。氮化硼陶瓷具有良好的耐热性、高温绝缘性，是理想的高温绝缘材料，在 2000℃ 仍是绝缘体；导热性好，其导热性与不锈钢相当，是良好的散热材料；膨胀系数小，比金属和其他陶瓷低得多，故其抗热振性、热稳定性和化学稳定性好，能抵抗Fe、Al、Ni 等熔融金属的浸蚀；其硬度比其他陶瓷低，可进行切削加工，并有自润滑性。

氮化硼陶瓷可用于制造熔炼半导体的坩埚、冶金用的高温容器、半导体散热绝缘零件、高温绝缘材料、高温轴承、热电偶套、玻璃成型模具等。

六方晶系的 BN 晶体以碱金属或碱土金属等为触媒，在 1500～2000℃、6000～9000MPa 压力下转变为立方晶系的 BN，结构牢固，硬度和金刚石相近，是优良的耐磨材料。目前，立方晶系的 BN 只用于磨料和金属切削刀具。

（6）碳化硅陶瓷 碳化硅陶瓷的最大特点是高温强度高，在 1400℃ 时抗弯强度仍可达500～600MPa，热压碳化硅是目前高温强度最高的陶瓷。其导热性仅次于氧化铍陶瓷，热稳定性、耐蚀性、耐磨性也很好。碳化硅陶瓷主要可用于制作热电偶套管、炉管、火箭喷管的喷嘴，以及高温轴承、高温热交换器、密封圈和核燃料的包封材料等。

（7）碳化硼陶瓷 碳化硼陶瓷的硬度极高，抗磨粒磨损能力很强，最大用途是用作磨料和制作磨具，有时也用于制作超硬工具材料。碳化硼陶瓷能耐酸、碱腐蚀，熔点达2450℃，高温下会快速氧化，并可与熔融钢铁材料发生反应，使用温度限定在 980℃ 以下。

（8）硼化物陶瓷 硼化物有硼化铬、硼化钼、硼化钛、硼化钨和硼化锆等。硼化物陶瓷具有高硬度，同时具有较好的耐化学侵蚀能力，熔点范围为 1800～2500℃。比起碳化物陶瓷，硼化物陶瓷具有较高的抗高温氧化性能，使用温度达 1400℃。硼化物陶瓷主要用于高温轴承、内燃机喷嘴、各种高温器件、处理熔融非铁金属的器件等，还可用作电触点材料。

伴随着各种新型材料的出现，离子陶瓷、压电陶瓷、导电陶瓷、光学陶瓷、敏感陶瓷（如光敏、气敏、热敏、湿敏等）、激光陶瓷、超导陶瓷等性能各异的功能陶瓷也在不断地涌现，在各个领域发挥着巨大的作用。

此外，还有压电陶瓷、磁性陶瓷、过滤陶瓷、透明陶瓷和电解陶瓷等。

8.3 复 合 材 料

8.3.1 复合材料概述

随着现代机械、电子、化工、国防等工业的发展及航天、信息、能源、激光、自动化等高科技的进步，对材料性能的要求也越来越高。在某些构件上，甚至要求材料具有相互矛盾的性能，如一定方向要求导电，而另外的方向又要求绝缘；既要求耐高温，又要求耐低温等。这对单一的金属、陶瓷、非金属材料来说是无法实现的。于是，人们采用一定的方法将两种或两种以上不同化学成分或不同组织结构的物质复合到一起，从而产生了复合材料。

扫码看视频

1. 定义

复合材料是指两种或两种以上的物理、化学性质不同的物质，经一定方法得到的一种新的多相固体材料。由于复合材料各组成之间"取长补短""协同作用",使复合材料既能保持各组成相的最佳性能,又具有组合后的新性能,同时还可以按照构件的结构、受力和功能等要求,给出预定的、分布合理的配套性能,进行材料的最佳设计,而且材料与结构可一次成型(即在形成复合材料的同时也就得到了结构件)。复合材料的某些性能是单一材料无法比拟也无法具备的。例如:玻璃和树脂的强韧性都不高,但它们组成的复合材料(玻璃钢)却有很高的强度和韧性,而且质量很轻;热膨胀系数不同的黄铜片和铁片复合,能实现自动控温,可用于制作自动控温开关;导电铜片两边加上隔热、隔电塑料,能实现一定方向导电、另外的方向绝缘及隔热的双重功能。

自然界中,许多物质都可称为复合材料,如树木、竹子由纤维素和木质素复合而成;动物骨骼由硬而脆的无机磷酸盐和软而韧的蛋白质骨胶复合而成。日常所见的人工复合材料也很多,如钢筋混凝土就是用钢筋与石子、沙子、水泥等制成的复合材料,轮胎是由人造纤维与橡胶复合而成的材料。

通过对复合材料的研究和使用,不仅可以复合出具有质轻、力学性能良好的结构材料,也能复合出具有耐磨、耐蚀、导热或绝热、导电、隔声、减振等一系列特殊性能的材料。

复合材料是多相体系,一般分为两个基本组成相:一个相是连续相,称为基体相,主要起黏结和固定作用;另一个相是弥散相,称为增强相,主要起承受载荷作用。基体相常由强度低、韧性好、低弹性模量的材料组成,如树脂、橡胶、金属等;增强相常用高强度、高弹性模量和脆性大的材料,如玻璃纤维、碳纤维、硼纤维,也可以用金属和陶瓷等。

2. 分类

复合材料的分类方法比较多,常见的分类方法有按照用途分类,按照基体类型分类以及按照结构特点分类。

(1)按照用途分类 按照用途,复合材料可分为以下两类:

1)结构复合材料是指承受外力载荷为主的复合材料,可利用其力学性能(如强度、硬度、韧性)制作各种结构和零件。

2)功能复合材料是指具有特定物理、化学性能的复合材料,可利用其物理性能(如光、电、声、热、磁等)制作某种功能的零件。如雷达用玻璃钢天线罩就是具有良好透过电磁波性能的磁性复合材料;常用电器元件上的钨银触点就是在钨的晶体中掺入银的导电功能材料。

(2)按照基体类型分类 按照基体类型,复合材料可分为非金属基体及金属基体复合材料两大类。目前大量研究使用的是以高聚物为基体的复合材料。

(3)按结构特点分类 按照结构特点,复合材料一般可分为纤维复合材料、层叠复合材料、颗粒复合材料和骨架复合材料等。其中,纤维复合材料的发展速度较快,应用最广。

8.3.2 复合材料的性能

(1)比强度和比模量高 在复合材料中,由于一般作为增强相的材料多数是强度很高的纤维,而且组成材料的密度较小。所以,复合材料的比强度、比模量比其他材料要高得多,这对宇航、交通运输工具来说,在保证性能的前提下减轻自重具有重大的实际意义。

(2)抗疲劳和抗断裂性能好 纤维增强复合材料由于纤维缺陷较少,本身的抗疲劳能力很高,而基体的塑性和韧性也较好,能够消除或减少应力集中,不易产生微裂纹。即使形成微裂纹，裂纹的扩展过程也与金属材料完全不同，其原因是：一方面，由于材料基体中存在大量纤维，裂纹的扩展要经历曲折、复杂的路径，在一定程度上阻止了裂纹的扩展；另一方面，由于塑性变形的存在使微裂纹产生钝化而减缓裂纹的扩展，这样就使复合材料具有较高的抗疲劳性能。例如，碳纤维增强树脂的疲劳强度为其拉伸强度的 70%~80%，而一般金属材料的疲劳强度仅为其拉伸强度的 40%~50%。

纤维增强复合材料中有大量的纤维存在，在其受力时将处于力学上的静不定状态。在较大载荷作用下，当部分纤维发生断裂时，载荷将由韧性好的基体重新分配到其他未断纤维上，使构件不至于在瞬间失去承载能力而断裂。因此，复合材料具有良好的抗断裂能力，即复合材料的断裂安全性较高。

（3）减摩、耐磨性，减振能力好　复合材料的摩擦系数比高分子材料本身低得多，少量短切纤维可大大提高耐磨性。大比模量、高自振频率可避免复合材料在工作状态下产生共振。此外，由于纤维与基体界面吸振能力大，阻尼特性好，也可使产生振动的振幅很快衰减下去。如对相同形状和尺寸的梁进行振动实验，同时起振时，轻合金梁 9s 才能停止振动，而碳纤维复合材料的梁却只需 2.5s 就能停止振动。

（4）高温性能优越　由于各种增强纤维一般在高温下仍可保持高强度，所以用它们增强的复合材料的高温强度和弹性模量均较高，特别是金属基复合材料。如：7075、7076 铝合金在 400℃时的弹性模量接近于零，强度值也从室温时的 500MPa 降至 30~50MPa；而碳纤维或硼纤维增强组成的复合材料在 400℃时的强度和弹性模量可保持接近室温下的水平。碳纤维复合材料可在非氧化气氛中，在 2400~2 800℃下长期使用。

（5）工作安全性好　例如，在纤维复合材料每平方厘米的截面上存在着几千或更多根的纤维，当其中一部分纤维断裂时，其应力会很快重新分布到未破坏的那部分上，以避免造成零件的突然断裂。

（6）成型工艺性好　对于形状复杂的零部件，根据受力情况可以一次整体成型，以减少零件、紧固件的接头数目，提高材料的利用率。

除上述一些特性外，有些复合材料还具有良好的电绝缘性及光学、磁学特性等。金属基复合材料还具有高韧性和高的抗热冲击性，其导热性、导电性和尺寸稳定性也很好。但复合材料存在各向异性，不适用于复杂受力件，且抗冲击能力不是很好，生产成本高，这使其发展受到一定限制。

8.3.3　常用的复合材料

1. 纤维增强复合材料

纤维增强复合材料是以纤维增强材料均匀分布在基体材料内所构成的材料，应用最为广泛。它的性能主要取决于纤维的特性、含量和排布方式。常用的纤维增强复合材料是以树脂、金属等为基体，以无机纤维为增强材料的复合材料。这类材料既保持了基体材料的一些特性，又有无机纤维的高模量、高强度的性能。纤维增强复合材料主要有玻璃纤维树脂复合材料、碳纤维树脂复合材料和硼纤维树脂复合材料。

（1）玻璃纤维树脂复合材料　玻璃纤维树脂复合材料是以玻璃纤维或玻璃纤维制品（如玻璃布、玻璃带、玻璃毡等）为增强材料，以合成树脂为基体材料制成的。

玻璃纤维是由熔化的玻璃液以极快的速度控制形成细丝状玻璃，直径一般为 5~9μm。

玻璃虽然呈脆性，但玻璃纤维质地柔软，比玻璃的强度和韧性高得多，纤维越细，强度越高。单丝拉伸强度高达 $1000 \sim 2500\text{MPa}$，比高强度钢约高两倍，比普通天然纤维高 $5 \sim 30$ 倍。玻璃纤维的弹性模量约为 $7.0 \times 10^4 \text{MPa}$，约为钢的 $1/3$，而其相对密度为 $2.5 \sim 2.7\text{g/cm}^3$，因此，它的比强度和比模量都比钢高。

玻璃纤维与热塑性树脂制成的复合材料称为玻璃纤维增强塑料。它比普通塑料具有更高的强度和冲击韧性。其增强效果随所用树脂种类不同而异，以尼龙的增强效果最为显著，聚碳酸酯、聚乙烯、聚丙烯的增强效果也较好。

玻璃纤维与热固性树脂制成的复合材料称作玻璃钢。常用的树脂有环氧树脂、酚醛树脂、聚酯树脂及有机硅树脂等。玻璃钢的性能因玻璃纤维和树脂的种类不同而异，但其共同的特点是强度较高，强度指标接近或超过铝合金及铜合金。但由于玻璃钢的相对密度小（为 $1.5 \sim 2\text{g/cm}^3$），因此它的比强度高于铝合金和铜合金，甚至超过合金钢。此外，玻璃钢还有较好的介电性能和耐蚀性。但玻璃钢的弹性模量小，只有钢的 $1/10 \sim 1/5$，因此刚性差，易产生变形。此外，玻璃钢的耐热性差，易老化。玻璃钢常用于要求自重轻的受力结构件，如飞机、舰艇及火箭上高速运动的零部件，各类车辆的车身、驾驶室门窗、发动机罩、油箱，以及齿轮泵、阀、轴承、压力容器等。

（2）碳纤维树脂复合材料 碳纤维树脂复合材料是由碳纤维与合成树脂复合而成的一类新型材料。目前用于制造碳纤维树脂复合材料的合成树脂主要有热固性的酚醛树脂、环氧树脂、聚酯树脂和聚四氟乙烯等。工业中生产碳纤维的原料多为聚丙烯腈纤维，经预发蓝处理、碳化处理工艺而制得高强度碳纤维（即Ⅱ型碳纤维），或再经石墨化处理而获得高弹性模量、高强度的石墨纤维（又称高模量碳纤维或Ⅰ型碳纤维）。

从基体看碳纤维树脂复合材料与玻璃钢相似，但碳纤维树脂复合材料的许多性能优于玻璃钢。与玻璃纤维相比，碳纤维的相对密度更小，强度也略高，弹性模量比玻璃纤维高 $4 \sim 5$ 倍，因此比模量和比强度均优于玻璃纤维，并有较好的高温性能。碳纤维树脂复合材料不仅保留了玻璃钢的许多优点，而且某些特性远超过玻璃钢。

碳纤维树脂复合材料在宇航、航空、航海等领域内可作为结构材料，取代或部分取代某些金属或其他非金属材料，用来制造某些要求比强度、比模量高的零部件。在机械工业中，可用作承载零件（如连杆）、耐磨零件（如活塞、密封圈），以及齿轮、轴承等承载耐磨零件；还可用作有耐腐蚀要求的容器、管道、泵、阀等。

（3）硼纤维树脂复合材料 硼纤维树脂复合材料是一种新型材料，发展时间较短，应用远不及玻璃纤维和碳纤维树脂复合材料普遍。硼纤维的抗拉强度与玻璃纤维相似，但弹性模量为玻璃纤维的 5 倍。该复合材料所用的树脂主要是环氧树脂。这种复合材料的各向异性非常明显，其纵向与横向的拉伸强度和弹性模量的差值达十倍以上。因此，常用多向叠层复合材料。目前这种材料仅在航空工业上用于制造飞机上的某些零件，因其价格贵，应用受到了限制。

近年来，由金属或陶瓷自由长大的针状单晶体晶须代替或部分代替纤维制成复合材料的技术发展很快，这种材料不存在晶体缺陷，强度很高，可接近于晶体的理论强度。但由于晶须成本高，因此目前多用于尖端工程方面。一般工业上只在特殊需要时使用，如在应力特别高的部位上撒上晶须，以起到局部增强的作用。

2. 颗粒增强复合材料

颗粒增强复合材料主要有金属陶瓷、弥散强化合金和表面复合材料等。

（1）金属陶瓷 金属陶瓷中常用的增强粒子为金属氧化物、碳化物、氮化物等陶瓷粒子，其体积分数通常要大于 20%。陶瓷粒子的耐热性好、硬度高，但脆性大，一般采用粉末冶金法将陶瓷粒子与金属基体黏接在一起。典型的金属陶瓷为硬质合金，如钨钴类硬质合金就是以碳化钨（WC）粉末为增强相，以金属钴粉末为黏结剂，采用粉末冶金法制得的一种金属陶瓷。

（2）弥散强化合金 弥散强化合金是一种将少量的颗粒尺寸极细的增强微粒高度弥散地均匀分布在金属基体中的颗粒增强金属基复合材料。如用极细小的氧化物（Al_2O_3）颗粒与铜复合得到的弥散强化铜，既有良好的导电性，又可以在高温下保持适当的硬度和强度，常用作高温下的导热体和导电体，如制作高功率电子管的电极、焊接机的电极、白炽灯引线、微波管等。

（3）表面复合材料 在工程上，有很多零件的失效仅发生在零件的表面局部区域，这就要求该区域表面耐磨、耐腐蚀。为降低成本，可预先将陶瓷颗粒与适量黏结剂混制成膏状，涂抹在铸型中零件需要复合的位置，或者将陶瓷颗粒直接做成预制块放置在铸型中，在浇铸时一次成型。这种复合材料可灵活更换基体金属，最大限度地发挥复合层与基体的性能优势，大大提高表面复合层的耐磨性和其他特殊性能，主要用于在严酷工况下的耐磨、耐腐蚀、耐高温零件。

3. 层叠复合材料

层叠复合材料是由两层或两层以上不同材料结合而成的复合材料，目的是更有效地发挥各分层材料的最佳性能，以得到更为有用的材料。用层叠法增强的复合材料可使强度、刚度、耐磨、耐腐蚀、绝热、隔音、减轻自重等性能得到改善。常用的层叠复合材料有双层金属复合材料、塑料-金属多层复合材料、夹层结构复合材料等。

（1）双层金属复合材料 最典型的双层金属复合材料是双金属轴承。它常用离心浇铸的方法在钢管或薄钢板上浇上轴承合金（例如，锡基轴承合金等）制成，既可节省有色金属，又可增加滑动轴承的强度。目前我国已生产了多种普通钢-合金钢复合钢板和多种钢-有色金属双金属片。

（2）塑料-金属多层复合材料 塑料-金属多层复合材料中最典型的为 SF 型三层复合材料，它是以钢为基体，烧结多孔青铜作为中间媒介层，聚四氟乙烯或聚甲醛塑料为表面层的三层复合材料。它保持了钢的机械强度，塑料的减摩、耐磨的自润滑性能，中间采用多孔青铜可增加钢和塑料的黏接力。这种材料可用于制造无油润滑轴承、机床导轨和活塞环等，在矿山、化工、农业机械和机车、汽车中都有应用。

（3）夹层结构复合材料 夹层结构复合材料是由两层薄而强的面板（也称蒙皮），中间夹着一层轻而弱的芯子组成。面板（用金属、玻璃钢或增强塑料等）在夹层结构中主要起抗拉和抗压作用。夹层结构（用实心芯子或蜂窝格子）起着支撑面板和传递剪力的作用。常用的实心芯子有泡沫塑料、木屑等，蜂窝格子材料有金属箔、玻璃钢等。面板和芯子的连接，一般采用黏接或焊接的方法。夹层结构的特点是相对密度小、比强度高、刚度和抗压稳定性好，以及可根据需要选择面板和芯子的材料，以获得所需要的绝热、隔音、绝缘等性能。这种材料已用于飞机上的天线罩、隔板、火车车厢和运输容器等。

4. 骨架复合材料

骨架复合材料包括多孔浸渍材料和夹层结构材料。多孔材料浸渗低摩擦系数的油脂或氟塑料，可用于制造储油柜及轴承；浸树脂的石墨可用作抗磨材料。夹层结构材料质轻、抗弯强度大，可作大电机罩、门板及飞机机翼等。

复合材料自 20 世纪 60 年代末至 90 年代初世界产量大约为 300 万吨，其特点是小批量、多用途。其性能特征是密度小，强度和刚度高，耐高温或温、耐烧蚀、耐冲刷、抗辐射等。它们在高技术领域的应用特别突出。要用单一材料使之满足各种要求的综合指标是很困难的，但将现有的有机高分子材料、无机非金属材料和金属材料通过复合工艺组成复合材料能够产生新的性能，从而达到预期目的。

目前我国已有 40000 多种复合材料，几乎在所有工业领域中应用。在发达的工业国家，复合材料的发展正在以每年 20%~40% 的速度增长，超过任何一个技术领域的发展速度。复合材料的发展又可促进其他技术领域的发展，因此复合材料在国民经济发展中的作用越来越重要。

8.4　新　材　料

随着科学技术的发展，人们在传统材料的基础上，根据现代科技的研究成果开发出了新材料。新材料是指新近发展的或正在研发的、性能超群的一些材料，具有比传统材料更为优异的性能。

新材料按组成分为金属新材料、无机非金属新材料（如陶瓷、砷化镓半导体等）、有机高分子新材料和先进复合新材料四大类。按性能新材料又可分为结构材料和功能材料。结构材料主要是利用材料的力学性能、物理性能和化学性能，以满足高强度、高刚度、高硬度、耐高温、耐磨、耐腐蚀、抗辐照等性能要求；功能材料主要是利用材料具有的电、磁、声、光、热等效应实现某种功能，如半导体材料、磁性材料、光敏材料、热敏材料、隐身材料和制造原子弹、氢弹的核材料等。

新材料是高技术的一个组成部分，因为它不但具有高技术产业的特点，即高效益、高智力、高投入、高竞争、高风险、高起点，而且新材料的发展有赖于其他高技术的支持。新型材料种类繁多，以下只介绍其中的几种。

8.4.1　超导材料

某些物质达到临界温度（T_c）以下时，电阻急剧消失，这样的物质称为超导体。这种现象只有在温度（T）、磁场强度（H）和其中流过的电流密度（J）分别达到相应的临界值（T_c、H_c、J_c）以下时才能发生，其临界值越高，超导体的使用价值越大。目前许多超导材料的 T_c 虽然很低，但相比之前已取得了许多突破。1975 年 T_c 从 4.2K 提高到 23.2K，1988年又提高到 120K。随着研究的深入，科研人员发现，压力对超导材料的 T_c 也有很大影响，有研究发现当压力为 267GPa 时，光化学转变的碳质硫氢化物体系最高超导转变温度为287.7K（约 15℃）。当然这个结果是在高压下产生的，虽然实用价值不大，但还是非常振奋人心。下面介绍几种常见的超导材料及其应用。

1. 常见的超导材料

（1）超导合金　超导合金是超导材料中机械强度最高、刚度大、在给定磁场能承载更大电流的超导体。广泛使用的是 Ti-Nb 系超导体，美国和日本用 Ti-Nb 系超导体制造磁流体发电的超导磁体，特别适用于军事上大功率脉冲舰艇、潜艇的电力推进。

（2）金属间化合物超导体　金属间化合物超导体的 T_c 和 H_c 一般比超导合金高，如 Nb_3Sn 金属间化合物超导体是至今投入使用的最重要的超导体。但此类超导体的脆性大，不易直接加工成带材或线材。

（3）超导陶瓷　超导陶瓷的出现，使超导体的 T_c 取得重大突破，即在液氮温度以上的复相材料中观察到了超导性。我国科学家制取 T_c 为 90K 的 YBaCuO 超导体，液氮的禁区（77K）奇迹般地被突破了，1993 年 Hg-Ba-Ca-Cu-O 的 T_c 已超过 134K，在加压下 T_c 超过 164K。在液氮温度下工作的超导材料称为高温超导体。

2. 超导材料的应用

（1）在电力系统中的应用　超导电力存储是目前效率最高的电力存储方式。超导磁体（磁场强、损耗小、质量轻）用于电动机，可大大提高电动机中的磁感应强度，从而大大提高其输出功率；利用超导磁体实现磁流体发电，可直接将热能转换为电能，使发电效率提高 50%~60%。利用超导输电可大大降低目前高达 8% 左右的输电损耗，如果我国利用超导输电系统，每年可节约 1000 多亿千瓦·时的电。

（2）在运输方面的应用　利用超导材料的抗磁性，将超导材料放在一块永久磁体的上方，由于磁体的磁力线不能穿过超导体，磁体和超导体之间会产生排斥力，使超导体悬浮在磁体上方。例如，超导磁悬浮列车是在车底部安装许多小型的超导磁体，在轨道两旁埋设一系列闭合的铝环。当列车运行时，超导磁体产生的磁场相对于铝环运动，铝环内产生的感应电流与超导磁体相互作用，产生的浮力使列车浮起。列车运行的速度越快，产生的浮力就越大，超导磁悬浮列车的速度可达 500km/h。

（3）在计算机方面的应用　可以利用超导材料制成超导存储器或其他超导器件，再利用这些器件制成超导计算机。超导计算机的性能是目前电子计算机无法相比的。目前制成的超导开关器件的开关速度已达到皮秒级（$1ps = 10^{-12}s$）的水平。这是当今所有电子、半导体、光电器件都无法比拟的，比集成电路要快几百倍。超导计算机的运算速度比现在的电子计算机快 100 倍，而电能消耗仅为电子计算机的 1/1000。如果目前一台大中型计算机每小时耗电 10kW，那么同样一台超导计算机只需一节干电池就可以工作了。

（4）在其他方面的应用　高温超导滤波器系统用于 CDMA 手机，高温超导材料在微波频段的电阻几乎为零，对信号的损耗极小，大幅度提高了收音质量。而且，该技术应用在移动通信基站上，可使基站的覆盖范围提高 30%~50%，使通话繁忙时的通话容量提高 80%，手机所需的功率却可降低到原来的一半，即手机的辐射将降低 50%。

此外，超导器件还具有质量轻、体积小、稳定性好、均匀度高，以及易于启动和能长期运转等优点，广泛用于高能物理研究（如粒子加速器、气泡室）、固体物理研究（如绝热去磁和输运现象）、磁力选矿、污水净化、人体核磁共振成像装置，以及超弱电应用等。

8.4.2　能源材料

随着社会经济的快速发展，人们对资源的依赖性不断提升，石油、天然气、煤炭等不可再生资源的逐渐消耗，已经不能满足社会的实际需求，能源短缺问题的严重性愈发明显。能源材料对于解决这个问题有着独特的优势，因此近年来得到了迅速发展。能源材料主要有太阳能电池材料、储氢合金、固体氧化物燃料电池材料等。

1. 太阳能电池材料

太阳能在使用过程中不会对环境造成污染，而且以其取之不尽、用之不竭的显著特点备受人们关注。太阳能又称光电池，能量通过光-电或光-热-电的途径将太阳光转化成电能。按照材料的不同，太阳能电池可分为硅基太阳能电池、有机聚合物太阳能电池、染料敏化太阳能电池、有机-无机杂化太阳能电池等。

（1）硅基太阳能电池 硅基太阳能电池的本质是半导体材料，按其构成可以分成三类，分别为单晶硅太阳能电池、多晶硅薄膜太阳能电池及非晶硅薄膜太阳能电池。硅基太阳能电池吸收太阳光，通过在材料中的光电转换进行反应，产生电流，积蓄能量，完成电池的工作。在众多太阳能电池中，硅基太阳能电池的技术无疑是最为成熟的，其具有光电转换效率高、寿命长、使用方便、原料丰富等优点，因此，硅基太阳能电池在今后太阳能电池行业中的发展具有极大潜力。

（2）有机聚合物太阳能电池 有机聚合物太阳能电池是一类以有机材料为基础的光-电转换材料。它的主要原理是利用有机化合物材料以光伏效应产生电压，形成电流，实现太阳光向电能的转换。有机聚合物太阳能电池的突出优势在于使用的原料为聚合物分子，其成本低廉、工艺简单、可塑性强，便于制成柔性可折叠的透明电极等。尤其在近几十年的发展过程中，有机聚合物太阳能电池材料在器件制备以及材料合成等方面得到了充分的应用。

（3）染料敏化太阳能电池 染料敏化太阳能电池是利用光敏材料（如纳米二氧化钛和光敏染料）模拟自然界植物中的叶绿素进行光合作用，将太阳光转换成电能的材料。与其他传统太阳能电池相比，染料敏化太阳能电池具有其独特的优点，如制备设备易操作、制作工艺更加简单、生产过程中厂房设施中不需要较高的洁净度等，因此这种太阳能电池的制作成本十分低，制作一块染料敏化太阳能电池的成本仅为传统太阳能电池的 $10\% \sim 20\%$。该电池使用的材料不仅价格便宜，而且环保无污染，常用的材料如纳米二氧化钛、电解质、染料等，目前在国内外市场都十分容易获得。同时，染料敏化太阳能电池具有普适的工作条件，对光线的要求较低，即使在阴天光线不足的情况下也能工作。因此，染料敏化太阳能电池是一类具有实现产业化进行实际生产应用的材料，具有极大的发展潜力。

（4）有机-无机杂化太阳能电池 有机-无机杂化太阳能电池主要以钙钛矿材料为代表，虽然目前钙钛矿太阳能电池的光-电转化效率高，发展前景被人看好，但钙钛矿太阳能电池的使用还有一个问题需要解决，即电池的面积过小（一般情况下其电池的面积不超过 $0.1 cm^2$）。因此，实现钙钛矿太阳能电池的关键在于制造出大面积且高效的转换材料。

2. 储氢合金

氢是无污染且高效的理想能源，氢的利用关键在于氢的储存与运输，美国能源部在全部氢能研究经费中，大约有 50% 用于储氢技术。利用金属吸收氢气，使之成为金属氢化物，当需要使用时，加热该氢化物，将氢气放出。这种金属相当于储氢的容器，故称为储氢金属或储氢合金。

储氢合金能够储氢的原理是：在一定的温度和压力条件下，氢分子在合金（或金属）中先分解成单个的原子，而这些氢原子便"见缝插针"般地进入合金原子之间的缝隙中，并与合金进行化学反应生成金属氢化物（Metal Hydrides），外在表现为大量"吸收"氢气，同时放出大量热量。而当对这些金属氢化物进行加热时，它们又会发生分解反应，氢原子又能结合成氢分子释放出来，而且伴随有明显的吸热效应。

虽然储氢合金的金属原子间缝隙不大，但储氢的本领却比氢气瓶大多了，因为它能像海绵吸水一样把钢瓶内的氢气全部吸尽。具体来说，储氢合金的重量相当于储氢钢瓶重量的1/3，其体积不到钢瓶体积的1/10，但储氢量却是相同温度和压力条件下气态氢的1000倍。由此可见，储氢合金是一种极其简便易行的理想储氢方法。采用储氢合金来储氢，不仅储氢量大、能耗低，工作压力低、使用方便，而且可免去庞大的钢制容器，从而使存储和运输方便且安全。

目前储氢合金主要包括钛系储氢合金、锆系储氢合金、铁系储氢合金及稀土系储氢合金，其主要用途包括以下几个方面。

（1）氢气分离、回收和净化材料　在化学工业、石油精制以及冶金工业生产中，通常有大量的含氢尾气排出，有些尾气的含氢量达到50%~60%，而目前多是采用排空或燃烧处理。因此，对这部分能源加以回收利用，在经济上有巨大的意义。另外，集成电路、半导体器件、电子材料和光纤等产业中，需要超高纯度氢。利用储氢合金对氢原子具有特殊的亲和力，而对其他气体杂质择优排斥的特性，即利用储氢合金具有只选择吸收氢和捕获不纯杂质的功能，不但可以回收废气中的氢，而且可以使氢的纯度高于99.9999%以上，价格便宜、安全，具有十分重要的社会效益和经济意义。

（2）制冷或采暖设备材料　由于储氢合金具有在吸氢化学反应时放出大量热，而在放氢时吸收大量热的特性，因此可以利用储氢合金的这种放热-吸热循环进行热的储存和传输，制造制冷或采暖设备。美国和日本竞相采用储氢合金制成太阳能和废热利用的冷暖房，其原理就是利用储氢合金在吸氢时的放热反应和释放氢时的吸热反应。我国利用储氢合金吸、放氢过程的放热、吸热循环，制造了一台可以制冷到77K的制冷机，该机器可用于工业、医疗等行业需要低温环境的场合。

（3）镍氢充电电池　由于目前大量使用的镍镉电池（Ni-Cd）中的镉有毒，导致废电池处理过程复杂，环境受到污染，因此它将逐渐被用储氢合金做成的镍氢充电电池（Ni-MH）所替代。从电池电量来讲，相同大小的镍氢充电电池电量比镍镉电池高1.5~2倍，且无污染，现已经广泛地用于移动通信、笔记本计算机等各种小型便携式的电子设备。目前，更大容量的镍氢电池已经开始用于汽油-电动混合动力汽车上。利用镍氢电池可快速充放电过程，当汽车高速行驶时，发电机所发的电可储存在车载的镍氢电池中。当车低速行驶时，通常会比高速行驶时消耗更多的汽油，因此为了节省汽油，此时可以利用车载的镍氢电池驱动电动机来代替内燃机工作，这样既保证了汽车正常行驶，又节省了大量的汽油，因此，汽油-电动混合动力车相对传统意义上的汽车具有更大的市场潜力，目前世界各国都在加紧这方面的研究。

3. 固体氧化物燃料电池材料

固体氧化物燃料电池（SOFC）是一种将燃料与氧化剂中的化学能直接转换成电能的全固态电化学发电装置，能量转换效率高，可达到60%左右，产生的热进行热电联供效率可达到80%以上。SOFC具有全固态结构，长期稳定性好，可靠性高等优点。SOFC燃料适用范围广，既可以使用氢气，也可以使用天然气、汽化煤气、焦炉煤气等化石燃料。正是凭借着高效率、排放几乎无污染、运行安静、燃料适用范围广等优点，SOFC 有望成为 21 世纪最具发展前景的绿色发电装置。

SOFC 性能的优劣主要与电解质、阳极和阴极有关。

（1）电解质 电解质是 SOFC 核心部件之一。选择电解质材料需具备以下条件：

1）材料需有较高的离子电导率，为氧离子传导提供通道，但不能有电子电导，防止短路。

2）材料需在室温至工作温度范围内，氧化及还原气氛中具有良好的化学和热稳定性，并与电池其他组件匹配良好，自身结构致密，能够阻隔氧气和燃料气体。

3）材料需具有足够的机械强度，合理的价格。

电解质的材料一般可分为掺杂氧化锆体系、掺杂氧化铈体系、掺杂氧化铋体系、掺杂镓酸镧体系，以及质子导体电解质。

（2）阳极 选择电解质阳极材料需具备以下条件：

1）材料需要具有一定的孔隙率和良好的催化性能，能够将反应生成的水及时排出。

2）材料需具有较高的电子电导率，能及时将生成的电子传输至连接体。

3）材料需与其他电池组件化学相容性好，与电解质的热膨胀系数相匹配。

4）在燃料气氛中，还必须具有足够的化学稳定性、结构稳定性和形貌尺寸稳定性。

阳极材料主要可分为镍基金属陶瓷、铜基金属陶瓷、钙钛矿结构型氧化物基阳极材料。

（3）阴极 与阳极材料类似，需具备以下条件：

1）材料需具有高的电子和离子导电性能。

2）材料需与电解质和连接体化学相容性好，热膨胀系数匹配。

3）材料需具有良好的物理化学稳定性和足够的孔隙率来满足阴极的氧化还原反应需要。

4）材料需具有高的氧裂解和还原催化活性。

阴极材料一般可分为钙钛矿、类钙钛矿及双钙钛矿三种。

8.4.3 智能材料

智能材料又可以称为敏感材料，是指具有感知环境（包括内环境和外环境）刺激，对其进行分析、处理、判断，并采取一定的措施进行适度响应的智能特征的材料。一般来说智能材料由基体材料、敏感材料、驱动材料和信息处理器四部分构成。但是现有的材料一般比较单一，难以满足智能材料的要求，所以智能材料一般由两种或两种以上的材料复合构成一个智能材料系统。这就使智能材料的设计、制造、加工和性能结构特征均涉及材料学的最前沿领域，使智能材料成为材料科学的最活跃方面和最先进的发展方向。目前智能材料从主要应用有：导线传感器，用于测试飞机蒙皮上的应变与温度情况；快速反应形状记忆合金，寿命期具有百万次循环，且输出功率高，以它作为制动器时，反应时间仅为 10min；形状记忆合金已成功应用于卫星天线等、医学等领域。

8.4.4 磁性材料

磁性材料可分为软磁材料和硬磁材料两类。

1. 软磁材料

软磁材料是指那些易于磁化并可反复磁化的材料，但当磁场去除后，磁性即随之消失。这类材料的特性标志是：磁导率（$\mu = B/H$）高，即在磁场中很容易被磁化，并很快达到较高的磁化强度；但当磁场消失时，其剩磁很小。这种材料在电子技术中广泛应用于高频技术，如磁心、磁头、存储器磁心；在强电技术中可用于制作变压器、开关继电器等。常用的软磁体有铁硅合金、铁镍合金、非晶金属。

铁硅合金（$w_{Si} = 3\% \sim 4\%$）是最常用的软磁材料，常用作低频变压器、电动机及发电机的铁心；铁镍合金的性能比铁硅合金好，典型代表材料为坡莫合金（Permalloy），其成分为 $w_{Ni} = 79\%$，$w_{Fe} = 21\%$。坡莫合金具有高磁导率（为铁硅合金的 $10 \sim 20$ 倍）、低损耗；并且在弱磁场中具有高磁导率和低矫顽力，广泛用于电讯工业、电子计算机和控制系统方面，是重要的电子材料。非晶金属（金属玻璃）与一般金属的不同点是其结构为非晶体。它们是由 Fe、Co、Ni 及半金属元素 B、Si 所组成，其生产工艺要点是采用极快的速度使金属液冷却，使固态金属获得原子无规则排列的非晶体结构。非晶金属具有非常优良的磁性，已用于低能耗的变压器、磁性传感器、记录磁头等。另外，有的非晶金属具有优良的耐蚀性，有的非晶金属还具有强度高、韧性好的特点。

2. 永磁材料（硬磁材料）

硬磁性材料又称永磁材料，经磁化后，去除外磁场仍保留磁性，其性能特点是具有高的剩磁、高的矫顽力。利用此特点可制造永久磁铁，也可把它作为磁源。常见的应用有指南针、仪表、微电机、电动机、录音机、电话等。永磁材料包括铁氧体和金属永磁材料两类。

（1）铁氧体　铁氧体的用量大、应用广泛、价格低，但磁性能一般，用于一般要求的永磁体。

（2）金属永磁材料　在金属永磁材料中，最早使用的是高碳钢，但磁性较差。高性能的永磁材料品种有铝镍钴（Al-Ni-Co）和铁铬钴（Fe-Cr-Co）。稀土钴（RE-Co）合金主要品种有利用粉末冶金技术制成的 $SmCo_5$ 和 Sm_2Co_{17}；钕铁硼（Nd-Fe-B）稀土永磁，钕铁硼磁体不仅性能优越，而且不含稀缺元素钴，所以成为高性能永磁材料的代表，已用于高性能扬声器、电子水表、核磁共振仪、微电机、汽车电动机等。

8.4.5　纳米材料

纳米本是一个长度单位，纳米科学技术是一个融科学前沿的高技术于一体的完整体系，它的基本含义是在纳米尺寸范围内认识和改造自然，通过直接操作和安排原子、分子创新物质。

纳米材料是纳米科技领域中最富活力和研究意义的科学分支。纳米材料是指由纳米颗粒构成的固体材料，其中纳米颗粒的尺寸最多不超过 100nm。纳米材料的制备与合成技术是当前主要的研究方向，虽然在样品的合成上取得了一些进展，但至今仍不能制备出大量的块状样品，因此研究纳米材料的制备对其应用起着至关重要的作用。

1. 纳米材料的性能

（1）物理及化学性能：①纳米颗粒的熔点和晶化温度比常规粉末低得多，这是由于纳米颗粒的表面能高、活性大，熔化时消耗的能量少，如一般铅的熔点为 600K，而 20nm 的铅微粒熔点低于 288K；②纳米金属微粒在低温下呈现电绝缘性；③纳米微粒具有极强的吸光性，因此各种纳米微粒粉末几乎都呈黑色；④纳米材料具有奇异的磁性，主要表现在不同粒径的纳米微粒具有不同的磁性能，当微粒的尺寸高于某一临界尺寸时，呈现出高的矫顽力，而当低于某一尺寸时，矫顽力又很小，例如，粒径为85nm的镍粒，矫顽力很高，而粒径小于15nm的镍微粒矫顽力接近于零；⑤纳米颗粒具有大的比表面积，其表面化学活性远大于正常粉末，因此原来化学惰性的金属铂在制成纳米微粒（铂黑）后却变为活性极好的催化剂。

（2）扩散及烧结性能　纳米结构材料的扩散率是普通状态下晶格扩散率的1014~1020倍，是晶界扩散率的102~104倍，因此纳米结构材料可以在较低的温度下进行有效的掺杂，可以在较低的温度下使不混溶金属形成新的合金相。扩散能力提高还可以使纳米结构材料的烧结温度大大降低，因此在较低温度下烧结就能达到致密化的目的。

（3）力学性能　与普通材料相比，纳米材料的力学性能有显著的变化，一些材料被制成纳米材料后的强度和硬度会成倍地提高。纳米材料还表现出超塑性状态，即断裂前会产生很大的伸长量。

2. 纳米材料的应用

（1）纳米金属　纳米铁材料是由6nm的铁晶体压制而成的，比普通铁强度高12倍，硬度更是提高了2~3个数量级。利用纳米铁材料可以制造出高强度和高韧性的特殊钢材。对于高熔点难成形的金属，只要将其加工成纳米粉末，即可在较低的温度下将其熔化，制成耐高温的元件，用于研制新一代高速发动机中承受超高温的材料。

（2）纳米球润滑剂　"纳米球"润滑剂的全称是"原子自组装纳米球固体润滑剂"，是具有二十面体原子团簇结构的铝基合金成分，并采用独特的纳米制备工艺加工而成的纳米级润滑剂。采用高速气流粉碎技术，精确控制添加剂的颗粒粒度，可在摩擦表面形成新表面，对机车发动机产生修复作用。它的成分设计及制备工艺具有创新性，填补了润滑油合金基添加剂的技术空白。在机车发动机加入纳米球润滑剂，可以起到节省燃油、修复磨损表面、增强机车动力、降低噪声、减少污染物排放、保护环境的作用。

（3）纳米陶瓷　利用纳米粉末可使陶瓷的烧结温度下降，简化生产工艺。纳米陶瓷具有良好的塑性，甚至能够具有超塑性，解决了普通陶瓷韧性不足的弱点，大大拓展了陶瓷的应用领域。

（4）纳米碳管　纳米碳管的直径只有1.4nm，仅为计算机微处理器芯片上最细电路线宽的1%，其质量是同体积钢的1/6，强度却是钢的100倍，纳米碳管将成为未来高能纤维的首选材料，并广泛用于制造超微导线、开关及纳米级电子线路。

（5）纳米催化剂　由于纳米材料的表面积大大增加，而且表面结构也发生很大变化，使其表面活性增强，所以可以将纳米材料用作催化剂，如超细的硼粉、重铬酸铵粉可以作为炸药的有效催化剂；超细的铂粉、碳化钨粉可以作为高效的氢化催化剂；超细的银粉可以作为乙烯氧化的催化剂；用超细的 Fe_3O_4 微粒做催化剂可以在低温下将 CO_2 分解为碳和水；在火箭燃料中添加少量的镍粉便能成倍地提高燃烧效率。

（6）量子元件　制造量子元件，首先要开发量子箱。量子箱是直径约为10nm的微小构造，当把电子关在这样的箱子里，就会因量子效应使电子有异乎寻常的表现，利用这一现象便可制成量子元件。量子元件主要是通过控制电子波动的相位来进行工作的，从而实现更高的响应速度和更低的电力消耗。另外，量子元件还可以使元件的体积大大缩小，使电路大为简化，因此，量子元件的兴起将引起一场电子技术革命。人们期待着利用量子元件在 21 世纪制造出 16GB 的 DRAM，这样的存储器芯片足以存放 10 亿个汉字的信息。

本 章 小 结

本章主要介绍了一些非金属材料和新材料，内容相比前几章较为简单，主要掌握高分子材料、陶瓷材料、复合材料的性能特点及应用场合即可，对于新材料了解即可。

扩 展 阅 读

陶瓷材料

我国陶瓷产量高居世界首位，但陶瓷行业一直存在资源消耗大、能耗高、污染严重等问题，随着社会经济的快速发展，传统生产模式所带来的资源过度消耗与环境污染问题受到广泛关注。陶瓷企业的污染源主要有三个，即废气、废水和废渣。废气包括窑炉烧成及部分干燥阶段的高温烟气，以及主要含生产性粉尘的工艺废气。废水主要来自原料制备、釉料制备工序及设备和地面冲洗污水，通常是含有硅质悬浮颗粒、矿物悬浮颗粒、化工原料悬浮颗粒、油脂、铅、镉、锌、铁等有毒污染物的工艺废水。废渣产生来自废弃的磨料、废模具及坯体废料、废釉料（废溶剂）及烧成产生的废料。这些污染源如果不能有效处理往往会造成大气污染、土地污染、水源发黑发臭，造成严重的生态破坏。

课 后 测 试

一、名词解释

高分子材料　　陶瓷材料　　复合材料

二、填空题

1. 非金属材料主要指的是：_____、_____和_____三大类。

2. 高分子材料在不同温度下表现出三种力学状态，即_____、_____和_____。

3. 塑料按树脂的热性能不同可分为：_____和_____。

4. 陶瓷材料的组成相包括：_____、_____和_____。

5. 按结构特点，复合材料一般可分为_____、_____、_____和骨架复合材料等。

三、判断题

1. 塑料之所以用于机械结构是由于其强度和硬度比金属高，特别是比强度高。（　　）

2. 聚酰胺是最早发现能够承受载荷的热固性塑料。（　　）

3. 聚四氟乙烯有优异的抗化学腐蚀性，有"塑料王"之称。（　　）

4. 聚甲基丙烯酸甲酯是塑料中最好的透明材料，但其透光率仍比普通玻璃差的多。（　　）

5. 酚醛树脂具有较高的强度和硬度、良好的绝缘性能，因此是用于电子、仪表工业中的最理想的热塑性塑料。（　　）

6. 普通陶瓷材料的韧性都很高。（　　　）

7. 立方氮化硼的硬度与金刚石相近，是金刚石的代用品。（　　　）

8. 陶瓷材料可以作为高温材料，也可以作为耐磨材料使用。（　　　）

9. 陶瓷材料可以作为刀具材料，也可作为保温材料使用。（　　　）

10. 通常情况下复合材料的比强度优于金属材料。（　　　）

11. 复合材料的抗疲劳能力较好。（　　　）

12. 玻璃钢是玻璃和钢构成的复合材料。（　　　）

13. 复合材料都是通过人工合成的方法获得的（　　　）。

三、简答题

1. 塑料和橡胶在使用时分别是什么状态？这两种材料的玻璃化温度的要求各是什么？

2. 陶瓷材料中的基本相是什么？什么相主要决定了陶瓷的性能？玻璃相的作用是什么？

3. 陶瓷的工艺过程是什么？

4. 复合材料的概念是什么？性能上有什么特点？

5. 什么叫作蠕变？举例说明高分子材料中的蠕变现象和应力松弛现象。

6. 什么叫作大分子链的构象？

第9章

材料的选用

【学习要点】

1. 学习重点

1）熟悉机械工程材料的选择原则、方法和步骤。

2）掌握零件失效原因的分析。

3）掌握轴类、齿轮、箱体类等典型零件选材实例及工艺分析。

2. 学习难点

机械工程材料的选择及工艺分析。

3. 知识框架图

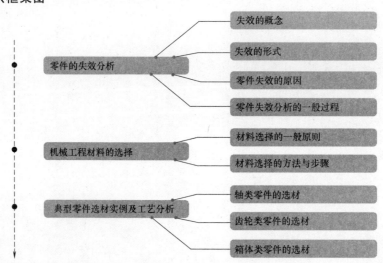

4. 学习引导

在机械零件的设计、制造过程中，如何合理选择和使用材料是一项十分重要的工作。不仅要考虑材料的性能要适应零件的工作条件，保证零件寿命，还要求材料有较好的加工工艺性和经济性，以便提高零件的生产率，降低成本，减少消耗等。那么，在选材过程中应遵循什么原则、注意哪些问题都将在本章给出解答。

9.1　零件的失效分析

9.1.1　失效的概念

扫码看视频

失效是指机械零件由于某种原因丧失预定功能的现象。零件失效一般分为下列三种情况：

1）完全破坏，不能继续工作。

2）严重损伤，继续工作不安全。

3）轻微损坏，能安全地工作，但已达不到预定的精度或功能。

9.1.2　失效的形式

零件失效的形式主要包括：过量变形失效、断裂失效和表面损伤失效三种，如图 9-1 所示。

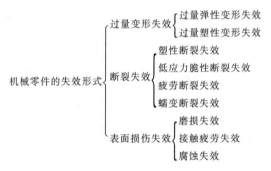

图 9-1　零件失效的形式

1. 过量变形失效

过量变形失效是指机械零件在工作中产生超过允许值的变形量而导致整个机械设备无法正常工作或使产品质量严重下降的现象。过量变形失效又分为过量弹性变形失效和过量塑性变形失效两种。

（1）过量弹性变形失效　零件在工作时发生过量的弹性变形而造成的失效。过量弹性变形产生的原因是零构件的刚度不够。例如：镗床的镗杆允许的弹性变形量很小，若超过允许值，则会导致镗出的孔尺寸偏差过大而报废；弹簧的主要作用是减振和储能驱动，如弹簧秤，汽车板簧等。若工作中弹簧产生的弹性变形超过允许值时，也会发生失效。

（2）过量塑性变形失效　当受力超过了材料的屈服强度时，零件就会发生塑性变形。过量塑性变形产生的原因是偶尔过载或者零构件本身抵抗塑性变形的能力不够。例如：精密机床丝杠不允许出现塑性变形；机座、机架等不产生明显的塑性变形。

2. 断裂失效

断裂失效是指机械零件在工作过程中由于应力的作用发生完全断裂而导致整个机械设备无法工作的现象。断裂失效包括塑性断裂失效、疲劳断裂失效、低应力脆性断裂失效和蠕变断裂失效等。

（1）塑性断裂失效　塑性断裂失效是指零件承载截面上所受的应力超过了零件材料的

机械工程材料

屈服强度，产生塑性变形，直至发生断裂的现象。

（2）疲劳断裂失效　疲劳断裂失效是指零件在交变循环应力多次作用下发生断裂的现象。疲劳断裂失效的主要特点如下。

1）引起疲劳断裂的应力较低，一般远低于材料的屈服强度。

2）断裂前没有明显的宏观塑性变形，在没有预兆的情况下突然发生断裂。

在金属材料中，钢和钛的疲劳强度较高。

（3）低应力脆性断裂失效　低应力脆性断裂失效是指零件在所受应力远低于材料屈服强度时发生断裂的现象。低应力脆性断裂失效常发生在有尖锐缺口或裂纹的零件中，特别是在低温或有冲击载荷作用下最容易发生。脆性断裂失效往往会带来灾难性的后果，是最危险的零件失效形式。

（4）蠕变断裂失效　蠕变是指金属材料在较高温度（再结晶温度以上）与应力的作用下，缓慢地产生塑性变形，且变量随着时间的延长而增加的现象。零件由蠕变而引起的断裂称为蠕变断裂失效。

3. 表面损伤失效

表面损伤失效是指机械零件在工作中，由于机械力或化学腐蚀的作用，导致其工作表面产生磨损、疲劳点蚀、腐蚀等损伤，造成机械设备无法正常工作或失去精度的现象。根据损伤形式的不同，表面损伤失效一般分为磨损失效、接触疲劳失效和腐蚀失效三大类。

（1）磨损失效　磨损失效是指在机械力的作用下，相对运动的零件表面之间发生摩擦，材料以细屑的形式逐渐磨耗，零件的表面材料不断损失，从而导致零件最终失效的一种形式。最常见的磨损有磨粒磨损和黏着磨损两种主要类型。

1）磨粒磨损：在零件相对摩擦时，由于硬质颗粒对金属表面的切削作用，造成被磨表面产生沟槽，磨面材料逐渐耗损的一种磨损。

2）黏着磨损：在零件相对摩擦时，其表面微小的凸起部分在压力和摩擦热的作用下发生焊合或黏着，当零件继续运动时，黏着部分又被撕开，使材料从一个表面转移到另一个表面所造成的表面磨损。黏着磨损又称咬合磨损。

（2）接触疲劳失效　接触疲劳失效是受到交变周期载荷零件上常见的失效形式。其失效的原因之一是硬化层深度不够或工件从表面至其下一定深度内硬度分布不合理，由最大接触应力造成硬化层剥落。它的主要形式是在接触表面局部区域有小片剥落，形成空洞（麻点）。

（3）腐蚀失效　腐蚀失效是由于材料表面与环境介质发生化学或电化学反应而引起的材料破坏或变质。常见的腐蚀失效有电化学腐蚀和化学腐蚀，其中以前者居多。

几种常见零件的工作条件、失效形式及要求的力学性能见表9-1。

表9-1　几种常见零件工作条件、失效形式及要求的力学性能

零件	工作条件			常见失效形式	要求的力学性能
	应力种类	载荷性质	其他		
普通紧固螺栓	拉应力、切应力	静载荷	—	过量变形失效、断裂失效	强度、塑性
传动轴	弯曲应力、扭转应力	循环载荷、冲击载荷	轴颈摩擦、振动	疲劳断裂失效、过量变形失效、轴颈磨损、咬蚀	综合力学性能

（续）

零件	工作条件			常见失效形式	要求的力学性能
	应力种类	载荷性质	其他		
传动齿轮	弯曲应力、压应力	循环载荷、冲击载荷	强烈摩擦、振动	磨损、麻点剥落、齿折断	表面硬度、弯曲疲劳强度，接触疲劳强度，心部屈服强度、塑性
弹簧	弯曲应力、扭转应力	循环载荷、冲击载荷	振动	弹性丧失、疲劳断裂失效	弹性极限、屈强比、疲劳强度
液压泵柱塞副	压应力	循环载荷、冲击载荷	摩擦、油的腐蚀	磨损失效	硬度、抗压强度
冷作模具	复杂应力	循环载荷、冲击载荷	强烈摩擦	磨损失效、脆断	硬度，足够的强度、韧性
压铸	复杂应力	循环载荷、冲击载荷	高温、摩擦、金属液腐蚀	热疲劳失效、脆断、磨损失效	高温强度、热疲劳抗力、韧性与热硬性
滚动轴承	压应力	循环载荷、冲击载荷	强烈摩擦	疲劳断裂失效、磨损失效、麻点剥落	接触疲劳强度、硬度、耐蚀性
曲轴	弯曲应力、扭转应力	循环载荷、冲击载荷	轴颈摩擦	脆断、疲劳断裂失效、咬蚀、磨损	疲劳强度、硬度、冲击疲劳抗力、综合力学性能
连杆	拉应力、压应力	循环载荷、冲击载荷	—	脆断	抗压疲劳强度、冲击疲劳抗力

9.1.3 零件失效的原因

机械零件失效的原因很多，以下主要从结构设计、材料选择、加工工艺和安装使用等方面来进行分析。

（1）结构设计方面 零件的整体结构设计不合理，安全系数过小，薄弱区域未得到有效的加强，造成零件在实际工作中承载能力不足。零件的局部结构、形状和尺寸设计不合理，存在尖角、尖锐缺口和过小的过渡圆角等缺陷，往往是零件产生应力集中的重要原因。另外，还有对工作环境的变化情况估计不足等都是引起失效的原因。

（2）材料选择方面 在选择材料时只注意了材料的部分常规性能指标，而对零件的失效形式、实际性能指标要求的判断存在较大的偏差，造成选材错误。对产品本身的工作条件、性能特点理解不深，照搬同类产品的材料和处理工艺，忽略了产品间的差异，造成选材不当。选用的材料质量差，含有夹杂物、杂质元素或不良组织，使得零件达不到应有的性能指标。这些都是因选材不当引起的失效。

（3）加工工艺方面 在零件加工和成形过程中，由于采用的工艺方法和工艺参数不正确，使零件产生各种各样的缺陷，最终导致零件失效。

（4）安装使用方面 零件装配工艺或操作不当，零件装配或配合过紧、过松，或者机器安装时对中不准、固定不紧、润滑不良等都可能造成失效。

在使用过程中，由于操作、维护、保养不当，或不按要求违规使用，均有可能使零件失效。

9.1.4 零件失效分析的一般过程

1）注意收集失效零件的残骸。
2）全面调查了解失效的部位、特点、环境和经过。
3）根据失效零件损坏的特征进行综合分析。
4）利用测试手段或模拟试验进行试验分析。
5）判定失效原因，提出改进措施，并写出分析报告。

9.2 机械工程材料的选择

9.2.1 材料选择的一般原则

材料选择的一般原则是在满足使用性能的前提下，考虑工艺性、经济性，并且要根据我国资源情况，优先选择国产材料。

1. 材料的使用性原则

材料的使用性原则是指材料所能提供的使用性能指标对零件功能和寿命的满足程度。材料的使用性能是指零件在工作时材料应具有的力学性能、物理性能和化学性能。材料的使用性能是材料选择时最主要的依据，一般情况下，零件所要求的使用性能主要是材料的力学性能，其要求是根据零件的工作条件和失效形式提出的。零件的工作条件主要包括受力状态、工作环境和特殊要求。

2. 材料的工艺性原则

材料的工艺性能是指材料加工成形的难易程度。材料的工艺性原则是所选用的工程材料能保证顺利地加工成合格的机械零件。

（1）铸造性能 铸造性能是指金属能否用铸造的方法获得合格铸件的能力。金属材料的铸造性能一般从流动性、收缩性、偏析倾向等方面进行综合评定。铸造性能好的材料通常具有流动性好、断面收缩率低和偏析倾向小的特点。在常用的铸造合金中，铸造铝合金和铜合金的铸造性能较好，其次是铸铁，铸钢的铸造性能较差。在各种铸铁中，又以灰铸铁的铸造性能最好。常见金属材料的铸造性能见表 9-2。

表 9-2 常见金属材料的铸造性能

材料	铸造性能				
	流动性	收缩性		偏析倾向	其他
		体收缩	线收缩		
灰铸铁	好	小	小	小	铸造内应力小
球墨铸铁	稍差	大	小	小	易形成缩孔、缩松，白口化倾向小
铸钢	差	大	大	大	导热性差，易发生冷裂
铸造黄铜	好	小	较小	较小	易形成集中缩孔
铸造铝合金	一般	小	小	较大	易吸气、易氧化

（2）焊接性能　焊接性能是指材料在一定焊接条件下获得优质焊接接头的难易程度。焊接性能一般用焊接接头的力学性能和焊缝处形成裂纹、脆性和气孔的倾向来衡量。低碳钢、低合金结构钢具有良好的焊接性能。中碳钢的焊接性能有所下降。由于碳的质量分数大，铸铁在焊接时产生裂纹的倾向较大，焊缝处易形成白口组织。铜合金和铝合金的导热性高，焊接时裂纹倾向大，易产生氧化、气孔等缺陷，焊接性能较差，需采用氩弧焊工艺进行焊接。

（3）压力加工性能　压力加工性能主要包括锻造性能、冲压性能等，通常用材料的塑性和变形抗力来衡量。材料的塑性越好，成形性越好，压力加工后表面质量也就优良，不易产生裂纹；变形抗力越小，则变形比较容易，金属易于实现固态下的流动，易于充填模膛，不易产生缺陷。一般来说，纯金属的压力加工性能优于其合金，单相固溶体优于多相合金，低碳钢优于高碳钢，非合金钢优于合金钢。

（4）可加工性能　可加工性能是指材料接受切削加工而成为合格工件的难易程度。可加工性能一般从切削速度、切削抗力、零件表面粗糙度、断屑能力，以及刀具磨损量等方面来评价。铝、镁、铜合金和易切削钢的可加工性能较好，其次是碳钢和铸铁，钛合金、高温合金、奥氏体不锈钢等材料的可加工性能则较差。

相对可加工性是指材料的刀具寿命为 60min 时的切削速度 v_{60} 与抗拉强度为 600MPa 的 45 钢的 v_{60} 的比值。常用材料的可加工性比较见表 9-3。

表 9-3　常用材料的可加工性比较

代表材料	可加工性能	相对可加工性	可加工性等级
铝、镁合金	极易加工	8～20	1
易切削钢	易加工	2.5～3.0	2
30 钢正火	易加工	1.6～2.5	3
45 钢、灰铸铁	一般	1.0～1.5	4
85 钢（轧材）、2Cr13 钢调质	一般	0.7～0.9	5
65Mn 钢调质、易切削不锈钢	难加工	0.5～0.65	6
12Cr18Ni9、W18Cr4V 钢	难加工	0.15～0.5	7
耐热合金、钴合金	难加工	0.04～0.14	8

（5）热处理工艺性能　热处理工艺性能主要包括淬透性、淬硬性、变形开裂倾向、氧化脱碳倾向、过热敏感性、回火脆性和回火稳定性等。材料的选择应根据零件的热处理要求和热处理工艺的制订进行综合考虑。例如，碳钢碳含量高时，在零件结构形状及冷却条件一定时，淬火后变形与开裂倾向比碳含量低的碳钢严重。而碳钢淬火时由于一般需要急冷，在其他条件相同时，变形与开裂倾向比合金钢大，选材时必须充分考虑这一因素。

材料的工艺性能在某些情况下甚至可以成为选材的主导因素。

案例分析：汽车发动机箱体对力学性能要求不高，多数金属材料都能满足要求，但由于箱体内腔结构复杂，毛坯只能采用铸件。为了方便、经济地铸成合格的箱体，必须采用铸造性能优良的材料，如铸铁或铸造铝合金。

3. 材料的经济性原则

材料的经济性原则是指所选用的材料加工成零件后，应使零件生产和使用的总成本最低，经济效益最好。它涉及材料的成本高低、货源供应是否充足、加工工艺的复杂程度、成品率的高低等方面。在选材时，应尽可能选用价格便宜、货源充足、加工简便、成品率高的材料。一般情况下，在满足零件使用性能的前提下，能用碳素钢，就不用合金钢；能用硅锰钢，就不用铬镍钢。

注意，在选材时不能片面地强调消耗材料的费用及零件的制造成本，因为在评定机器零件的经济效果时，还需要考虑其使用过程中的经济效益问题。如某种机器零件在使用中，即使失效也不会造成机械设备破损事故，而且拆换方便，同时零件的需用量又比较大，从使用成本考虑，一般希望该零件制造成本要低，售价应便宜；而有些机器零件（如高速柴油机曲轴、连杆等），其质量好坏会直接影响整台机器的使用寿命，一旦该零件失效，将造成整台机器的损坏事故，因此为了提高这类零件的使用寿命，即使材料价格和制造成本较高，从整体角度来看，其经济性仍然是合理的。

9.2.2　材料选择的方法与步骤

1. 材料选择的方法

零件选材的方法应该根据零件的品质和具体服役条件而定。如果是新设计的关键零件，通常应先进行必要的力学性能试验；如果是一般的常用零件（如轴类零件或齿轮等），可以参考同类型产品中零件的有关资料和国内外失效分析报告等来进行选材。在按力学性能选材时，具体方法有以下三种类别：

（1）以综合力学性能为主的选材　以综合力学性能为主的零件进行选材时，既要求材料的强度和疲劳极限要高，又要求材料有较好的塑性与韧性。常选用中碳钢或中碳合金钢，经正火或调质处理后使用，其中最常用的是 45 钢和 40Cr 钢。

（2）以疲劳强度为主的选材　以疲劳强度为主的零件（如传动轴、齿轮等零件），因其在整个截面上受力不均，所以容易形成疲劳裂纹，选材时在考虑综合力学性能时，应重点考虑材料的抗疲劳性能。通常，材料的强度越高，其疲劳强度也越高，所以可以适当提高材料的强度。通常调质处理后的组织比正火和退火组织具有更高的疲劳强度。

提高疲劳强度的最有效方法是进行表面处理，如对调质钢进行表面淬火，对渗碳钢进行渗碳淬火，对渗氮钢进行渗氮，或者对零件表面进行喷丸处理等。这些方法除了可以提高表面硬度外，还可在零件表面造成残余压应力，抵消工作时产生的部分拉应力，从而提高疲劳强度。

（3）以磨损为主零件的选材　在以磨损为主的零件进行选材时，由于零件摩擦时，其磨损量与接触应力、相对速度、润滑条件及摩擦副的材料有关。根据零件工作条件不同，其选材也有不同。

1）摩擦剧烈，但受力较小，无大的冲击载荷的零件，如钻套、顶尖、量具等。对塑性和韧性要求不高，通常选用高碳钢或高碳合金钢，进行淬火+低温回火处理，得到高硬度的回火马氏体和碳化物组织，就可以满足零件的使用要求。

2）同时承受磨损、交变载荷，以及一定的冲击载荷的零件，要求材料表面具有较高的耐磨性，同时还要有较高的强度、塑性和韧性。材料本身应具有良好的综合力学性能，还要能通过表面热处理等强化方法提高其表面耐磨性。

3）要求具有小的摩擦系数的零件，如滑动轴承、轴套等，可采用轴承合金、减磨铸铁、工程塑料等材料制造。

（4）以特殊性能为主的选材 对于在特殊条件下工作的零件，应主要考虑材料的特殊性能。如在高温下工作并承受较大载荷的零件，一般选用热强钢或高温合金；而受力不大的零件则可考虑采用耐热铸铁制造。对于在腐蚀性介质中工作的零件，主要应考虑其对相应介质的耐蚀能力。

2. 材料选择的步骤

零件材料的合理选择通常是按照以下步骤进行的：

1）分析零件的工作条件和失效形式，明确零件材料的主要性能要求。

2）对同类产品的材料选用情况进行调研，从各个方面进行综合分析评价。

3）查阅有关设计手册，通过相应计算，确定零件应有的各种性能指标。

4）初步选择具体的零件牌号，并决定热处理工艺和其他强化方法。

5）审核所选材料的经济性，确认其是否能适应高效加工和组织现代化生产。

6）根据试验结果，最终确定材料和热处理工艺。

9.3 典型零件选材实例及工艺分析

9.3.1 轴类零件的选材

在机床、汽车、拖拉机等制造工业中，轴类零件是一类用量很大且占有较为重要地位的结构件。

轴类零件的主要作用是支撑传动零件并传递运动和动力。它们在工作时受多种应力的作用，因此从选材角度看，轴类零件的材料应具有较高的综合力学性能；局部承受摩擦的部位，如车床主轴的花键、曲轴的轴颈处，要求有一定的硬度，以提高其抗磨损能力。

1. 工作条件和失效形式

1）承受交变的弯曲载荷和扭转载荷的复合作用，易导致疲劳断裂。

2）承受过载和冲击载荷，易导致轴产生过量变形，甚至断裂。

3）轴颈或花键处承受局部摩擦和磨损，易导致磨损失效。

2. 材料应具备的性能

1）应具有良好的综合力学性能，即具有足够的强度和一定的塑韧性，防止过量变形和断裂。

2）应具有高的疲劳强度，防止疲劳断裂。

3）应具有高的表面硬度和耐磨性，防止轴颈等处的磨损。

4）在高温条件下或腐蚀性介质中，要求有高的抗蠕变能力和耐蚀性。

3. 材料的选择与工艺路线

1）对于承受载荷不大或不重要的轴，常选用 Q235、Q275 等碳素结构钢，不经热处理可直接使用。

2）对于承受一定的弯曲载荷和扭转载荷的轴，一般选用 35、40、45、50 等优质碳素结构钢，经调质或正火处理，并对有耐磨性要求的部分进行表面淬火处理。

3）对于承受载荷较大、截面较大或承受一定冲击载荷的轴，可选用 40Cr、35CrMo 和

机械工程材料

40CrNiMo 等合金调质钢，经调质处理，并对有耐磨性要求的部分进行表面淬火处理。

4）对于耐磨性要求较高、承受较大冲击载荷的轴，可选用 20Cr、20CrMnTi 等合金渗碳钢，经渗碳、淬火、回火处理后使用。

5）对于要求精度高、尺寸稳定性好、耐磨性好的轴，可选用 38CrMoAlA 钢，进行调质处理和氮化处理后使用。

6）对于形状复杂的轴，如曲轴，可采用 QT600-3、QT700-2 等球墨铸铁制造。

4. 典型轴类零件选材举例

（1）机床主轴的选材 机床主轴一般承受中等的扭转和弯曲复合载荷，转速中等并承受一定的冲击载荷，局部表面承受摩擦和磨损，因而要求其材料应具有优良的综合力学性能和良好的抗疲劳性能。机床主轴常选用 45 钢制造，经调质处理后，轴颈等处再进行局部表面淬火，当需承受较大载荷时可选用 40Cr 等合金钢制造。

某机床主轴主要承受交变弯曲载荷和扭转载荷的复合作用，其载荷不大、转速不高，有时会受到不大的冲击载荷作用，具有一般的综合力学性能即可满足使用要求。其大端的内锥孔和外锥体在与顶尖和卡盘的装卸过程中有相对摩擦，花键部位与齿轮有相对滑动，为了防止这些部位表面磨损和划伤，要求有较高的硬度和耐磨性。该主轴可选用 45 钢制造。

1）机床主轴的热处理工艺：整体调质处理，硬度为 220~250HBW；内锥孔和外锥体局部淬火，硬度为 45~50HRC；花键部位高频淬火，硬度为 48~53HRC。

2）机床主轴的加工工艺路线：下料→锻造→正火→粗加工→调质→半精加工（除花键外）→局部淬火+回火（内锥孔和外锥体）→粗磨（外圆、外锥体和内锥孔）→铣花键+花键高频淬火+低温回火→精磨（外圆、外锥体和内锥孔）。

其中热处理工艺如下。

① 正火：消除锻造应力，并得到合适的硬度（180~220HBW），便于切削加工。同时也可改善锻造组织，为调质处理做准备。

② 调质：调质处理后的组织为回火索氏体，硬度为 220~250HBW，调质处理可使主轴得到良好的综合力学性能和较高的疲劳强度。

③ 局部淬火：内锥孔和外锥体采用盐浴快速加热局部淬火，经回火后达到所要求的硬度，可提高其耐磨性，保证装配精度。

④ 高频淬火+回火：花键部位采用高频淬火，变形较小，经回火后达到所要求的表面硬度。

（2）内燃机曲轴的选材 曲轴的主要失效形式是疲劳断裂和轴颈磨损。疲劳断裂有弯曲疲劳断裂和扭转疲劳断裂两种形式，磨损则以轴颈表面最为严重。

1）曲轴材料主要应具有如下的性能：①具有高的强度和一定的韧性；②具有高的弯曲、扭转疲劳强度和足够的刚度；③轴颈表面要具有高的硬度和耐磨性。

2）选择锻钢的曲轴，其工艺路线为：下料→锻造→正火→粗加工→调质→半精加工→局部表面淬火+低温回火（轴颈）→精磨。

① 正火：消除锻造应力，得到合适的硬度，同时可改善组织，为调质处理做准备。

② 调质：获得回火索氏体组织，使主轴具有良好的综合力学性能和疲劳强度。调质后材料的硬度适中，可加工性良好。

③ 局部表面淬火：轴颈处采用中频淬火，可提高表面硬度和耐磨性，获得较深的硬

化层。

球墨铸铁具有铸造性能好、减磨、吸振性能优良、缺口敏感性小等优点，广泛应用于曲轴的铸造，常用的材料有 QT600-3、QT700-2 等。

3）选择铸造曲轴，其工艺路线为：铸造毛坯→高温正火→高温回火→切削加工→轴颈气体渗氮→精磨。

其中热处理工艺如下。

① 正火：采用 950℃ 高温正火工艺，获得细珠光体基体组织，以提高其强度、硬度和耐磨性。

② 高温回火：采用 560℃ 高温回火工艺，可消除正火时产生的内应力。

③ 轴颈气体渗氮（570℃）：对轴颈处采用 570℃ 的气体渗氮工艺，以提高轴颈表面的硬度和耐磨性。

9.3.2 齿轮类零件的选材

齿轮是机械工业、汽车、拖拉机中应用最广的零件之一，主要用于功率的传递和速度的调节。

1. 工作条件和失效形式

1）由于传递转矩，齿根会承受较大的交变弯曲应力，易导致齿根部位发生疲劳断裂。

2）齿面相互滚动和滑动，需承受很大的接触压应力和摩擦力，易产生齿面磨损和齿面接触疲劳破坏。

3）换挡、起动或啮合不均时，轮齿会承受一定的冲击载荷，易使齿面产生塑性变形。

4）瞬时过载、润滑油腐蚀和外部硬质颗粒的侵入，均会使齿轮的工作条件更加恶化，易造成轮齿折断、齿面腐蚀、磨损加剧等破坏。

2. 材料应具备的性能

1）应具有高的弯曲疲劳强度，以防止轮齿疲劳断裂。

2）齿面应具有高的接触疲劳强度、高的硬度和耐磨性，以防止疲劳点蚀和齿面过量磨损。

3）齿轮心部应具有足够的强度和韧性，以防止轮齿因过载而断裂。

4）应具有良好的工艺性能，如可加工性好、热处理变形小且变形有一定规律、淬透性好等，保证齿轮的加工精度和质量。

3. 材料选择与工艺路线

1）调质钢的工艺路线一般为锻造毛坯经粗加工后进行调质或正火处理，再经精加工后进行表面淬火和低温回火。

2）渗碳钢的工艺路线一般为锻造毛坯经正火处理后进行精加工，然后进行渗碳、淬火+低温回火处理，使其表面具有很高的硬度和耐磨性，心部具有良好的韧性。其齿面接触疲劳强度和耐磨性、齿根弯曲疲劳强度和心部强度，以及冲击韧性均优于表面淬火齿轮。

3）铸钢的工艺路线一般为铸造毛坯先正火处理，经切削加工后再进行表面淬火和低温回火。

4）铸铁的工艺路线一般为铸造毛坯先退火或正火处理，经切削加工后再进行表面淬火和低温回火。

4. 典型齿轮类零件选材举例

（1）机床齿轮的选材　某机床变速箱齿轮，采用45钢制造，其加工工艺路线为：下料→锻造→正火→粗加工→调质→精加工→高频淬火+低温回火→精磨。

其中热处理工艺如下。

① 正火：消除锻造应力，使组织均匀并细化，得到合适的硬度，便于切削加工。正火后材料具有一定的综合力学性能，对于一般用途的齿轮，可省略调质处理。

② 调质：获得回火索氏体组织，使齿轮心部具有良好的综合力学性能，使齿轮能承受较大的交变弯曲载荷和冲击载荷。

③ 高频淬火+低温回火：高频淬火可提高齿轮的表面硬度，从而提高其耐磨性和点蚀疲劳抗力；使齿轮表面具有一定的残余压应力，以进一步提高疲劳强度。低温回火可消除淬火应力，防止磨削裂纹的产生，以提高其抗冲击能力。

（2）汽车齿轮的选材　某汽车变速箱齿轮，采用20CrMnTi钢制造，其加工工艺路线为：下料→锻造→正火→切削加工→渗碳、淬火+低温回火→喷丸处理→精磨。

其中热处理工艺如下。

① 正火：消除锻造应力，均匀和细化组织，降低硬度，以改善其可加工性。

② 渗碳、淬火+低温回火：经渗碳、淬火+低温回火处理后，渗碳层深度为 1.2 ~ 1.6mm，表面碳的质量分数为 0.8% ~ 1.1%，表面硬度为 58 ~ 62HRC，心部硬度为 30 ~ 45HRC，这样可使齿面具有高硬度和高耐磨性，而心部具有较高的强度和足够的韧性。

9.3.3　箱体类零件的选材

箱体类零件大多形状结构复杂、体积较大、壁厚较薄，所以一般采用铸造方法生产。根据其工作条件的不同，可选用灰铸铁、铸钢、铸造铝合金、工程塑料、结构钢等材料制造。

（1）灰铸铁　对于载荷不大、工作平稳的箱体，可选用灰铸铁，如 HT150、HT200 等。若与其他零件有相对运动，存在摩擦和磨损时，则应选用抗拉强度较高的灰铸铁 HT250 或孕育铸铁 HT300、HT350 等。其加工工艺路线一般为：铸造毛坯→去应力退火→划线→切削加工。

（2）铸钢　对于载荷较大，要求具有高强度、高韧性，或在高温、高压下工作的箱体，应选用铸钢，如 ZG230-450、ZG310-570 等。

（3）铸造铝合金　对于载荷不大，要求重量轻且热导性好的小型箱体，如摩托车发动机曲轴箱、气缸头等，可选用铸造铝合金，如 ZL105、ZL201 等。

（4）工程塑料　对于载荷很小，有一定的耐磨、耐蚀要求，重量轻的箱体零件，可选用工程塑料，如 ABS、尼龙、有机玻璃等。

（5）结构钢　对于载荷较大、并承受较大冲击载荷，或单件生产的箱体零件，可采用焊接结构，如选用焊接性能良好的普通碳素结构钢 Q235 或低合金高强度结构钢 Q345 等钢焊接而成。

箱体类零件应根据其材料和毛坯成形方法的不同，制订不同的加工工艺路线，并采取相应的热处理工艺。

本章小结

本章主要介绍了零件的失效形式、选材原则和典型零件选材的示例。机械零件的失效形式主要包括过量变形、断裂、表面损伤；引起失效的原因涉及结构设计、材料选择、加工工艺和安装使用等。机械零件选材时要在满足使用性能的前提下考虑其加工工艺性和经济成本。

课 后 测 试

一、填空题

1. 一般机器零件常见的失效形式有：_____、_____和_____三种。

2. 金属材料断裂失效的形式有：_____、_____、_____、_____和_____。

3. 表面损伤失效最主要的三种形式是：_____、_____和_____。

4. 造成零部件失效的原因主要有：_____、_____、_____、_____等。

5. 选用材料应考虑的一般原则有：_____原则、_____原则和_____原则。

6. 紧固螺栓要求的力学性能是：_____和_____。

7. 弹簧要求的力学性能是：_____、_____和_____。

8. 在金属材料中，铸造性能最好的是_____附近的合金。

9. 钢铁材料的焊接性随碳含量增加，其焊接性能_____。

二、名词解释

失效 过量变形失效 断裂失效 磨损失效

三、选择题

1. 零件的使用性能主要取决于零件的（　　　）。

A. 设计　　　　　B. 选材　　　　　C. 制造　　　　　D. 安装

2. 大功率内燃机的曲轴可以选择（　　　）。

A. 合金球墨铸铁　B. 球墨铸铁　　　C. 45 钢　　　　　D. 38CrMoAl

3. C620 车床主轴选用（　　　）。

A. 合金球墨铸铁　B. 球墨铸铁　　　C. 45 钢　　　　　D. 38CrMoAl

4. 汽车变速器齿轮应选择（　　　）材料。

A. 65 钢　　　　　B. 40Cr　　　　　C. 45 钢　　　　　D. 20CrMnTi

5. 某型号汽车用板簧应选择（　　　）材料。

A. T8 钢　　　　　B. 40Cr　　　　　C. 60Si2Mn 钢　　D. 20CrMnTi

四、简答题

1. 零件的失效形式有哪些？失效的基本原因有哪些？它们分别要求材料具有哪些主要性能指标？

2. 选材应遵循哪些原则？

3. 汽车、拖拉机变速器齿轮常采用渗碳钢来制造，而机床变速器齿轮又多采用调质钢制造，其原因是什么？

4. 指出下列工件各应采用哪种材料进行制造？

①机用大钻头；②机床床身；③自行车车架；④汽车板簧；⑤自来水管弯头。

参 考 文 献

[1]　王顺兴. 机械工程材料 [M]. 北京：化学工业出版社，2019.

[2]　沈莲. 机械工程材料 [M]. 4 版. 北京：机械工业出版社，2018.

[3]　梁戈. 机械工程材料与热加工工艺 [M]. 2 版. 北京：机械工业出版社，2015.

[4]　刘贯军. 机械工程材料与成型技术 [M]. 3 版. 北京：电子工业出版社，2019.

[5]　梁耀能. 机械工程材料 [M]. 2 版. 广州：华南理工大学出版社，2011.

[6]　王霞，李占君. 工程材料与材料成型工艺 [M]. 长春：吉林大学出版社，2009.

[7]　戈晓岚，招玉春. 机械工程材料 [M]. 2 版. 北京：北京大学出版社，2013.

[8]　房强汉. 机械工程材料实验指导 [M]. 哈尔滨：哈尔滨工业大学出版社，2015.

[9]　王运炎，朱莉. 机械工程材料 [M]. 3 版. 北京：机械工业出版社，2008.

[10]　姜江. 机械工程材料学习指导：习题与实验 [M]. 哈尔滨：哈尔滨工业大学出版社，2003.

[11]　李占君，王霞. 机械工程材料 [M]. 广州：华南理工大学出版社，2015.

[12]　石德珂，王红洁. 材料科学基础 [M]. 3 版. 北京：机械工业出版社，2020.

[13]　赵品，谢辅洲，孙振国. 材料科学基础教程 [M]. 哈尔滨：哈尔滨工业大学出版社，2015.

[14]　于文强，姜学波. 工程材料 [M]. 北京：机械工业出版社，2021.

[15]　徐志农，倪益华. 工程材料及其应用 [M]. 武汉：华中科技大学出版社，2019.

[16]　刘建华. 工程材料与机械制造 [M]. 北京：机械工业出版社，2019.

[17]　丁红燕，张临财. 工程材料实验 [M]. 西安：西安电子科技大学出版社，2017.

[18]　杜伟，邓想. 工程材料与热加工 [M]. 北京：化学工业出版社，2017.

[19]　卢志文，赵亚忠. 工程材料及成形工艺 [M]. 2 版. 北京：机械工业出版社，2019.

[20]　李成栋，赵梅，刘光启，等. 金属材料速查手册 [M]. 北京：化学工业出版社，2018.

[21]　于文强，陈宗民. 金属材料及工艺 [M]. 3 版. 北京：北京大学出版社，2020.

[22]　吕广庶，张远明. 工程材料及成形技术基础 [M]. 3 版. 北京：高等教育出版社，2021.

[23]　齐乐华. 工程材料与机械制造基础 [M]. 2 版. 北京：高等教育出版社，2018.

[24]　任家隆，丁建宁. 工程材料及成形技术基础 [M]. 2 版. 北京：高等教育出版社，2019.

[25]　余永宁. 材料科学基础 [M]. 2 版. 北京：高等教育出版社，2012.

[26]　崔忠圻，覃耀春. 金属学与热处理 [M]. 3 版. 北京：机械工业出版社，2020.